U0279568

教育部　财政部中等职业学校教师素质提高计划成果
机电设备安装与维修专业师资培训包开发项目(LBZD016)

机电设备安装与调试技术

ji dian she bei an zhuang yu tiao shi ji shu

教育部　财政部　组编

赵庆志　苑章义　主编

机械工业出版社

本书是教育部、财政部中等职业学校教师素质提高计划涉及的 70 个重点建设专业项目中"机电设备安装与维修专业师资培训包开发项目"核心课程培训教材之一。

本书共有机电设备机械电气安装调试工艺过程及其工具、普通金属切削机床的安装与调试、CK6140 数控车床的安装与调试、精密机电设备的安装与调试、XHK715 加工中心机床的安装与调试和常用机电设备的振动与噪声控制六个模块，并遵循项目引领任务驱动的行为导向教学理念，理实一体化地将多门学科、多项技术和多种技能有机融合在一起，体系新颖，内容可操作性强，便于培训自学。

本书适用于中等职业学校机电设备安装与维修专业教师培训，也可供机电技术与应用专业教师、高职院校加工制造类专业、本科机械类专业卓越工程师和 CDIO 培养模式加强实践性教学和装备制造业技能型人才学习参考。

图书在版编目（CIP）数据

机电设备安装与调试技术/赵庆志，苑章义主编；教育部，财政部组编．—北京：机械工业出版社，2013.8(2024.7 重印)
教育部、财政部中等职业学校教师素质提高计划成果
ISBN 978-7-111-43393-4

Ⅰ．①机… Ⅱ．①赵…②苑…③教…④财… Ⅲ．①机电设备-设备安装-中等专业学校-教材②机电设备-调试方法-中等专业学校-教材 Ⅳ．①TH17

中国版本图书馆 CIP 数据核字（2013）第 165380 号

机械工业出版社（北京市百万庄大街 22 号　邮政编码 100037）
策划编辑：汪光灿　责任编辑：汪光灿　王寅生
责任校对：张　媛　责任印制：常天培
北京机工印刷厂有限公司印刷
2024 年 7 月第 1 版第 8 次印刷
184mm×260mm · 17.25 印张 · 421 千字
标准书号：ISBN 978-7-111-43393-4
定价：52.00 元

电话服务　　　　　　　　网络服务
客服电话：010-88361066　机 工 官 网：www.cmpbook.com
　　　　　010-88379833　机 工 官 博：weibo.com/cmp1952
　　　　　010-68326294　金 书 网：www.golden-book.com
封底无防伪标均为盗版　机工教育服务网：www.cmpedu.com

教育部　财政部中等职业学校教师素质提高计划成果
系列丛书

编写委员会

专家指导委员会

教育部　财政部中等职业学校教师素质提高计划成果系列丛书

机电设备安装与维修专业师资培训包开发项目（LBZD016）

项目牵头单位　山东理工大学

项 目 负 责 人　赵庆志

主　　　编　赵庆志　苑章义

出版说明

根据 2005 年全国职业教育工作会议精神和《国务院关于大力发展职业教育的决定》（国发［2005］35 号），教育部、财政部 2006 年 12 月印发了《关于实施中等职业学校教师素质提高计划的意见》（教职成［2006］13 号），决定"十一五"期间中央财政投入 5 亿元用于实施中等职业学校师资队伍建设相关项目。其中，安排 4 000 万元，支持 39 个培训工作基础好、相关学科优势明显的全国重点建设职教师资培养培训基地牵头，联合有关高等学校、职业学校、行业企业，共同开发中等职业学校重点专业师资培训方案、课程和教材（以下简称"培训包项目"）。

经过四年多的努力，培训包项目取得了丰富成果。一是开发了中等职业学校 70 个专业的教师培训包，内容包括专业教师的教学能力标准、培训方案、专业核心课程教材、专业教学法教材和培训质量评价指标体系 5 方面成果。二是开发了中等职业学校校长资格培训、提高培训和高级研修 3 个校长培训包，内容包括校长岗位职责和能力标准、培训方案、培训教材、培训质量评价指标体系 4 方面成果。三是取得了 7 项职教师资公共基础研究成果，内容包括中等职业学校德育课教师、职业指导和心理健康教育教师培训方案、培训教材，教师培训项目体系、教师资格制度、教师培训教育类公共课程、职业教育教学法和现代教育技术、教师培训网站建设等课程教材、政策研究、制度设计和信息平台等。上述成果，共整理汇编出 300 多本正式出版物。

培训包项目的实施具有如下特点：一是系统设计框架。项目成果涵盖了从标准、方案到教材、评价的一整套内容，成果之间紧密衔接。同时，针对职教师资队伍建设的基础性问题，设计了专门的公共基础研究课题。二是坚持调研先行。项目承担单位进行了 3 000 多次调研，深度访谈 2 000 多次，发放问卷 200 多万份，调研范围覆盖了 70 多个行业和全国所有省（区、市），收集了大量翔实的一手数据和材料，为提高成果的科学性奠定了坚实基础。三是多方广泛参与。在 39 个项目牵头单位组织下，另有 110 多所国内外高等学校和科研机构、260 多个行业企业、36 个政府管理部门、277 所职业院校参加了开发工作，参与研发人员 2 100 多人，形成了政府、学校、行业、企业和科研机构共同参与的研发模式。四是突出职教特色。项目成果打破学科体系，根据职业学校教学特点，结合产业发展实际，将行动导向、工作过程系统化、任务驱动等理念应用到项目开发中，体现了职教师资培训内容和方式方法的特殊性。五是研究实践并进。几年来，项目承担单位在职业学校进行了 1 000 多次成果试验。阶段性成果形成后，在中等职业学校专业骨干教师国家级培训、省级培训、企业实践等活动中先行试用，不断总结经验、修改完善，提高了项目成果的针对性、应用性。六是严格过程管理。两部成立了专家指导委员会和项目管理办公室，在项目实施过程中先后组织研讨、培训和推进会近 30 次，来自职业教育办学、研究和管理一线的数十位领导、专家和实践工作者对成果进行了严格把关，确保了项目开发的正确方向。

作为"十一五"期间教育部、财政部实施的中等职业学校教师素质提高计划的重要内容，培训包项目的实施及所取得的成果，对于进一步完善职业教育师资培养培训体系，推动职教师资培训工作的科学化、规范化具有基础性和开创性意义。这一系列成果，既是职教师资培养培训机构开展教师培训活动的专门教材，也是职业学校教师在职自学的重要读物，同时也将为各级职业教育管理部门加强和改进职教教师管理和培训工作提供有益借鉴。希望各级教育行政部门、职教师资培训机构和职业学校要充分利用好这些成果。

为了高质量完成项目开发任务，全体项目承担单位和项目开发人员付出了巨大努力，中等职业学校教师素质提高计划专家指导委员会、项目管理办公室及相关方面的专家和同志投入了大量心血，承担出版任务的 11 家出版社开展了富有成效的工作。在此，我们一并表示衷心的感谢！

编写委员会
2011 年 10 月

前　言

根据教育部、财政部关于实施中等职业学校教师素质提高计划的意见（教职成［2006］13号），山东理工大学"数控技术"省级精品课程教学团队主持承担了教育部、财政部中等职业学校教师素质提高计划"机电设备安装与维修专业师资培训包研究开发"项目，教学团队联合装备制造业工程技术人员、企业技师、全国中等职业学校和高职院校双师型教师、高等学校专业教师等成立了项目组，编写了本书。

本书的内容是本着为中等职业学校机电设备安装与维修专业培养专业理论水平高、实践教学能力强、在教育教学工作中起骨干示范作用的"双师型"优秀教师这一目标，按照上岗、提高和骨干教师培训三个层次组织的，内容充分考虑中等职业学校机电设备安装与维修专业毕业生的就业岗位要求、行业设备发展趋势、岗位技能需求、专业教师理论知识和实践技能现状以及涉及的职业标准等方面，并遵循项目引领任务驱动的行为导向教学理念，理实一体化地将多门学科、多项技术和多种技能有机融合在一起，内容既体现了专业领域普遍应用的、成熟的核心技术和关键技能，又包括了本专业领域的主流应用技术和关键技能，以及行业、专业发展需要的"新理论、新知识、新技术、新方法"，既包括传统的"机械电气化设备"，也包括涵盖"技术"和"产品"两个方面向综合性方向发展的"机电一体化设备"。每个任务、项目和模块后都对相关知识点和能力目标进行归纳、总结，梳理出了知识点和能力目标的规律性，延伸推广到同类设备中，对形成职业岗位能力具有举一反三、触类旁通的学习效果。

全书共分六个模块，模块一为机电设备机械电气安装调试工艺过程及其工具，从机械和电气两个方面介绍了工厂供电基本原理及其相关知识点和技能点、常用工具、安装调试涉及的基本概念和工艺过程。模块二为普通金属切削机床的安装与调试，论述了 CDE6140 卧式车床和 X6132 卧式铣床的安装调试工艺、测试验收项目及规范。模块三为 CK6140 数控车床的安装与调试，介绍了 CK6140 数控车床的安装技术要求、安装精度测试、检测性操作功能及其调试方法、试车验收等内容。模块四为精密机电设备的安装与调试，这类机电设备的特点是精度高、受力小，需要在恒温恒湿度环境下工作，介绍了其安装调试及测试规范要求。模块五为XHK715加工中心机床的安装与调试，介绍了加工中心机床的安装调试、精度测试与调整、检测性操作功能测试以及辅助设备的安装、精度测试和编程等。模块六为常用机电设备的振动与噪声控制，以案例的形式论述了常用机电设备振动与噪声控制理论、测试与控制规范、噪声与振动控制设计及其工程实施典型案例。

原则上模块一、模块二用于上岗培训，模块三用于提高培训，模块四和模块五用于骨干教师培训，模块六可作为选学培训模块，也可以根据学员的基础情况，选择各个模块中的不同项目组合起来培训。本书编写人员及分工如下：

模块一项目一　任务1：山东理工大学赵庆志、王士军；任务2：合肥化工职业技术学校王光跃、掌庆梅；任务3：山东理工职业学院侯玉叶、车业军、万银生；任务4：山东理工大学王呈璋，山东水利职业学院苑章义、李宗玉。

模块一项目二　任务1：山东理工大学赵庆志，山东国弘重工机械有限公司张伟、杜晓；任务2：山东工业职业学院李磊、山东理工大学赵庆志。

模块一项目三　任务1：合肥化工职业技术学校掌庆梅、山东理工大学张元利；任务2：合肥化工职业技术学校王光跃、山东五征集团段会忠；任务3：合肥化工职业技术学校王光跃、掌庆梅；任务4：合肥化工职业技术学校掌庆梅、王光跃。

模块二项目一　任务1：山东水利职业学院苑章义、山东五征集团王春俭；任务2：山东工业职业学院李磊、山东理工大学赵庆志；任务3：山东理工大学赵庆志、山东水利职业学院李宗玉。

模块二项目二　任务1：山东水利职业学院苑章义、李圣瑞；任务2：山东工业职业学院李磊、淄博柴油机总公司邓德乐；任务3：山东理工大学赵庆志、研究生韩绍民；山东五征集团段会忠、杨宝兵。

模块三项目一　任务1：山东水利职业学苑章义、李宗玉、刘星；任务2：山东五征集团李明学、雷发林。

模块三项目二　任务1：山东理工大学赵庆志、山东丝绸纺织职业学院滕兆胜、五征集团山拖农机装备有限公司于保健；任务2：山东理工大学赵庆志、日照市工业学校窦湘屏、山东丝绸纺织职业学院孙芳；任务3：山东理工大学赵庆志，日照市工业学校刘伟，山东五征集团胡乃芹、陈常友。

模块四项目一　任务1：山东理工大学赵玉刚、赵庆志；任务2：山东水利职业学院苑章义、郭勋德，山东菏泽华星油泵油嘴有限公司李晓民、辛瑞金；任务3：山东理工大学赵庆志，山东菏泽华星油泵油嘴有限公司李晓民、马圣亮。

模块四项目二　任务1：山东理工大学赵庆志，山东历城职业中专江长爱、董述欣；任务2：海克斯康测量技术（青岛）有限公司廖鲁、孙立海，山东五征集团王爱传、陈常友；任务3：海克斯康测量技术（青岛）有限公司孙立海、廖鲁，山东五征集团胡乃芹。

模块五项目一　任务1：山东理工大学赵庆志、魏修亭，山东蓝翔高级技工学校王继忠；任务2：山东水利职业学院苑章义、郭勋德、李宗玉；任务3：山东工业职业学院李磊、山东水利职业学院李圣瑞、刘星。

模块五项目二　任务1：山东水利职业学院郭勋德、苑章义，山东理工大学赵庆志；任务2：山东水利职业学院郭勋德、山东理工大学赵庆志、山东五征集团李明学。

模块五项目三　任务1：山东理工大学魏修亭、赵庆志，淄博质恒工贸有限公司潘树江；任务2：山东理工大学赵庆志、赵玉刚，五征集团山拖农机装备有限公司徐善忠；任务3：山东水利职业学院苑章义、张冰。

模块六项目一　任务1：山东理工大学赵庆志、山东科技大学鲍怀谦、淄博质恒工贸有限公司张树伟；任务2：山东科技大学鲍怀谦、王昌田。

模块六项目二　任务1：山东理工大学赵庆志，山东科技大学鲍怀谦、韩宝坤；任务2：山东科技大学王昌田、山东理工大学赵庆志、徐州生物工程高等职业学校宋如敏。

全书模块三的归纳总结及其项目小结由苑章义编写，模块一、二、四、五、六的归纳总结、项目小结以及关于车床与镗床的归纳总结、关于精密坐标镗床与加工中心的归纳总结、全书六个模块设备归纳总结由赵庆志编写。

本书开发撰写过程中，得到了教育部职业教育与成人教育司、山东省教育厅、中国机械工程学会设备维修分会、《设备管理与维修》杂志社、山东理工大学及山东省职业技术教育师资培训中心、山东五征集团、五征集团山拖农机装备有限公司、山东华源莱动内燃机有限公司、山东潍坊盛瑞传动机械有限公司、河北保定标正机床有限责任公司、济南四机数控机床有限公司、山东潍坊机床大修厂、山东泰安海数机械制造有限公司、山东博特精工股份有限公司、山东华铁机车维修有限公司、山东巨能机床有限公司、山东新风股份有限公司、山东金铃铁矿、山东遨游汽车制动系统股份有限公司、山东大学、青岛大学、济南大学、青岛理工大学、泰山学院、潍坊学院、山东枣庄薛城职业中专、江苏盐城技师学院、潍坊工商职业学院、淄博技师学院、山东海阳职业中专、淄博职业学院、山东五莲县职业教育中心、湖南汨罗职业中专、淄博工业学校、淄博信息工程学校和有关管理部门、科研单位等很多单位的领导、专家及工程技术人员的大力支持和帮助，在此一并表示衷心的感谢！

在研究组织书稿的过程中，全国人大代表、全国劳动模范、全国五一劳动奖章获得者、山东五征集团董事长、总经理姜卫东高级工程师，副总经理李凤楼、李瑞川高级工程师给予了具体策划和指导，并提供了大量第一手素材，在此表示衷心感谢！

在山东理工大学 2009 年、2010 年承担的全国中等职业学校机电设备安装与维修专业教师培训中试用了培训包培训体系和本书，学员为本书提出了一些建议，使本书的编写更为完善。

本书由山东理工大学赵庆志、山东水利职业学院苑章义担任主编，全书由赵庆志统稿。教育部、财政部特聘专家广东省佛山市顺德梁銶琚职业技术学校韩亚兰副校长任主审，华中科技大学科技园华中数控公司陈吉红教授任副主审，在此表示衷心感谢！

由于很多图片需要到企业生产现场拍照，受条件限制和编者水平经验有限，书中难免有不当之处，敬请广大读者批评指正。

编 者

目　录

模块一　机电设备机械电气安装调试工艺过程及工具

该模块结合生产实际需要，从机械和电气两个方面介绍了机电设备及其供电安装与调试工艺过程。对机电设备及其安装基础进行了合理分类，并论述了各类设备及其基础的共性和个性、安装基础的设计、车间设备平面布置，并从通用化的角度论述了机电设备安装调试基本工艺过程。在供电安装调试方面，理实一体化地论述了三相四线制和三相五线制的概念，企业、车间及机电设备供电与电气安装调试方法，机械电气安装、调试及维修工具的正确使用方法。这样共性与个性相结合，有利于对各类机电设备的知识点和能力目标进行分析迁移，达到举一反三、触类旁通的学习效果，为掌握机电设备的安装与调试方法打好基础。

项目一　机电设备安装调试分类及工具

项目描述

本项目从安装与调试需要重点考虑的问题的角度对机电设备进行了合理分类，并介绍了各类设备的共性和个性，共性与个性相结合，才能理解其安装与调试涉及的技术要点。共性和个性涉及机电设备安装基础的设计，常用机电设备机械和电气安装、调试以及维修工具的正确使用，车间机电设备平面布置。本项目主要介绍各类机电设备安装调试涉及的基础、安装调试重点，以及安装、调试和故障维修常用工具。

学习目标

1. 正确理解机电设备的分类，各类设备的安装和调试的重点和难点，车间机电设备机群式平面布置和流水线平面布置的概念及其意义，基础分类特点，基础设计要点。

2. 了解常见安装、调试与故障维修常用工具。

3. 掌握常见安装、调试与故障维修常用工具的选用方法和操作规程。

4. 掌握常见安装、调试与故障维修工具的保养维护。

任务1　机电设备的分类与安装位置关系

知识点:
- 机电设备的分类，机群式和流水线式平面布置的概念和意义。
- 各类机电设备安装调试的重点内容。

能力目标:
- 了解机电设备的分类，能够根据分类确定设备平面布置类型。
- 能够根据常见机电设备的类型确定设备安装调试的重点对象。

一、任务引入

机电设备的分类、安装基础、安装与调试涉及面广，学科跨度很大，不同种类机电设备的安装基础、平面布置、安装与调试侧重点各不相同，但它们也有相同的特征，通用性很强。只有明确机电设备的共性与个性，才能按照机电设备安装基础、平面布置、安装与调试的归类进行安装与调试。只有明确机电设备安装与调试的重点，才能充分发挥设备潜力，为生产劳动组织服务，通过典型设备的实训提高安装调试操作能力。

二、任务实施

（一）机电设备的分类

机电设备的范围很广，分类方法众多，本书侧重于以安装基础、平面布置、安装与调试等方面为切入点进行分类。

1. 按设备是否运动分类

（1）运动机电设备　运动机电设备是工作过程中通过各零部件的运动完成工作的设备，如各种机床、液压泵、风机、压缩机等，这些设备在安装调试过程中往往要考虑运动部件对生产过程的影响。运动机电设备根据机床特点不同又可分为工件主运动类和刀具主运动类两种形式：

1）工件主运动类机床。工件主运动类机床是指加工过程中以工件的运动为主运动的机床。这类机床中，车床为典型代表。在刀具做进给运动时，为避免运动工件上的铁屑甩出伤人，这类机床在车间要倾斜布置，如图 1-1-1 所示。

图 1-1-1　工件主运动类机床的倾斜布置

2）刀具主运动类机床。刀具主运动类机床是指加工过程中以刀具的运动为主运动的机床。这类机床中，铣床为典型代表。在工件做进给运动时，由于主运动甩出的铁屑不会伤及邻近机床的操作者，因此，这类机床在车间为平行布置，如图 1-1-2 所示。

说明：有些机床的主运动和进给运动可能同为一体，如立式钻床钻头的旋转运动是主运动，同时，钻头还作轴向进给运动，因此钻床归为刀具主运动类机床；外圆磨床砂轮的旋转运动是主运动，也归为刀具主运动类机床。

（2）静置机电设备　静置机电设备是指设备工作过程中没有零部件运动，如各种储罐、塔类设备、反应器、电视天线塔等这类设备大多安装在室外，并且是高大、重型设备，因此，设计安装基础时往往要考虑风力、地质情况、地基打桩、抗地震和避雷等问题。

2. 按设备的功能分类

图 1-1-2　刀具主运动类机床的平行布置

（1）通用机电设备　包括各种机床、机械压力机、液压机、空气锤、起重机、压缩机等。这类设备的通用性强，有很多国家和行业的安装、调试和维修标准与规范，有专业厂家批量生产其安装配件。

（2）专用机电设备　包括制药设备、造纸设备、汽车生产线、变速箱体加工流水线、啤酒生产线等。这类设备的通用性差，虽然也有国家和行业的安装、调试和维修标准与规范，但生产企业自主制订安装、调试和维修标准与规范的情况较多。

3. 按设备精度分类

（1）普通机电设备　常规精度的机电设备，如普通机床、机械压力机、液压机、锻压空气锤、起重机、空气压缩机等。这类机电设备受力大，工作载荷比较大，易产生振动，安装地点要远离居民区以及天车立柱等怕振的区域和设备。

（2）精密机电设备　如精密坐标镗床、三坐标测量机、精密滚齿机、精密磨床等。这类设备本身的工作载荷比较小，受力比较小，对安装环境和条件要求比较高，如要求设计隔振地基、恒温室安装等。

相对来讲，精密机电设备的安装环境比普通机电设备的要求高。

4. 按设备工作介质的状态分类

（1）固体介质加工机电设备　这类机电设备使固体介质的形状发生了变化，如各类机床、机械压力机、锻压空气锤、注射机等。这类机电设备在安装调试时，其设备整体与相关部件的位置精度是调试重点，只有保证设备的运行精度，才能获得加工零件的精度。固体介质加工机电设备根据加工原理又分如下两类：

1）传统固体介质加工机电设备。其加工原理是利用刀具切削去除金属，以形成一定形状的零件，如车床、铣床、钻床、磨床等。

2）非传统固体介质加工机电设备。其加工原理不是利用刀具切削去除金属，而是采用电腐蚀、电化学反应、高温熔化等方法使工件形成一定的形状，如电火花成形机床、电火花线切割机床、电解机床、激光切割机床等。

（2）固体介质输送机电设备　这类机电设备并不改变固体介质的形状，而是改变介质的位置，如装配流水线、喷涂流水线、原料输送带、铁粉输送设备等。这类机电设备安装调试后，相关部件的运行协调同步是重点。

固体介质加工和输送机电设备的工作状况直观，运行调试相对容易。

（3）流体介质加工机电设备　这类机电设备的工作对象为液体或气体介质，并使介质的成分或性质发生物理或化学变化，如化工行业的蒸馏设备、换热设备、分馏设备、氢气净化设备、氮气净化装置、气体回收循环净化设备、空气干燥机等。这类机电设备安装调试的重点是使各台设备的压力、温度、成分、流量等与工艺要求协调一致，满足成套设备的生产工艺要求。

（4）流体介质输送机电设备　这类机电设备并不改变液体或气体的成分及物理与化学性质，而是改变介质的位置，如机床上用的液压泵、润滑油泵，喷漆喷涂车间用的离心式风机、螺杆式空气压缩机等。由于流体介质具有压缩性，因此这类设备的工况点、流体压力、工作效率、真空度等是调试重点。

流体介质加工和输送机电设备的工作状况并不直观，只能通过仪器仪表参数进行观察分析，选择合适的工况参数是其调试重点，运行调试相对困难。

5. 按机电设备的组成和重量分类

（1）超重型、重型和大型机电设备　整机质量大于 100t 的机电设备属于超重型机电设备；整机质量为 30 ~ 100t 的机电设备属于重型机电设备；整机质量为 10 ~ 30t 的机电设备属于大型机电设备。这类设备由于质量大、载荷大，安装时要考虑采取减振措施，以减小振动；为装卸工件方便，可采用的落地基础。

（2）中型、小型机电设备　整机质量为 1.5 ~ 10t 的机电设备属于中型机电设备，整机质量在 1.5t 以下的机电设备属于小型机电设备。图 1-1-3 所示为集理论教学与实训教学为一体的教学型微型数控机床及其 CAD/CAM 系统。这类设备受力小、振动弱，不必考虑减振，甚至置于工作台上就可以运行。

a) b)

图 1-1-3　教学型微型数控机床及其 CAD/CAM 系统

a) 数控铣床　b) 数控车床

（3）成套机电设备　成套设备是指整条生产线、涉及专业面广的装置和设施、由完整的工程项目或技术改造项目中的多台设备、装置和设施组成的整体。

6. 按机电设备的工作性质分类

（1）非生产性机电设备　这类机电设备不是用于生产，而是用于学生实训或出厂前的性能测试和精度检验，在考虑安装运行可靠性的前提下，还要考虑降低安装成本，设备出厂应易于搬迁移动。

（2）生产性机电设备　这类机电设备用于实际加工生产，要考虑设备承受生产负荷的安全性，如机床切削用量要保证在机床功率许可的范围内，否则机床会因超载而影响正常工作。

（二）各类机电设备的安装位置关系

1. 机电设备的平面安装布置

（1）通用机电设备安装的机群式平面布置　通用机床的工艺范围广，适用于多品种生产，在生产车间中要按工艺专业化的形式进行布置，即采用把相同工艺的设备集中布置在一起的机群式布置。图 1-1-1 和图 1-1-2 所示分别是车床组和铣床组的分区机群式平面布置。

通用机床的机群式布置对生产劳动组织有重要意义：有利于安排生产劳动过程中各种生产要素和生产过程的不同阶段、环节和工序，使其在空间和时间上形成一个协调的系统，使产品在输送距离最短、花费时间最少、耗费成本最低的情况下，按照需求的品种、质量、数量和低成本组织生产。

（2）专用机电设备安装的流水线平面布置　专用机电设备只能完成单一产品某一固定工序的加工。通常，只有在产品的生产批量大，且产品加工工艺和装配有固定顺序的情况下才使用专用机电设备。把生产设备和工作地按产品加工装配的工艺路线顺序排列，称为流水线平面布置，也称对象专业化布置。图 1-1-4 所示为加工汽车变速器的组合机床流水线。流水线布置与机群式布置意义相同。

图 1-1-4　加工汽车变速器的组合机床专用机电设备流水线
1—变速箱体　2—钻模板　3—组合机床主轴箱

2. 要着重考虑防火、防污染、防振动等因素的机电设备的平面安装布置

（1）静置设备的平面安装布置　这类设备常见于石油、电力、化工生产等行业，这些行业都有相关的设备平面布置规范要求。例如，要求按照当地的气候条件，如气温、降水、风力、风沙等，考虑设备是采用室内布置、半露天布置还是露天布置；储存易燃易爆介质的设备须远离居民区；按工艺过程，储存液体介质、气体介质、可燃气体、腐蚀性物料、有毒物料和粘稠物料等的设备也要适当分区布置；较高设备要安装避雷针等。

（2）普通机电设备的防振平面布置　普通精度机电设备的工作载荷一般比较大，会产生振动。对载荷特别大、振动比较严重的空气锤、压力机等设备的安装布置要尽量远离天车立柱、居民区和精密设备等。

对承受载荷很大、振动比较严重的设备，要考虑对设备本身进行减振。所谓减振，就是在安装上采取措施，如在设备地基上安装减振垫，以减少设备本身在工作时产生的振动。

（3）精密机电设备远离振源布置　精密机电设备的载荷小、受力小，本身不会产生明显的振动。布置这类设备时，要求其他设备产生的振动不能影响到精密机电设备，因此这类设备要尽量布置在远离振源的位置。

安装精密机电设备时往往要考虑采取隔振安装。所谓隔振就是隔断其他设备的振动对本设备自身的影响，通常是在地基上设计隔振沟。另外，精密机电设备的安装调试也要考虑在恒温、恒湿等特殊要求的工作场所。

减振与隔振都体现了对振动的控制，但它们的概念不同，控制对象不同，两者的区别如图 1-1-5 所示。

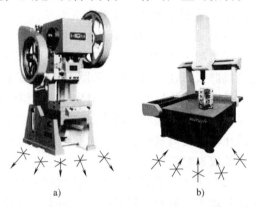

图 1-1-5　机电设备减振安装与隔振安装的区别
a）对冲压机床采用减振安装
b）对三坐标测量机采用隔振安装

三、任务要点总结

本任务论述了不同种类机电设备安装和调试时需要重点考虑的问题，引申出了这些设备在车间平面布置上的两个重要概念，即机群式平面布置和流水线平面布置。这两个概念涉及生产管理中的多方面问题，是针对设备类型和加工对象批量的不同而提出的，其目的都是在生产组织和生产过程的不同阶段中合理安排生产要素，使其在空间和时间上形成一个协调有序的系统，使产品生产达到输送距离最短、花费时间最少、耗费成本最小的目标，方便技术交流和生产管理，使生产过程达到优质、高产和低消耗。

机群式平面布置的机电设备通常分不同班组管理，而流水线平面布置的机电设备通常分不同工段管理。

四、思考实训题

1. 什么是机电设备的机群式平面布置？哪类设备适合采用机群式平面布置？
2. 什么是机电设备的流水线平面布置？哪类设备适合采用流水线平面布置？
3. 举例论述流水线平面布置和机群式平面布置的优点。
4. 哪类机电设备应采用减振安装？哪类机电设备应采用隔振安装？减振安装和隔振安装的区别是什么？
5. 固体加工机电设备和流体加工机电设备调试的重点分别是什么？
6. 机电设备的分类方法有哪些？

任务2　机电设备安装基础

知识点：
- 机电设备地基和安装基础的概念、分类及特点。
- 常见机电设备安装基础的设计计算。

能力目标：
- 能够确定常见机电设备地基和安装基础的类型，以及安装基础的施工要求。
- 计算常见机电设备安装基础的参数。

一、任务引入

机电设备地基和安装基础的种类繁多。尽管不同种类机电设备的地基和安装基础不同，但它们也有共同点，通用性很强。本任务以典型机电设备的地基和安装基础为例，介绍机电设备地基和安装基础的基本概念和设计计算。

二、任务实施

机电设备安装后，其全部荷载由地层承担，承受机电设备全部载荷的那部分天然的或部分经过人工改造的地层称为地基。由于地基（通常是天然土质）的压缩性大、强度小，因而在绝大多数情况下，机电设备的载荷不能直接传给地基，而是必须在设备和地基之间安装强度高的过渡体，并且过渡体的平面尺寸不得小于机电设备支撑面的外轮廓尺寸。这样，机电设备的载荷将通过过渡体减小压强后安全地传递给地基，这种位于设备和地基之间能起减小压强作用的过渡体称为安装基础。

1. 安装基础分类

（1）根据安装基础用料分类

1）素混凝土基础。素混凝土基础是将水泥、沙子和石子按一定配比，浇灌成一定形状的安装基础，主要用于中型普通机电设备，如金属切削机床等，一个基础支撑一台或多台设备。机电设备单独施工的安装基础如图 1-1-6 所示，其施工顺序为：先根据设备总体布局在设备放置区域划线，确定各台设备的具体位置，然后施工地基和安装基础，放入设备，放置垫铁，放入地脚螺栓，用仪器对设备进行水平度、位置度等方面的找平，二次灌浆，再对设备精确调试以达到要求。

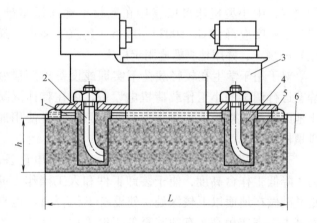

图 1-1-6　机电设备单独施工的安装基础
1—垫铁　2—地脚螺栓　3—机电设备　4—二次灌浆
5—安装基础　6—黏土地基

2）钢筋混凝土基础。这类基础不仅要将水泥、沙子和石子按一定配比，浇灌成一定形状，而且要在其中放入绑扎成一定形状的钢筋骨架和钢筋网，以加强安装基础的强度和刚度，主要适用于大型、重型、超重型和受力比较大的机电设备。其施工顺序为：先根据设备总体布局在设备放置区域划线，确定各台设备的具体位置，然后施工地基和安装基础并放入钢筋骨架和钢筋网，放入设备，放置垫铁，放入地脚螺栓，用仪器对设备进行水平度、位置度等方面的找平，二次灌浆，再对设备精确调试。钢筋混凝土基础的具体适用范围见 GB

50040—1996（动力机器基础设计规范）。

（2）根据安装基础所承受负荷的性质分类

1）静力负荷基础。静力负荷基础主要承受设备及其内部物料重量的静力负荷。对于室外高大设备，还要考虑风力载荷对其产生的颠覆力矩的影响，如石油化工行业的储罐、塔类设备、反应器等设备，以及电力、通信行业的电力塔、通信塔、广播电视塔等设备的设计桩基础、抗地震基础等。

2）动力负荷基础。动力负荷基础不仅承受设备及其内部物料重量的负荷，还要承受设备在工作中产生的动力负荷，如锻锤、往复式空气压缩机、破碎机等。动力负荷基础在设计时要进行动力计算，并考虑减振设计，具体规范见 GB 50040—1996（动力机器基础设计规范）。

（3）根据基础与设备的对应关系分类

1）单独基础。每台机电设备单独设计一个基础，即单独基础。

根据 GB 50040—1996（动力机器基础设计规范）的规定，大型机床和混凝土地面厚度不符合 GB 50037—1996（建筑地面设计规范）规定的中小型机床宜采用单独基础或局部加厚的混凝土地面，重型机床和精密机床应采用单独基础。

2）整体混凝土地面基础。不少车间的地面是一整块混凝土地面，可以在这个混凝土地面上挖孔安装地脚螺栓，以便安装机电设备，这就是整体混凝土地面基础。

根据 GB 50040—1996（动力机器基础设计规范）的规定，中小型机床可以直接在混凝土地面做基础，混凝土厚度应符合 GB 50037—1996（建筑地面设计规范）的规定，并用地脚螺栓固定机床。

对于用于学生在较轻载荷下实训或设备出厂前做静态运行调试的小工作载荷机电设备，可在整体混凝土地面基础或楼板上用垫铁安装调试，而不必使用地脚螺栓。

3）落地基础。对超重型、重型和大型机电设备，为了降低工作台高度，便于装卸工件和人工操作，可把基础做在地面以下较深处，使设备工作台面与地平面基本平齐或稍高，有的甚至低于地平面，这就是落

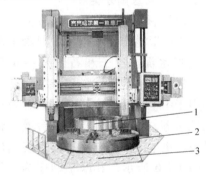

图 1-1-7　落地立式车床用落地基础
1—大型加工工件　2—机床回转工作台
3—花纹钢板

地基础。这些机床也称为落地机床，如落地龙门铣床、落地镗铣床等。图 1-1-7 所示落地立式车床的基础就是落地基础。

2. 机电设备安装基础设计

（1）素混凝土单独基础设计　如图 1-1-6 所示的素混凝土基础与中型机电设备已经成为一个整体，采用单独基础设计。设计时，主要考虑地基对这一整体的承受力应满足极限应力的要求。常见的地基土质是黏性土[1]，当含水量很多时，黏性土呈流动的泥浆状；当水分变少时，泥浆变稠直至成为可塑的土膏；最后变为固体状态，达到体积形状都不变化。黏性土的极限应力 P_0 与孔隙比 e 和塑性变形率 W_L 有关，见表 1-1-1[2]。

常见素混凝土基础的设计步骤如下[2]：

1）确定基础的重量。为了保证基础稳定，基础的重量要大于所安装机电设备的重量和

内部物料重量之和。对运动机电设备，基础的重量还要考虑动载荷产生的惯性力的作用。基础重量按下式估算

$$W = \alpha W' \tag{1-1-1}$$

式中　W——基础的重量（N）；

　　　α——载荷系数，对静置机电设备，$\alpha = 1 \sim 1.5$，对运动机电设备，α 按表 1-1-2 选取；

　　　W'——机电设备的重量和内部物料重量之和（N）。

表 1-1-1　黏性土的极限应力 P_0　　　　（单位：kPa）

第一指标孔隙比 e	第二指标　塑性变形率 W_L（%）					
	0	0.25	0.5	0.75	1.00	1.25
0.5	475	430	390	360	—	—
0.6	400	360	325	295	265	—
0.7	325	295	265	240	210	170
0.8	275	240	220	200	170	135
0.9	230	210	190	170	135	105
1.0	200	180	160	135	115	—
1.1	—	160	135	115	105	—

表 1-1-2　载荷系数 α 值

卧式对置式活塞压缩机	α 值	机电设备种类	α 值
活塞速度为 4m/s	4.5	反转、制动的电动机	20
活塞速度为 3m/s	3.5	不反转、不制动的电动机	10
活塞速度为 2m/s	2.5	汽轮发电机	6
活塞速度为 1m/s	2	立式活塞压缩机	2.93
		回转式机电设备	10

2）确定基础的高度。基础的高度按下式确定

$$h = \frac{W}{qLb} \tag{1-1-2}$$

式中　h——基础的高度（m），如图 1-1-6 所示；

　　　W——基础的重量（N）；

　　　q——基础的密度，混凝土基础取 $q = 20\,000\text{N/m}^2$；

　　　L——基础的长度，取设备长度加 300 ~ 400mm；

　　　b——基础的宽度，取设备宽度加 200 ~ 300mm。

3）基础的底面积。静置机电设备只承受重力作用，其基础底面积的计算公式为

$$A \geqslant \frac{(W + W') \times 10^3}{P_0} \tag{1-1-3}$$

运动机电设备同时承受重力和转矩的作用，其基础底面积的计算公式为

$$A \geqslant \frac{(W + W') \times 10^3}{1.2P_0} + \frac{6 \times 10^3 \times M}{BP_0} \tag{1-1-4}$$

式中　A——基础底面积（mm^2）；

M——转矩（N·mm）；

B——沿转矩方向基础的宽度（mm）。

4）基础底面积的校核：通过上述计算获得的基础底面积 A 应小于按尺寸确定的基础底面积 A_1。

地脚螺栓埋入深度可根据基础的用料确定，素混凝土基础地脚螺栓的埋入深度取（18~25）d（d 为地脚螺栓直径），钢筋混凝土基础地脚螺栓的埋入深度可以适当小些。

至此，图 1-1-6 所示的素混凝土单独基础的尺寸即确定，按此施工即可满足设备要求。

（2）整体混凝土地面基础设计　在机械行业中，常在整体混凝土地面基础上安装机床，尤其是新建车间厂房，通常根据要安装的设备设计好整体混凝土地面基础，然后根据设备的类型、重量、外形尺寸、高度等，设计整体混凝土地面基础的厚度。根据 GB 50040—1996 金属切削机床整体混凝土地面基础的厚度见表 1-1-3，供安装或新建厂房时参考，不必进行动力计算。

表 1-1-3　金属切削机床整体混凝土地面基础的厚度　（单位：m）

机床名称	混凝土地面基础厚度	机床名称	混凝土地面基础厚度
卧式车床	$0.3 + 0.070L$	螺纹磨床、精密外圆磨床、齿轮磨床	$0.4 + 0.100L$
立式车床	$0.5 + 0.150h$	摇臂钻床	$0.2 + 0.130h$
普通铣床	$0.2 + 0.150L$	深孔钻床	$0.3 + 0.050L$
龙门铣床	$0.3 + 0.075L$	坐标镗床	$0.5 + 0.150L$
插　床	$0.3 + 0.150h$	卧式镗床、落地镗床	$0.3 + 0.120L$
龙门刨床	$0.3 + 0.070L$	卧式拉床	$0.3 + 0.050L$
内圆磨床、无心磨床、平面磨床	$0.3 + 0.080L$	齿轮加工机床	$0.3 + 0.150L$
导轨磨床	$0.4 + 0.080L$	组合机床	参考前述相应机床

注：1. 表中 L 为机床外形长度，h 为高度，为机床样本或说明书上提供的外形尺寸。

　　2. 表中基础混凝土地面厚度指机床底座下（用垫铁时指垫铁下）承重部分的混凝土厚度。

（3）设计机电设备安装基础时要考虑的其他问题

1）对于大型机电设备，其基础要与厂房立柱和天车立柱基础脱开，防止振动互相影响。

2）对于较长的机电设备，为便于调整设备在水平面内的正确位置，基础上要设计多处调整螺栓机构。图 1-1-8 所示为在长达 15m 的油压机送料设备的长度方向两侧，每隔 3m 设置水平调整螺栓机构。

3）对于重型机电设备的落地基础，当地下水位较高时，要用 C20 防水混凝土地基。

4）机电设备外壳都要接地，且与厂房避雷针连接在一起。

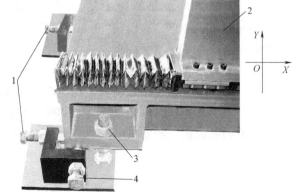

图 1-1-8　较长设备要设计水平面内位置调整螺栓机构

1—X 方向水平调整螺栓　2—机电设备　3—地脚螺栓

4—Y 方向水平调整螺栓

三、任务要点总结

本任务介绍了机电设备地基和安装基础的概念和分类，以及常见素混凝土单独基础设计、整体混凝土地面基础设计及设计机电设备安装基础时要考虑的其他问题。

四、思考实训题

1. 什么是机电设备单独基础？什么是整体混凝土地面基础？什么是落地基础？
2. 落地基础适用于哪类机电设备？为什么？
3. 为什么重型机床和精密机床应采用单独基础？

任务3　常见机电设备安装工具及其使用

> **知识点：**
> * 常见机电设备安装工具的类型和特点。
> * 常见机电设备安装工具的使用方法。
>
> **能力目标：**
> * 能够正确使用常见机电设备的安装工具。
> * 能够根据工作对象的参数，合理选择安装工具。

一、任务引入

机电设备在安装调试和维修过程中要使用大量的工具。本任务主要介绍设备安装中的常用工具和设备，如撬杠、滚筒、千斤顶（分螺旋千斤顶和液压千斤顶）、手动液压铲车、手动链式起重机、电动链式起重机、磁力吊、叉车及常见支撑件等。

二、任务实施

（一）撬杠和滚筒

1. 撬杠

撬杠如图1-1-9所示，它利用杠杆原理移动物体，因此，撬杠的支点越靠近设备越省力。使用撬杠时，须保证其支点不发生变形，一般选用硬木做支点。若支点下的地面较软，则可在硬木下垫一块钢板，使支撑面变大且有足够的强度和刚度；另外，撬杠伸到设备下的长度不能太长。图1-1-10所示为利用撬杠和滚筒移动数控机床的情况。

图1-1-9　撬杠外形

用叉车将机电设备铲起放在枕木上后，用撬杠将该设备卸在地面上（见图1-1-11），工作步骤如下：

1）将设备的左端撬起，抽出枕木3。

2）放下左端底座，这时如果设备底座倾斜程度太大，可在放下底座前在3号枕木的位置上垫一根比较低的枕木，然后抽出枕木3。

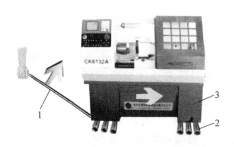

图 1-1-10　利用撬杠
和滚筒移动数控机床
1—撬杠　2—滚筒　3—设备侧面

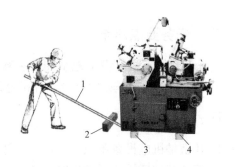

图 1-1-11　利用撬杠
和枕木放落机电设备
1—撬杠　2、3、4—枕木

3）将设备右端撬起，抽掉枕木 4，或换一根较低的枕木。

4）放下底座，这时整个底座就下降了一根枕木的高度。

5）重复上述步骤，直至将设备卸在地面上。

抬高设备时，按上述步骤逆向进行即可。

使用撬杠时的注意事项如下：

1）应用手压住撬杠，撬杠头须置于身体侧面；严禁骑在撬杠上或将撬杠头指向身体；严禁将撬杠夹在腋下或用脚踩压。

2）撬起物件时，要边撬边垫实，不得一次撬得太高；撬起一面垫好后，再撬另一面。操作时附近的人要尽量避开，垫物者不得将手伸入被撬物之下。

2. 滚筒

短距离搬运机电设备时，经常在底平面较小的设备底座下放置垫板，在垫板下面再放置滚筒（底平面较大的设备不用放垫板），用撬杠撬动设备使滚筒滚动，以达到移动设备的目的。

常用厚壁钢管做滚筒，滚筒的作用是将滑动摩擦变成滚动摩擦。使用的滚筒须大小一致、长短适合、光滑笔直，没有弯曲或压扁的现象。一般滚筒的直径为 $\phi60 \sim 70$mm，长度不得超出托板两侧 $100 \sim 150$mm。由于滚动阻力比滑动阻力小，所以比较省力。滚动时，设备运行方向由滚筒的布置方向控制。滚筒间的净距离至少要保持在 10cm，一般为 25 ~ 50cm。

注意：移动中需要增加滚筒时，必须停止移动；调整滚筒的方向时，应采用锤击，不得用手调；拿取滚筒时，四指伸进筒内，拇指压在上方，以防压伤手。

（二）千斤顶

千斤顶是一种以刚性顶举件为工作部位，通过顶部托座或底部托爪在小行程内顶升较重货物或机械的轻小起重设备，操作者用较小的力量就能使重物升高、降低和移动。常用的千斤顶有螺旋千斤顶和液压千斤顶。

1. 螺旋千斤顶

螺旋千斤顶由人力通过螺旋副传动，以螺杆或螺母套筒为顶举件，靠螺纹自锁作用支持重物，如图 1-1-12 所示。螺旋千斤顶常用于中小型机电设备的安装，起重量为 30 ~ 500kN。

使用时，将手柄插入摇杆孔内，水平转动手柄或上下往返扳动手柄，重物即随之上升。

当升降套筒上出现红色警戒线时，应该立即停止扳动手柄。下降时，将撑牙调至反方向转动或扳动手柄即可。螺旋千斤顶的技术规格见表 1-1-4。

表 1-1-4　螺旋千斤顶的技术规格

型号	起重量 /t	最低高度 /mm	起重高度 /mm	重量 /kg	型号	起重量 /t	最低高度 /mm	起重高度 /mm	重量 /kg
QL3.2	3.2	170	110	6	QD32	32	320	180	20
QL5	5	250	130	7.5	QL50	50	452	250	56
QL10	10	280	150	11	QLD50	50	330	150	52
QL16	16	320	180	15	QL100	100	452	200	109
QI32	32	395	200	27	QJ100	100	800	400	250

注：QL——普通螺旋千斤顶。

2. 液压千斤顶

液压千斤顶（见图 1-1-13）不能水平放置使用，其工作部分为起重活塞。工作时，利用千斤顶的手柄（杠杆）驱动液压泵，将工作液体压入液压缸内，推动起重柱塞上升顶起重物。如果液压千斤顶水平放置使用，则不能利用顶出活塞缸的重力将顶出活塞缸压回缸体内，而且手摇时也很困难。液压千斤顶的技术规格见表 1-1-5。

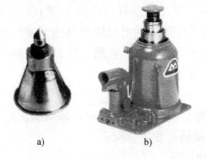

a)　　　　　b)

图 1-1-12　两种螺旋千斤顶
a）支撑小型设备　b）支撑较重设备

图 1-1-13　液压千斤顶

表 1-1-5　油压千斤顶的技术规格

型号	起重量 /t	最低高度	起升高度	螺旋调整高度	起升进程	自重/kg
		/mm				
QYL3.2	3.2	195	125	60	32	3.5
QYL5G	5	232	160	80	22	5.0
QYL5D	5	200	125	80	22	4.6
QYL8	8	236	160	80	16	6.9
QYL10	10	240	160	80	14	7.3
QYL16	16	250	160	80	9	11.0
QYL20	20	280	180		9.5	15.0
QYL32	32	285	180		6	23.0
QYL50	50	300	180		4	33.5
QYL71	71	320	180		3	66.0

（续）

型号	起重量 /t	最低高度	起升高度	螺旋调整高度	起升进程	自重/kg
		/mm				
QW100	100	360	200		4.5	120
QW200	200	400	200		2.5	250
QW320	320	450	200		1.6	435

注：QYL——立式液压千斤顶，QW——立卧两用千斤顶。

3. 千斤顶的使用及注意事项

应根据被顶升物体的重量、外形和支撑位置选用千斤顶的规格和数量。由于千斤顶的顶升速度不一致，同时几个千斤顶使用时，通常按单个千斤顶起重量的 50% ~75% 考虑。

使用千斤顶时，应将其放在平整坚固的地方。在松软的地面上使用千斤顶时，应铺设垫板以扩大承压面积。垫板应根据地质情况选用，且要与千斤顶承受重量的大小相适应。千斤顶的顶部和物体的接触处应垫木板，以避免损坏设备和滑动。

使用时，先将手动油泵的快速接头与顶部对接，然后选好位置，将油泵上的放油螺钉旋紧。欲使活塞杆下降，可将手动油泵手轮按逆时针方向旋松，液压缸卸荷，活塞杆即逐渐下降。操作时，应先将物体稍微顶起一点，然后检查千斤顶底部的垫板是否平整、牢固、垂直，如不符合要求或千斤顶有偏斜，则必须将千斤顶松下，处理好后再向上顶升。顶升时，应随物体的上升在物体下面垫保险木板或铁板，以防千斤顶回油引起活塞突然下降而产生危险。液压千斤顶放低时，只可稍微打开回油门让其缓慢下降，不能突然下降，以免损坏千斤顶内部结构导致其不能使用，同时可防止油液喷到人身上。

使用千斤顶时的注意事项如下：

1）根据起重对象的重心选择千斤顶着力点的位置，使重物在升降时不致倾倒。

2）检查着力点是否牢固，防止起重时因着力处损裂而发生危险。

3）千斤顶应放在干燥无尘的地方，不可被日晒和雨淋。

4）千斤顶在使用前应擦洗干净，并检查活塞升降和各部件是否灵活、有无损坏、油液是否干净等。

5）不得超负荷使用千斤顶，不得随意加长手柄或多人同时操作。起升高度不得超过套筒或活塞上的标志线。如无标志线，则使用时，其起升高度不得超过螺杆螺纹或活塞总高度的 3/4。

6）当几台千斤顶同时顶升物体时，要统一指挥，速度要基本相同，避免升降时物体倾斜造成事故。如条件允许，可用公共油泵集中操作。

（三）手动液压铲车

对于小型机电设备的短距离运输和安装，经常使用手动液压铲车。该设备具有升降平稳、转动灵活、操作方便等特点，如图 1-1-14 所示。

手动液压铲车的使用方法如下：

（1）打压 将控制手柄扳到下位，按下方向柄，即可对手动液压铲车进行打压。注意，所铲物件的重量不得超过其所限重量。

图 1-1-14 手动液压铲车

（2）运输 所铲物件离地后，将控制手柄扳到中位，即可运输物件。运输时必须缓行。

（3）卸压 将控制手柄扳到上位，对铲车进行卸压，直到所铲物件安全着地。

（4）空车运行 空车运行时，应将铲车适当打压升起，以免前轮轴支撑架与地面接触而造成磨损。

（四）手动链式起重机

手动链式起重机俗称手拉葫芦，又称神仙葫芦、倒链、链式滑车等，如图 1-1-15 所示。它具有体积小、重量轻、效率高等特点，起重量一般不超过 100kN，在安装和维修工作中，常与起重三脚架配合使用，主要用来起吊小型机电设备，起吊高度一般不超过 3m。手动链式起重机使用安全可靠、维护简单、机械效率高、收链拉力小、自重较轻、外形美观、尺寸较小，因此应用广泛。

使用时，起重链条应垂直悬挂，不得有错扭的链环，双行链的下吊钩架不得翻转，操作者应站在与手链轮同一平面内拽动手拉链条。提升重物时，拉动手拉链条，使手链轮沿顺时针方向转动，通过摩擦片、棘轮、制动器座、五齿长轴等，使起重链轮向提升重物的方向转动，此时，棘爪只在棘轮齿上跳动而不会卡住棘轮，所以能提升重物。手拉动作并非连续进行，当手链轮停转时，棘爪便立即卡住棘轮，使被提升重物停止下落。下放重物时，拉动手拉链条使手链轮沿逆时针方向转动，摩擦片间的轴向压力降低，直到摩擦片间打滑，棘轮不动，此时重物缓慢下降。因动作不一定连续，只要手链轮一停转，重物便继续微微下降，五齿长轴的微量转动又迫使手链轮沿轴向

图 1-1-15　手动链式起重机

压紧摩擦片，与棘轮、制动器座等贴合而进入制动状态，使重物不会自由下落。在无吊重时，吊钩与起重链条的重量作用在五齿长轴上，使该轴有逆时针方向旋转的趋势，从而迫使手链轮沿轴向将摩擦片、棘轮和制动器座压紧成一体，棘爪卡住棘轮并通过摩擦片和制动器座使起重链不能转动而处于制动状态。HSZ 型手动链式起重机的技术规格见表 1-1-6。

表 1-1-6　HSZ 型手动链式起重机的技术规格

型号	HSZ-½	HSZ-1	HSZ-1½	HSZ-2	HSZ-3	HSZ-5	HSZ-10	HSZ-20
起重量/t	0.5	1	1.5	2	3	5	10	20
标准起升高度/m	2.5	2.5	2.5	2.5	3	3	3	3
试验载荷/t	0.63	1.25	2.0	2.5	4.0	6.3	12.5	25.00
两钩间最小距离/mm	270	270	368	444	486	616	700	1000
满载时手链拉力/N	225	309	343	314	343	383	392	392
起重链行数	1	1	1	2	2	2	4	8
起重链条圆钢直径/mm	6	6	8	8	8	10	10	10
每米链条的重量/N	17	17	23	25	37	53	97	194

使用手动链式起重机时的注意事项如下：

1）禁止超载使用，使用前须确认各机件都能正常工作，检查传动部分及起重链条是否润滑良好，检查空转情况是否正常。

2）起吊货物前须先检查上、下吊钩是否挂牢，不允许重物吊在顶端等相关操作。

3）在起重吊装过程中，无论重物上升或下降，拽动手链条时，用力应均匀缓和，不要用力过猛，以免手链条跳动或卡环。当发现手拉力大于正常拉力时，应立即停止使用。

4）手动链式起重机经过清洗维修后，应进行空载试验，确认工作正常、制动可靠后，才能交付使用。

5）制动器的摩擦表面必须保持干净。制动器部分应经常检查，防止制动失灵而发生重物自坠现象。

（五）电动链式起重机

电动链式起重机是一种简便的起重机械，它由运行和提升两大部分组成，一般安装在直线或曲线工字梁轨道上，常与电动单梁悬臂等起重机配套使用，如图 1-1-16 所示。电动链式起重机是在手动链式起重机的基础上，增加了电动系统，即将电动机、减速器、卷筒和制动器安装在一个箱体内。它既可以固定地悬挂在高处，也可以悬挂在沿单轨行走的小车上构成单轨吊车。

使用电动链式起重机时的注意事项如下：

1）在操作者步行范围内和重物通过的路线上应无障碍物，手控按钮应动作准确灵敏，电动机和减速器应无异常。

2）制动器应灵敏可靠，运行轨道上应无异物，上、下限位器动作应准确，吊钩在水平和垂直方向上转动应灵活。

3）起吊时，手不准握在绳索与物体之间；吊物上升时，严防冲撞。

4）每次吊重物时，吊离地面10cm时应停车检查制动情况，确认完好后方可继续工作。

5）无论起吊还是落地，都要缓慢进行。

6）不允许倾斜起吊或水平拖拉。

7）使用完毕后，应将电动链式起重机停到指定地点，并将吊钩升至距地面2m以上的位置。

图 1-1-16 电动链式起重机

（六）磁力吊

磁力吊又名磁力吸盘，如图 1-1-17 所示。磁力吊具有体积小、吊装力大、操作简便、价格低、无需维护、不耗电和安全可靠等特点。磁力吊设有独特的操作手柄，附有安全钮，用手扳动操作手柄就能实现吸料和卸料。磁力吊具有高达额定起重力1.3倍的安全因数，主要用于吊运铁板、块状和圆柱形的导磁材料的工件，如图 1-1-18 所示。多台磁力吊组合可

图 1-1-17 磁力吊

图 1-1-18 磁力吊吊运板类和圆柱形工件

吸运大而长的铁磁性材料，且吸持力强、安全可靠，有助于改进装卸搬运作业的工作条件，提高劳动生产率。

使用时，吸盘的中心线要与工件重心线重合，将吸盘放置在工件平面上，将手柄由"－"号向"＋"号方向旋转至限位销，检查手柄的保安斜块是否自动锁定，然后进行吊运。完成吊运后，向内按动手柄按钮，使手柄上的保安键与保安销脱离。将手柄由"＋"向"－"号方向旋转至限位销，吸盘处于关闭状态，使工件与吸盘脱离。吊运圆柱工件时，应保持 V 形槽与工件为两条直线接触，所以，它的起重力仅为额定起重力的 30% ~ 50%。吊起工件时严禁超载，严禁人从工件下面穿过。被吊工件温度不得大于 80℃，应无剧烈振动及冲击。吊运时，应将被起吊工件表面（如有锈皮和凸刺）清理干净。

（七）叉车

叉车主要由发动机、底盘（行走机构）、车体、起升机构、液压系统及电气设备等组成，如图 1-1-19 所示。

1. 检查车辆

1）作业前，应检查叉车外观，加注燃料、润滑油和冷却水。

2）检查起动、运转及制动性能。

3）检查灯光、声音信号等是否齐全、有效。

4）运行过程中应检查叉车的压力、温度是否正常。

图 1-1-19　叉车

5）运行后，还应检查外泄漏情况并及时更换密封件。

6）蓄电池叉车除应检查以上内容外，还应按蓄电池叉车的有关要求，对叉车电路进行检查。

2. 起步

1）起步前观察四周，确认无妨碍行车安全的障碍后，先鸣笛，后起步。

2）气压制动的车辆，制动气压表读数须达到规定值才可起步。

3）起步时须缓慢平稳。

3. 行驶

1）行驶时，货叉底端距地面高度应保持为 300 ~ 400mm，门架须后倾。

2）行驶时，不得将货叉升得太高。进出作业现场或行驶途中，要注意上空有无障碍物刮碰。载物行驶时，如货叉升得太高，会增加叉车总体重心高度，影响叉车的稳定性。

3）卸货后，应先降落货叉至正常的行驶位置后再行驶。

4）转弯时，如附近有行人或车辆，应发出信号；禁止高速急转弯，因为高速急转弯易导致车辆倾翻。

5）叉车运行时，货物必须处在不妨碍行驶的最低位置，门架要适当后倾，除堆垛或装车时，不得升高货物。搬运庞大物件时，若物体挡住驾驶员的视线，则应倒开叉车。

6）叉车由后轮控制转向，所以必须时刻注意车后的摆幅，避免出现转弯过急的现象。

7）叉车载货下坡时，应倒退行驶，以防货物颠落。

4. 装卸

1）叉载物品时，应按需要调整两货叉的间距，使两叉负荷均衡、不偏斜。物品的一面应贴靠挡货架，叉载的重量应符合载荷中心曲线标志牌的规定。

2）载物高度不得遮挡驾驶员的视线。装卸物品过程中，必须用制动器制动叉车。

3）叉车接近或撤离物品时，车速应缓慢平稳，注意车轮不要碾压物品、木垫等，以免碾压物飞起伤人。

4）用货叉叉取货物时，货叉应尽可能深地叉入载荷下面，还要注意货叉尖不能碰到货物或其他物件。应采用最小的门架后倾来稳定载荷，以免载荷向后滑动。放下载荷时，可使门架小量前倾，以便安放货物和抽出货叉。

使用叉车时的注意事项如下：

1）禁止高速叉取货物和用叉头碰撞坚硬物体。

2）叉车作业时，禁止人员站在货叉上。

3）叉车叉物作业时，禁止人员站在货叉周围，以防货物倒塌伤人。

4）禁止用货叉举升人员从事高空作业，以免发生高空坠落事故。

5）禁止超载作业。

6）内燃叉车在下坡时严禁熄火滑行。

7）除特殊情况外，禁止载物行驶中急刹车。尤其是载物行驶在超过 7°的上下坡路面上或用高于一挡的速度上下坡时，均不得使用制动器。

（八）机电设备常见支撑安装件

1. 地脚螺栓

图 1-1-20 所示为地脚螺栓，其作用是固定设备，使设备与安装基础牢固地连接在一起，以免设备工作时发生位移、振动和倾覆。常见的地脚螺栓有死地脚螺栓和活动式地脚螺栓两种。

2. 机电设备调整垫铁

调整垫铁如图 1-1-21 所示，它把机电设备的重量传递给基础，又可以通过其厚度将设备找平。调整垫铁的规格已系列化。

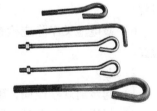

图 1-1-20　地脚螺栓

选用调整垫铁时，应首先确定调整垫铁的个数，再将设备总重量除以垫铁个数，得到每个垫铁平均承受的重量，所选择垫铁允许承受的重量不小于该重量即可。例如，C620 车床的重量 2280kg，机床支承六点，则 2280kg/6 = 363kg，若选用 SV78-

a)　　　　　　　　　b)

图 1-1-21　机床垫铁

a）移动式机床垫铁　b）固定式机床垫铁

1、2—通孔槽　3—用扳手调整高度

100 型垫铁，允许承受重量为 300kg，则超载；而选用 SV78-125 型垫铁，允许承受重量为 600kg，则合适。

调整垫铁的使用方法如下：

1）安放在设备的混凝土地基平面上，地面必须平整结实。

2）通孔槽 1、2 可以垂直插入地脚螺栓，用扳手旋紧水平螺栓 3，即可调整设备的安装高度。

3）设备工作面上放水平仪，用扳手旋转垫铁上的水平螺栓，即可调整水平设备工作面。

3. 机电设备减振垫铁

减振垫铁如图 1-1-22 所示，其底面有一圈弹性橡胶减振垫，能有效地衰减振动。使用该垫铁后，机床安装不需设置地脚螺栓，良好的减振和相当的垂直挠度，可使机床稳定于地面，节省安装费用，缩短安装周期。还可根据生产需要随时调换机床位置，节省二次安装费用。减振垫铁可以调节机床水平度，其调节范围大、方便、快捷。减振垫铁橡胶减振垫可采用丁腈合成橡胶制作，可耐油脂和冷却剂。

机床减振垫铁适用于无冲击力的金属加工机床（特别是受力较小的机床）、纺织机械、印刷机械、食品加工机械、橡胶机械、电线电缆机械、包装机械等机电设备。

图 1-1-22　减振垫铁

1—弹性橡胶减振垫　2—有内螺纹的底座　3—螺栓与六角螺母　4—承重盘

三、任务要点总结

本任务介绍了机电设备安装过程中常用工具的工作原理、特点、选择依据、使用方法及注意事项。

四、思考与实训题

1. 简述用撬杠和滚筒使设备就位的工作步骤。

2. 简述螺旋千斤顶的工作原理

3. 简述用磁力吊搬运工件的优点。

4. 简述叉车的基本操作程序。

5. 简述电动链式起重机的应用范围。

6. 现有一台小型机电设备，重 0.8t，要求分别使用千斤顶和手动链式起重机将其提升 300mm，并将其放到手动铲车上。请分别叙述两者的操作步骤。

7. 现有一台报废的数控车床，重约 2t，欲用撬杠与滚筒联合将其移动到车间角落的指定位置放置，请分析搬运过程。

8. 现有一台立式钻床，重约 3t，欲用叉车将其运输到指定位置，请分析搬运过程。

任务4　机电设备安装、测试与故障维修常用工具

知识点：
- 常见安装、测试与故障维修工具的原理、组成和使用方法。
- 常见安装、测试与故障维修工具的规格、选用原则和维护保养方法。

能力目标：
- 能够正确操作安装、测试与故障维修工具，掌握其操作规程，并能正确进行保养维护。
- 能够合理选择安装、测试与故障维修工具。

一、任务引入

在机电设备的安装、测试与故障维修工作中，为了能够正确安装和测试设备，必须掌握常见机电设备安装、测试与故障维修工具的使用方法。

二、任务实施

安装修理工作中使用的测量工具种类很多，大致分为尺寸测量类工具、装配拆卸类工具、电工测试维修类工具。下面分类介绍在安装修理中常用的测量工具。

（一）尺寸测量类工具

1. 塞尺

塞尺是用来检验两结合面之间间隙的精密量具，如图1-1-23所示。塞尺可检验机床特别紧固面和紧固面、活塞与气缸、活塞环槽和活塞环、十字头滑板和导板、进排气阀顶端和摇臂、齿轮啮合等结合面的间隙。一套塞尺由多片厚薄不一的薄钢片组成，每片都具有两个平行的测量平面，且都有厚度标记，以供组合使用。

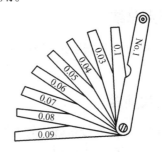

图1-1-23　塞尺

塞尺是成套组合的，成套塞尺编组和厚度尺寸由《塞尺》（GB/T 22523—2008）标准规定。标准中，塞尺的厚度范围有 0.02～0.10mm、0.05～0.75mm、0.02～0.5mm、0.05～1.0mm、0.02～1.50mm 五种，每种范围内的塞尺，其厚度系列有若干片。

使用塞尺测量间隙时，塞尺表面和需测量的间隙内部要清理干净。选择合适厚度的单片塞尺插入间隙内进行测量，用力不能过大，以免塞尺弯曲和折断，需松紧适宜。若没有合适厚度的单片塞尺，可组合几片进行测量，其片数不能超过三片，以钢片在缝隙内既能活动，又能使钢片两面稍微有轻微的摩擦为宜。根据所插入的塞尺厚度，读出间隙的数值。例如，

若用 0.03mm 的一片能插入间隙，而 0.04mm 的一片不能插入间隙，则说明间隙在 0.03 ~ 0.04mm 之间。可见，塞尺是一种界限量规。

2. 水平仪

水平仪是测量角度变化的常用量具，主要用于检验工件平面的平直度、机械相互位置的平行度和设备安装的相对水平位置等，也可测量零件的微小倾角。常用的水平仪有框式水平仪、条式水平仪和数字式光学合像水平仪等，如图 1-1-24 所示。

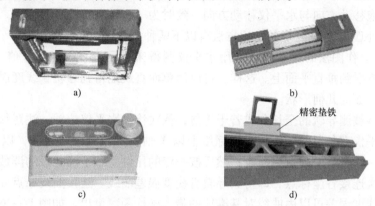

图 1-1-24　水平仪

a) 框式水平仪实物　b) 条式水平仪　c) 数字式光学合像水平仪　d) 测试床身导轨直线度误差

水平仪的测量精度（即分度值）是以气泡移动一格，被测表面在 1m 的距离上的高度差表示的；或以气泡移动一格，被测表面倾斜角度的数值来表示。如读数值为 0.02mm/1000mm 的水平仪，表示气泡移动 1 格时，1000mm（即 1m）距离上的高度差为 0.02mm。

普通水平仪主要的工作部分是水准器。水准器是一个弧形的封闭玻璃管，如图 1-1-25 所示（粗线是水珠的位置，竖线是刻度）。管内装有精馏乙醚或精馏乙醇，但未注满，形成一个气泡。玻璃管的外表面标有刻度。不管水准器的位置处于何种状态，气泡总是趋于玻璃管圆弧面的最高位置。当水准器处于水平位置时，气泡位于中央；当水准器相对于水平面倾斜时，气泡就偏向高的一侧，倾斜程度可以从玻璃管外表面上的刻度读出。下面以用水平仪检测机床导轨的直线度为例介绍其使用方法。

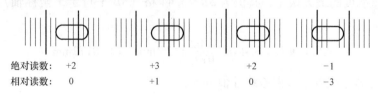

图 1-1-25　水平仪上水准器的读数方法

注意： 在同一个测量位置上，应将水平仪调过相反的方向再进行测量；移动水平仪时，不允许水平仪工作面与工件表面发生摩擦，应该提起来放置；水平仪从低温环境拿到高温环境后（或相反）不得立即使用；水平仪用完后要擦干净，并涂油放入盒内。

（1）水平仪精密垫铁的选择　测量中为了减小水平仪工作面的磨损，应将水平仪放在专用精密垫铁上进行测量，精密垫铁底面两支承的间距一般为 200 ~ 500mm。若测量长度在 4m 以内，则垫铁长度选为 200 ~ 250mm；对于超过 4m 的长导轨，垫铁长度选择 500mm。

测量时，从导轨的某一端开始至另一端终止。每次移动垫铁，应将后支点准确地放在原来前支点的衔接处，而且精密垫铁移动的轨迹应尽量为一直线。然后记下水平仪气泡移动的方向和格数。

（2）读数方法　水平仪的读数方法有绝对读数法和相对读数法，如图 1-1-25 所示。

绝对读数法是按气泡的位置读数，唯有气泡在水平仪两条刻度线中间位置时才读做"0"，并称之为零位。偏向起始端为"－"，偏离起始端为"＋"。

相对读数法是将水平仪在起始测量位置上的气泡位置读作"0"，并称之为零位。在其他位置上，气泡移动方向与水平仪移动方向一致时为"＋"，否则为"－"。

（3）数据处理　数据处理的常用方法有以下两种：

1）作图法。作图法的基本原理是用水平仪测得床身导轨直线度误差值，按测量位置，以一定的比例投射到垂直平面上。这样，可以简单而直观地得到导轨直线度误差，并能形象地反映床身导轨面的几何形状。

测量时，将被测导轨的全长分成若干等份，依次移动水平仪垫铁，注意每次移动应相互衔接，记下水平仪在各段的读数。在坐标纸上以 X 轴表示被测导轨长度，以 Y 轴表示导轨误差值，以第一测量段的起点为原点；然后按一定的比例将水平仪各段的读数值依次标在坐标系中，再依次连接各坐标点，即得到导轨直线度误差曲线。连接曲线原点和终点成一基准线。导轨的直线度误差可以由曲线对基准线的最大坐标距离量出，如图 1-1-26 所示。

例 1-1-1：设如图 1-1-24d 所示的机床导轨全长 2m，垫铁长 250mm，水平仪分度值为 0.02mm/1000mm，测得水平仪在各段的读数（格）为 ＋1、＋1、＋2、0、－1、－1、0、－0.5。其中，"＋"表示气泡移动方向与水平仪移动方向相同，"－"表示气泡移动方向与水平仪移动方向相反。求导轨的直线度误差。

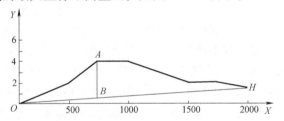

图 1-1-26　用作图法求得床身导轨的直线度误差

画出误差曲线，如图 1-1-26 所示，X 轴表示导轨长度，每 0.5 格表示 250mm；Y 轴表示水平仪气泡移动格数的累加值，如在 250mm 处为 1 格，在 500mm 处累加为 2 格；连接 OH，即可得到导轨直线度的最大误差，其值为 AB = 3.44 格（AB 平行于 Y 坐标轴），换算成线性值表示为

$$\Delta L = nil = 3.44 \times \frac{0.02}{1000} \times 250\text{mm} = 0.0172\text{mm}$$

式中　ΔL——导轨直线度最大误差线性值（mm）；

　　　n——曲线中最大误差格数；

　　　i——水平仪的分度值；

　　　l——垫铁长度（mm）。

2）列表计算法。作图法使用较为方便，但精度较差。列表计算法方便精确，其计算步骤如下：

① 根据水平仪气泡每段移动的格数求出代数平均值。

② 求各段的相对偏差，其值等于气泡移动格数减去代数平均值。

③ 求各段累积误差，其值等于上段的累积误差加上本段的相对偏差。

④　把最大累积误差换算成线性值。

例 1-1-2：用列表计算法求例 1-1-1 中导轨的直线度误差

实测导轨误差数值与例 1 相同，计算步骤见表 1-1-7。可见，最大累积误差是 3.4375 格换算成线性值，即

$$\Delta L = nil = 3.4375 \times \frac{0.02}{1000} \times 250 \text{mm} = 0.01719 \text{mm}$$

ΔL 即为用列表计算法得到的床身导轨直线度误差的最大值。

表 1-1-7　用列表计算法求导轨的直线度误差

气泡移动格数	+1	+1	+2	0	-1	-1	0	-0.5
代数平均值	\multicolumn{8}{c}{$\frac{1+1+2+0-1-1+0-0.5}{8}=0.1875$}
相对偏差	+0.8125	+0.8125	+1.8125	-0.1875	-1.1875	-1.1875	-0.1875	-0.6875
累积误差	+0.8125	+1.625	+3.4375	+3.250	+2.0625	+0.875	+0.6875	0

3. 百分表

百分表如图 1-1-27 所示，它是一种精度较高的比较量具，只能测出相对数值，不能测出绝对数值，主要用于检测工件的几何误差（如圆度、平面度、垂直度、跳动等），也可用于工件的安装找正。百分表的分度值为 0.01mm，测量范围有 0～3mm、0～5mm、0～10mm 三种规格。

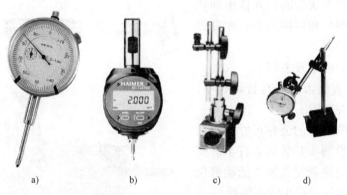

图 1-1-27　百分表及其表架

a）指针式百分表头　b）数字式百分表头　c）百分表磁性表架　d）安装在磁性表架上的百分表

（1）**百分表的读数**　百分表的读数方法为：先读小指针转过的刻度线（即毫米整数），再读大指针转过的刻度线（即小数部分）并乘以 0.01，然后将大、小指针的读数相加，即为测量尺寸的变动量。当测杆向上或向下移动 1mm 时，通过齿轮传动系统带动大指针转一圈，同时小指针转一格。刻度盘圆周上有 100 个等分格，各格的读数值为 0.01mm，大指针每转一格读数值 0.01mm，小指针每转一格读数为 1mm。小指针处的刻度范围为百分表的测量范围。刻度盘可以转动，供测量时大指针调零用。

（2）**百分表的使用**　使用时，可把百分表头装在如图 1-1-27c 所示的磁性表架上。使用前，应检查测杆的灵活性，即轻轻推动测杆时，测杆在套筒内的移动要灵活，没有任何轧卡现象，且每次放松后，指针能回复到原来的刻度位置。

用套筒固定百分表时，夹紧力不要过大，以免因套筒变形而使测杆不灵活。用百分表测

量零件时，测杆必须垂直于被测量表面，即将测杆的轴线与被测量尺寸的方向一致，否则将造成测量结果不准确。测量时，测杆的行程不得超出其量程，严禁撞击测头，不要使百分表受到剧烈的振动和撞击，也不要把零件强行推入测头下，以免损坏百分表和机件而失去精度。

用百分表找正或测量零件时，测杆应有0.3～1mm的压缩量。操作方法是：使指针转过半圈左右，然后转动表圈，使表盘的零位刻线对准指针；轻轻拉动手提测杆的圆头，拉起和放松几次，检查指针所指的零位有无改变。当指针零位稳定后，方可测量或找正零件。如果是找正零件，则此时开始改变零件的相对位置，读出指针的偏摆值，就是零件安装的偏差数值。

当轴的偏心距较小（小于3mm）时，可用百分表测量偏心距。测量时，把被测轴装在两顶尖之间，使百分表的测头与轴的外表面接触，用手转动轴，百分表上指示出的最大数字（最高点）和最小数字（最低点）之差就是偏心距的实际尺寸。偏心套的偏心距也可用百分表测量，但测量时必须将偏心套装在心轴上。偏心距较大的工件，因受到百分表量程的限制，不能采用上述方法测量，此时可采用间接测量偏心距的方法。

（3）其他百分表

1）内径百分表。内径百分表如图1-1-28a所示，主要用于不同孔径的尺寸及其形状误差的测量。

使用前，应检查表头的相互作用和稳定性，检查活动测头和可换测头表面是否光洁、连接是否稳固。

内径百分表的使用方法如下：

① 把百分表插入量表直管轴孔中，压缩百分表一圈并紧固。

② 根据被测孔径的公称尺寸，选取各相应尺寸的可换测头并装到表杆上。安装可换测头时，应尽量使其处于活动部位的中间位置，因为这时产生的误差最小。

③ 测量时手握隔热装置，根据被测尺寸调整零位。调整方法为：根据被测量尺寸选取校对环规（没有环规时，也可使用外径千分尺），分别将测头、定位护桥

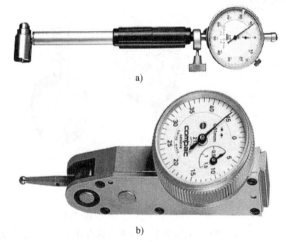

图1-1-28 其他百分表
a) 内径百分表 b) 杠杆式百分表

和环规的工作面擦净后，用手按动几次活动测头，观察百分表的运动情况，以检查其灵敏度和示值变动性，当灵敏度和示值变动性符合要求后即可校对零位，左手握住手柄，右手按下定位护桥把活动测头压下，把它放入校对环规内，然后摆动手柄将固定测头压入校对环规内；摆动手柄几次找出指针的"拐点"，转动百分表刻度盘，使零位与指针的"拐点"重合，接着再摆动几次手柄，以检查零位是否已对准。对好零位后用手按下定位护桥，把内径百分表从环规中抽出。为读数方便，可用整数来定零位位置。

④ 测量时，摆动内径百分表，找到轴向平面的最小尺寸（转折点）并读数。

⑤ 测杆、测头、百分表等应配套使用，不得与其他表混用。

2）杠杆式百分表。杠杆式百分表如图1-1-28b所示，它利用杠杆-齿轮传动机构或杠杆-螺旋传动机构，将尺寸变化为指针的角位移，并指示出长度尺寸数值，可用于测量工件的几何误差，也可用比较法测量长度。杠杆式分表小巧灵活，常用于在车床和磨床上找正工件的安装位置，或用于普通百分表不便使用的地方。

杠杆式百分表的测量面和测头在使用时须处于水平状态，特殊情况下，其倾斜角度应在25°以下。使用前，应检查球形测头，如果球形测头已磨出平面，则不应继续使用。杠杆式百分表的测杆能在正、反方向上进行工作，并能扳动一定角度；测量时，测杆轴线应与被测零件的尺寸变化方向垂直。根据测量方向的要求，应把换向器扳到需要的位置。

4. 千分表

千分表的外形与百分表基本相同，它们都是用来找正零件或夹具的安装位置，以及检验零件几何精度的量具。其使用方法与百分表基本相同，不同之处在于千分表的读数精度比较高，即千分表的分度值为0.001mm，而百分表的分度值为0.01mm。所以，百分表适用于公差等级为IT6～IT8的零件的找正和检验，千分表则适用于公差等级为IT5～IT7的零件的找正和检验。千分表按其制造准确度等级，可分为0、1和2级三种，0级准确度较高。使用时，应按照零件的形状和准确度要求，选用合适的准确度等级和测量范围。内径千分表可用来测量孔径和孔的形状误差，深孔测量时极为方便。

（1）使用前的检查

1）检查各部件间的相互作用。轻轻移动测杆，测杆移动要灵活；指针与表盘应无摩擦，表盘无晃动；测杆、指针无卡阻或跳动现象。

2）检查测头。测头应为光洁圆弧面。

3）检查稳定性。轻轻拨动几次测头，松开后指针应能回到原位。

（2）读数方法 读数时，视线要垂直于表针，防止偏视造成读数误差。小指针指示整数部分，大指针指示小数部分，将其相加即为测量值。

（3）使用方法

1）将千分表稳定地固定在表座或表架上，装夹时夹紧力不能过大，以免套筒变形卡住测杆。

2）调整测杆，使其轴线垂直于被测平面，对圆柱形工件，测杆轴线要垂直于工件的轴线，否则会产生很大的误差并损坏千分表。测头与被测表面接触时，测杆应有0.3～1.0mm的预压缩量，以便保持测头与被测表面之间有一定的初始测力，这样可提高示值稳定性。

3）测量前调零位。绝对测量时用平板做零位基准，比较测量时则对比物（量块）做零位基准。调零位时，先使测头与基准面接触，压测头，使大指针旋转大于一圈，转动刻度盘使零线与大指针对齐；然后把测杆向上提起1～2mm再放手使其落下，反复2～3次后检查大指针是否仍与零线对齐，如不齐则重调。

4）测量时，用手轻轻抬起测杆，将工件放入测头下测量，不可把工件强行推入测头下。工作表面有显著凹凸时不可用千分表测量。

5）不要使测杆突然撞落到工件上，也不可强烈振动和敲打千分表。

6）测量时注意表的测量范围，不要使测头位移超出量程，以免过度伸长弹簧而损坏千分表。

7）不应使测头、测杆过多地作无效运动，否则会加快零件磨损，使千分表失去应有的精度。

8）当测杆移动发生阻滞时，不可强行推压测头，须送计量室处理。

5. 平行垫铁与方箱

平行垫铁是用钢料制成的，其相对的两个平面互相平行。一套平行垫铁通常有许多副，其尺寸各不相同，主要用来把工件平行垫高，如图 1-1-29 所示。

图 1-1-29　平行垫铁

方箱是用铸铁制成的具有 6 个工作面的空腔正方体，其中一个工作面上有 V 形槽。它是平面测量中的重要辅助工具，主要用于检测零件的平行度和垂直度等。方箱包括铸造方箱（图 1-1-30a）、大理石方箱、磁性方箱、划线方箱、检验方箱（图 1-1-30b）、万能方箱等。

对于边长为 300mm 及以下的方箱，检验平面度的方法如下：在方箱被检面的两端各放置一个 1mm 的量块，把刀口形直尺放在量块工作面上，然后在两个量块之间刀口形直尺下各被检测点处用量块试塞，量块的厚度由小逐渐增大，当量块刚刚塞入时的尺寸与两端量块尺寸之差为该被检点对两端之间的偏差时，应在方箱工作面的纵向、横向和对角线方向的几个截面上进行检验。当测得的各个位置的误差方向一致时，取其中的最大值；当误差方向不一致时，取最大正差与最大负差绝对值之和为该被检平面的平面度误差。

图 1-1-30　方箱
a) 铸造方箱　b) 检验方箱

6. 激光干涉仪

激光干涉仪是以激光波长为已知长度，利用迈克尔逊干涉系统测量位移的通用长度测量工具，其主要部件如图 1-1-31a 所示。激光干涉仪有单频和双频两种。

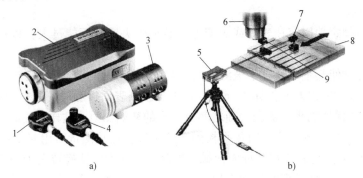

图 1-1-31　激光干涉仪的组成及其测量工作台移动直线度情况
a) 激光干涉仪的组成　b) 用 XL80 激光干涉仪测量机床工作台移动直线度示意图
1—机床测量模块　2、5—XL 激光头　3—补偿模块　4—测量振动、空气温度变化模块
6—机床主轴　7—线性反射镜　8—机床工作台　9—线性干涉镜

激光具有高强度、高度方向性、空间同调性、窄带宽和高度单色性等优点。目前，测量长度的干涉仪以迈克尔逊干涉仪为主，并以稳频氦氖激光为光源，构成一个具有干涉作用的测量系统。激光干涉仪可配合各种折射镜、反射镜等作线性位置、速度、角度、直线度、平行度和垂直度等几何量的测量，也可用于精密量具或测量仪器的校正工作。图 1-1-31b 所示

为机床主轴和激光头不动，工作台移动，由 XL 激光头 5、线性干涉镜 9 和线性反射镜 7 测量工作台运动直线度误差的测量现场情况。

7. 角度平尺

角度平尺又称燕尾尺（见图 1-1-32a），用于测量工件的直线度、平面度及检验和修理导轨。角度平尺是按 GB/T 24760—2009 标准制造的，其材料为 HT250，工作面采用刮研工艺。角度平尺的角度分为 45°、55°、60°、90° 和 120°，作为燕尾导轨面涂色研点的基准研具时，其尺寸结合燕尾导轨尺寸而定。

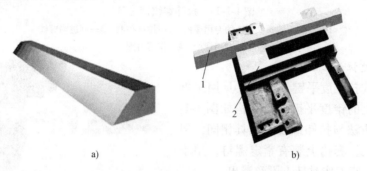

a)　　　　　　　　　　　　b)

图 1-1-32　用角度平尺检测燕尾导轨的直线度和平面度
a) 角度平尺　b) 燕尾导轨直线度和平面度的检测
1—燕尾尺　2—床鞍

使用前，应先检查角度平尺各工作面和边缘是否被碰伤，角尺长边的左、右面和短边的上、下面都是工件面（即内、外直角）；将直尺工作面和被检工作面擦净。使用时，将角度平尺放在被检工件的工作面上，以角度平尺为基准，检测经过刮削、研磨等处理的导轨的直线度和平面度。图 1-1-32b 所示为车床导轨维修后，使用角度平尺检测燕尾导轨直线度和平面度的情形。使用中，应注意轻拿、轻靠、轻放，防止角度平尺变形。

角度平尺有凸、凹两种形式，其规格见表 1-1-8。

表 1-1-8　角度平尺的规格

规格	工作面的直线度或平面度		两工作面夹角 α 的精度	
	准确度等级			
	1 级	2 级	1 级	2 级
凸 45°、55°、60°、90°、120° ×500mm	6	12	±1	±1.5
凹 45°、55°、60°、90°、120° ×500mm	6	12	±1	±1.5
凸 45°、55°、60°、90°、120° ×750mm	8	15	±1	±1.5
凹 45°、55°、60°、90°、120° ×750mm	8	15	±1	±1.5
凸 45°、55°、60°、90°、120° ×1000mm	9	18	±1	±1.5
凹 45°、55°、60°、90°、120° ×1000mm	9	18	±1	±1.5
凸 45°、55°、60°、90°、120° ×1500mm	15	30	±1	±1.5
凹 45°、55°、60°、90°、120° ×1500mm	15	30	±1	±1.5

（二）装配拆卸类工具

1. 螺纹销拉卸工具

拉卸带螺纹的小轴、锥销或圆销时，可使用如图 1-1-33 所示的工具。将专用螺栓 1 旋入内螺纹孔中，然后用手按住作用力圈4，用力快速向后推动作用力圈4，小轴、锥销或圆销就能从连接部件上拆出，拆卸方法如图1-1-34所示。

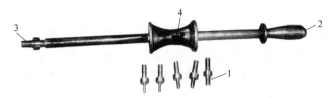

图1-1-33　拉卸螺纹销工具

1—可随不同螺纹更换的专用螺栓　2—拉杆挡圈　3—旋进内螺纹
的专用螺栓　4—作用力圈

2. 锥度平键拉卸工具

（1）冲击式拉锥度平键　这种工具用于拆卸冲、剪机床上的锥度平键，其结构如图1-1-35所示，使用方法与拉卸螺纹销工具相同，但它头部有一套钩，套钩上装有紧定螺钉，用于支紧锥度平键，使工作时杆1不致滑出。

（2）抵拉式拉锥度平键工具　如图1-1-36所示。工具本体1的头部做成圆弧钩形，中段和尾端有两个凹入的半圆，可以放置圆柱形螺

图1-1-34　拉卸机
床上的内螺纹锥销

母2。手柄螺杆3的螺纹与圆柱形螺母2相配，本体1的两凹口中心有通孔，以便使螺杆3通过。使用时，将工具钩端放入锥度平键与连接件的空间，使它的圆弧钩端头靠住连接件端面。如有空隙，可用铁片垫实，钩头螺栓4钩紧另一端，旋紧螺杆3即可将锥度平键拉出。

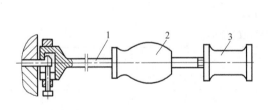

图1-1-35　冲击式拉锥度平键工具

1—杆　2—作用力圈　3—受力圈

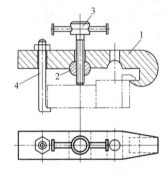

图1-1-36　抵拉式拉锥度平键工具

1—本体　2—圆柱形螺母　3—螺杆　4—钩头螺栓

3. 其他拉卸工具

拆卸装在轴上的滚动轴承、带轮或联轴器等零件时，使用拉卸工具（俗称拉头）较方便，特别是在部件尺寸较大时更是如此。拉卸工具有螺杆式和液压式两类。

（1）螺杆式拉卸工具　螺杆式拉卸工具有两爪式、三爪直杆式和铰链式三种，其钩爪可以调节，也可以反向由拉外环改为拉内环，如图1-1-37所示。

（2）液压式拉卸工具　液压式拉卸工具一般包括两个部件，即液压泵部分和液压缸拉弓部分，两者间由高压软管连接。液压泵部分的结构分为手揿式、脚踏式及电动式三种。图

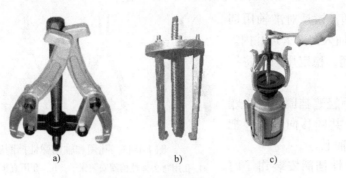

图 1-1-37　螺杆式拉卸工具

a) 两爪式　b) 三爪直杆式　c) 铰链式

1-1-38 及图 1-1-39 所示分别为脚踏式及手揿式液压拉卸工具，其作用力的机械效率为 15%～60%。如在 FMS-5A 型手揿式拉卸工具（俗称拉马）的手揿杆端部施以 100N 的力，则油缸的顶起力可达 150～600N。

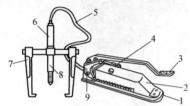

图 1-1-38　脚踏式液压拉卸工具

1—底架　2—油箱　3—升压踏脚
4—降压踏脚　5—高压软管　6—油缸
7—拉弓　8—顶杆　9—泵体

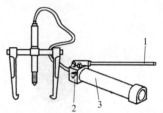

图 1-1-39　手揿式液压拉卸工具

1—手揿杆　2—降压阀　3—油箱

（3）拉开口销工具　拆卸开口销时，很容易把圆头部分夹坏，使用如图 1-1-40 所示的拆卸工具就可避免这种不良后果。

（4）销子冲头　这种冲头是拆卸连接轴套中销子的专用工具，如图 1-1-41 所示。此工具用 T8A 钢制造，冲头头部为 15～40mm，淬火硬度为 45～52HRC；尾部长度为 15～25mm，淬火硬度为 32～42HRC。

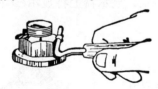

图 1-1-40　拉开口销工具

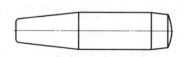

图 1-1-41　销子冲头

4. 钳子类工具

（1）钢丝钳　钢丝钳主要用来夹持或折断金属薄板及切断金属丝，带绝缘柄的钢丝钳供有电的场合使用。其长度规格有 150mm、175mm 及 200mm 三种。

（2）弹性挡圈安装钳子　此工具专供安装和拆卸孔用和轴用弹性挡圈。孔用和轴用弹性挡圈安装钳子如图 1-1-42 所示，每种安装钳子又分弯头和直头两种。图 1-1-43 所示为用孔用和轴用直头弹性挡圈安装钳子安装挡圈操作图，弹性挡圈的安装步骤如下：

1）手握钳柄，钳爪对准轴用挡圈的插口，将其插入挡圈卡环孔内。

2）手捏钳柄，稳定用力，将挡圈胀开。

3）用一只手轻遮挡圈，防止蹦出，两手与钳子共同移向零件，把挡圈安装到孔或轴上。

（3）使用弹性挡圈安装钳子时的注意事项

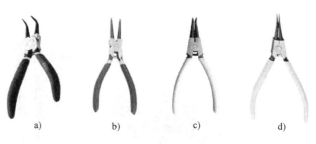

图 1-1-42　孔用和轴用弹性挡圈安装钳子
a）孔用弯头弹性挡圈安装钳子　b）孔用直头弹性挡圈安装钳子
c）轴用弯头弹性挡圈安装钳子　d）轴用直头弹性挡圈安装钳子

1）弹性挡圈安装钳子的钳爪插入卡环孔中后要对正、插稳，保持钳子平面平行于卡环平面。

2）钳子的胀紧力不要过大，胀开挡圈卡环孔能移出即可。

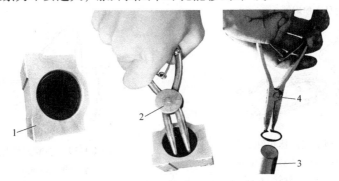

图 1-1-43　孔用和轴用直头弹性挡圈安装钳子的使用
1—直线导轨滑块　2—用孔用直头弹性挡圈钳子夹持挡圈卸下　3—轴类零件
4—用轴用直头弹性挡圈钳子安装挡圈

（三）电工测试维修类工具

1. 数字万用表

数字万用表如图 1-1-44 所示，它的性能优良、价格较低、应用广泛。使用时，将 ON/OFF 开关置于 ON 位置，检查电池电压，如果电池电压不足，显示器上将显示 🔋 图标，这时需更换电池；如果电池电压正常，则按以下步骤操作。

（1）直流电压的测量

1）将黑表笔插入 COM 插孔，红表笔插入 V/Ω 插孔。

2）将功能开关置于直流电压挡，并将表笔连接到待测电源（测开路电压）或负载上（测负载电压）。此时，红表笔所接端的极性将显示在显示器上。

（2）交流电压的测量

1）将黑表笔插入 COM 插孔，红表笔插入 V/Ω 插孔。

2）将功能开关置于交流电压挡，并将表笔连接到待测电源或负载上。测量交流电压时，没有极性显示。

（3）直流电流的测量

图 1-1-44　数字万用电表

1）将黑表笔插入 COM 插孔，当测量最大值为 200mA 的电流时，红表笔插入 mA 插孔；当测量最大值为 20A 的电流时，红表笔插入 20A 插孔。

2）将功能开关置于直流电流挡，并将表笔串联接入待测负载上，显示电流值的同时，红表笔的极性也将显示出来。

（4）交流电流的测量

1）将黑表笔插入 COM 插孔，当测量最大值为 200mA 的电流时，红表笔插入 mA 插孔；当测量最大值为 20A 的电流时，红表笔插入 20A 插孔。

2）将功能开关置于交流电流挡，并将表笔串联接入待测电路中。

（5）电阻的测量　将红表笔插入 V/Ω 插孔，根据电阻的大小选择适当的电阻测量量程，红、黑两表笔分别接电阻两端，观察读数。测量在路电阻（电路板上的电阻）时，应先关断电源，以免引起读数抖动。禁止用电阻挡测量电流或电压（特别是 DC220V 电压），否则将损坏万用表。

（6）电容的测试　连接待测电容前，应注意每次转换量程时复零所需的时间，漂移读数不会影响测试精度。

1）将功能开关置于电容量程 C（F）。

2）将电容器插入电容测试座中。

（7）频率的测量

1）将红表笔插入 V/Ω 插孔，黑表笔插入 COM 插孔。

2）将功能开关置于 Hz 挡，并将表笔连接到频率源上，即可从显示器上读取频率值。

（8）温度的测量（UT56 表没有温度挡）　测量温度时，将热电偶传感器的冷端（自由端）插入温度测试座中，热电偶的工作端（测温端）置于待测物上面或内部，即可直接从显示器上读取温度值（℃）。注意：传感器的冷端（自由端）不要插入 COM 或 V/Ω 插孔。

（9）二极管测试及蜂鸣器的连接性测试

1）将黑表笔插入 COM 插孔，红表笔插入 V/Ω 插孔（红表笔的极性为" + "）；将功能开关置于 ⊷ 挡，并将表笔连接到待测二极管两端。此时，显示器上的读数为二极管正向电压的近似值。

2）将表笔连接到待测电路的两端，如果两端之间的电阻值低于 70Ω，则内置蜂鸣器发声。

（10）晶体管 h_{FE} 测试

1）将功能开关置于 h_{FE} 量程。

2）确定晶体管是 NPN 型或 PNP 型，将基极 b、发射极 e 和集电极 c 分别插入面板上相应的插孔。

3）在显示器上将读出 h_{FE} 的近似值。

（11）自动电源切断使用说明

1）万用表设有自动电源切断电路，当万用表工作时间为 30 ~ 60min 时，电源自动切断，万用表进入睡眠状态。

2）万用表电源切断后若要重新开启，重复按动电源开关两次即可。

使用万用表时的注意事项如下：

1）不要接高于 1000V 的直流电压或有效值高于 700V 的交流电压。

2）不要在功能开关处于 V/Ω 和二极管/蜂鸣位置时，将电压源接入。

3）当电池没有装好或后盖没有盖紧时，不要使用万用表。

4）只有在表笔移开并切断电源以后，才能更换电池或熔丝。

5）如果被测电压范围未知，可将功能开关置于最大量程并逐渐下调。

6）20A 量程无熔丝保护，因此测量时间不能超过 15s。

2. 试电笔

试电笔也称测电笔，简称电笔，如图 1-1-45 所示，用它来测试导线是否带电。笔中有一氖泡，测试时如果氖泡发光，则说明导线有电。

试电笔可分为螺钉旋具式和感应式两种：螺钉旋具式试电笔的形状为一字螺钉旋具型，可以兼做试电笔和一字螺钉旋具使用；感应式试电笔可检查控制线、导体和插座上的电压或沿导线检查断路位置，由于测试时无需物理接触，因此可保障测试人员的人身安全。

使用试电笔时，人手接触试电笔的部位应是试电笔顶端的金属，而不是试电笔前端的金属探头；应使氖管小窗背光，以便观察其测出物体带电时发出的红光。握好试电笔以后，一般用大拇指和食指触摸顶端金属，用笔尖接触测试点，并同时观察氖管是否发光。如果试电笔氖管发光微弱，不可就此断定带电体电压不高，可能是试电笔或带电体测试点有污垢，也可能测试的是带电体的地线，这时须擦干净试电笔或重新选择测试点。反复测试后，才能确定测试体是否带电。

图 1-1-45　试电笔
a）螺钉旋具式试电笔
b）感应式试电笔

（1）判断交流电与直流电　测交流电时氖管两端极同时发亮，测直流电时氖管只有一端极发亮。

（2）判断直流电正、负极　氖管的前端极指试电笔笔尖一端，氖管后端极指手握的一端，前端极亮为负极，反之为正极。测试时要注意，当电源电压为 110V 以上，人与大地绝缘时，一只手摸电源任一极，另一只手持试电笔，试电笔金属头触及被测电源另一极，若氖管前端极发亮，则所测触电源是负极；若氖管的后端极发亮，则所测触电源是正极。

（3）判断直流电源有无接地和正、负极接地　发电厂和变电所的直流系统是对地绝缘的，人站在地上，用试电笔去触及正极或负极，氖管应是不发亮的；如果发亮，则说明直流系统有接地现象。如果发亮在氖管前端极，则是正极接地；如果发亮在氖管后端极，则是负极接地。

（4）判断同相与异相　因为我国大部分是 380V/220V 供电，且变压器普遍采用中性点直接接地，所以做此项测试时，人体与大地之间一定要绝缘，以免构成回路而造成误判断。测试时，两笔亮与不亮显示一样，故只看一支即可。

（5）判断 380V/220V 三相三线制供电电路相线接地故障　电力变压器的二次侧一般都接成 Y 形，在中性点不接地的三相三线制系统中，用试电笔触及三根相线时，有两根比通常稍亮，而另一根上的亮度要弱一些，则表示这根亮度弱的相线有接地现象，但不太严重；如果两根很亮，另外一根几乎不亮，则这根相线有金属接地故障。

3. 兆欧表[一]

兆欧表是一种电工常用的测量仪表，如图 1-1-46 所示。兆欧表由一个手摇发电机、表头和三个接线柱（L：电路端；E：接地端；G：屏蔽端）组成。兆欧表主要用来检查电气设备、家用电器或电气电路对地及相间的绝缘电阻，以保证这些设备、电器和电路处于正常状态，避免发生触电伤亡及设备损坏等事故。兆欧表大多采用手摇发电机供电，故又称摇表，它的刻度是以兆欧（MΩ）为单位的。

图 1-1-46 兆欧表

（1）兆欧表的选用原则

1）额定电压等级的选择。一般情况下，额定电压在 500V 以下的设备，应选用 500V 或 1 000V 的兆欧表；额定电压在 500V 以上的设备，应选用 1 000 ~ 2 500V 的兆欧表。

2）电阻量程范围的选择。兆欧表的表盘刻度线上有两个小黑点，小黑点之间的区域为准确测量区域。所以选表时，应使被测设备的绝缘电阻值在准确测量区域内。

（2）兆欧表的使用

1）校表。测量前，应对兆欧表进行一次开路和短路试验，检查兆欧表是否良好。将两个连接线开路，摇动手柄，指针应指在"∞"处；再把两个连接线短接，指针应指在"0"处。符合上述条件者即良好，否则不能使用。

2）将被测设备与电路断开，大电容设备还要进行放电。

3）选用电压等级符合要求的兆欧表。

4）测量绝缘电阻时，一般只用 L 和 E 端，但在测量电缆对地的绝缘电阻或被测设备的漏电流较严重时，就要使用 G 端，并将 G 端接屏蔽层或外壳。电路接好后，可按顺时针方向转动摇把，转动的速度应由慢到快，当转速达到 120r/min 左右时（ZC-25 型），保持匀速转动，1min 后读数，并且要边摇边读数，不能停下来读数。

5）拆线放电。读数完毕，一边慢摇，一边拆线，然后对被测设备放电。将测量时使用的地线从兆欧表上取下来与被测设备短接一下即可（不是兆欧表放电）。

（3）使用兆欧表时的注意事项

1）禁止在雷电天气或高压设备附近测绝缘电阻，只能在设备不带电，也没有感应电流的情况下测量。

2）摇测过程中，被测设备上不能有人工作。

3）兆欧表表线不能绞在一起，要分开。

4）兆欧表未停止转动之前或被测设备未放电之前，严禁用手触及兆欧表；拆线时，也不要触及引线的金属部分。

5）测量结束时，对于大电容设备要放电，并定期校验其准确度。

三、任务要点总结

本任务介绍了机电设备测试和故障维修工具的使用方法及其在使用中的注意事项。通过本任务的学习，设备安装人员应能根据设备的类型选择工具，并正确运用工具检测设备安装的精度；并可在出现故障后，正确选用工具将故障排除。

○ 在国标中称为绝缘电阻表。

四、思考与实训题

1. 简述百分表和千分表的使用方法。
2. 如何运用框式水平仪检测设备的直线度？
3. 简述激光干涉仪的工作原理及测量方法。
4. 角度平尺有哪些形式？怎样使用角度平尺？
5. 电工测试维修类工具有哪些？简述各种工具的测试范围。

项 目 小 结

　　本项目介绍了机电设备的分类，并根据这种分类论述了普通机电设备安装的机群式平面布置、专用机电设备安装的流水线平面布置、减振和隔振等概念，梳理出了机电设备的种类、用途与平面布置形式之间的关系；介绍了机电设备安装基础的类型和安装要求，以及常用的机电设备安装、维修工具的使用要求和技术规范。要求能够根据设备的特点确定安装基础的类型以及如何对基础进行处理，能够根据安装设备的特点选用合适的安装、检测工具对设备的安装精度进行检测，以确保机电设备的安装调试质量，从而提高工作效率、节约成本，同时确保机电设备发挥出最大的工效。

项目二　工厂供电及机电设备电气安装调试

项目描述

　　本项目介绍了经变电站给企业一次供电相关的电能产生分类、发电、变电、配电和输电的概念，变电后给车间及机电设备二次供电的流程和供电方案设计，三相四线制和三相五线制及有关保护的概念，供电设备测试工具及其测试方法，一次供电和二次供电设备的安装调试规范及验收基本知识；梳理出了二次供电五种电气控制图、两种表格和设计使用维护说明书（简称五图二表说明书）的概念、画法及作用。

学习目标

1. 了解电能产生分类、发电、变电、配电和输电等一次供电的有关概念。
2. 掌握一次供电和二次供电的基本概念和流程。
3. 掌握三相四线制和三相五线制的概念及形成原理。
4. 掌握电气控制与二次供电有关的五图二表说明书的概念、画法及作用。
5. 掌握有关电气测量和电气保护的概念、测试设备和测量方法。

任务1　工 厂 供 电

知识点：

　　● 大型发电厂发电、变电、配电和输电的概念，一、二次供电的概念以及供电方案设计。

　　● 车间三相四线制、三相五线制供电的概念，简单测试项目、测试工具和测试方法。

　　● 车间供电原材料、电气施工安装的组成。

能力目标：

- 掌握一次供电的概念，以及一次供电方案的设计及实现。
- 掌握车间三相四线制、三相五线制供电方案的设计、识图和测试方法。
- 掌握车间三相四线制、三相五线制供电安装材料的选择及安装施工方法。
- 掌握车间三相四线制、三相五线制供电电路的测试验收方法。

一、任务引入

车间、办公楼及居民区等地的机电设备常用到三相四线制和三相五线制供电。本任务介绍电能产生的类型，车间变电站的作用，工业上一、二次供电的业务范围，以及这些供电形式的内涵、施工方法、测试项目及测试工具等。

二、任务实施

（一）发电厂分类

发电厂是把其他形式的能量转换成电能的企业，有常规电能企业和绿色电能企业两类。

1. 常规电能企业

常规电能企业主要有如下四种：

（1）火力发电厂 火力发电厂是指利用煤、石油、天然气或其他燃料的化学能来生产电能的发电厂。其发电过程是：化学能→热能→机械能→电能。世界上多数国家的火力发电厂以燃煤为主。煤粉和空气在电厂锅炉空间内悬浮并进行混合然后氧化燃烧，燃料的化学能转化为热能。热能以辐射和热对流的方式传递给锅炉内的高压水介质，分阶段完成水的预热、气化和过热过程，使水成为高压高温的过热水蒸气。水蒸气经管道有规律地送入汽轮机，驱动汽轮机转动。高速旋转的汽轮机转子通过联轴器拖动发电机发出电能，电能由发电厂的变电所升高电压后输送到电网。

（2）水力发电厂 水力发电厂是指利用水流的动能和势能来生产电能的发电厂。水流量的大小和水头的高低，决定了水流能量的大小。水力发电厂的发电过程是：水能→机械能→电能。实现这一能量转换的生产方式是在河流的上游筑坝，提高水位以造成较高的水头，建造相应的水力设施，以有效地获取集中的水流。水被引入水力发电厂的水轮机，驱动水轮机转动，水能便被转换为机械能，与水轮机直接相连的发电机就发出电能，电能再经升压变压器升高电压后输送到电网。

（3）原子能发电厂 原子能发电厂是指利用核能来生产电能的发电厂，又称核电厂（核电站）。原子核各个核子（中子与质子）之间具有强大的结合力，重核分裂和轻核聚合时，都会放出巨大的能量，称为核能。目前，技术比较成熟、形成规模投入运营的只有重核裂变释放出的核能生产电能的原子能发电厂。原子能发电厂的发电过程是：重核裂变核能→热能→机械能→电能。

（4）垃圾发电厂 垃圾发电是指收集各种垃圾并进行分类处理，一方面对燃烧值较高的垃圾进行高温焚烧，将产生的热能转化为高温蒸气，推动涡轮机转动带动发电机发出电能；另一方面，对不能燃烧的有机物进行发酵、厌氧处理，干燥脱硫后产生沼气，再经燃烧，把热能转化为蒸气推动涡轮机转动带动发电机发出电能。

2. 绿色电能企业

绿色电能是指用特定的发电设备发电，在发电过程中，不排放或很少排放对环境有害的废气、废水和废物，具有环保性质的能源。绿色电能企业主要有以下五种：

（1）地热发电厂 地热能是储存在地球内部的可再生热能，一般集中分布在构造板块边缘一带。地热能起源于地球的熔融岩浆和放射性物质的衰变，全球地热能的储量与资源潜量十分巨大，但开发难度很大。由于地热能是储存在地下的，因此不会受到任何天气状况的影响，并且地热资源具有其他可再生能源的所有特点，可以随时采用，不带有害物质，关键在于是否有更先进的技术对其进行开发。目前，地热能在全球很多地区应用广泛，其开发技术也在日益完善。

（2）风能发电厂 风能发电厂是指利用风能来生产电能的发电厂。风能是地球表面大量空气流动产生的动能，由于地面各处受太阳辐照后气温变化不同及空气中水蒸气的含量不同，从而引起了各地气压的差异，在水平方向高压空气向低压地区流动即形成风。风能资源决定于风能密度和可利用的风能年累积小时数。据估算，全世界的风能总量约1 300亿kW，我国的风能总量约16亿kW。

（3）太阳能发电厂 太阳能是指太阳光的辐射能量。太阳能发电是一种新兴的可再生能源，太阳能无需运输、清洁无污染、发展潜力巨大，经济和社会效益十分可观，是一种很有发展前途的绿色能源。

（4）海洋能发电厂 海洋能是海水流动动能、海洋热能、潮汐能和波浪能等能源的总称。海洋能用于发电有海流发电、海洋温差发电、波浪发电和潮汐发电等多种方式，但目前成熟的只有潮汐发电。海洋能蕴藏丰富、分布广，清洁无污染，但其能量密度低、地域性强，因而开发难度较大，并有一定的局限性。海洋能开发利用的方式主要是发电，其中，潮汐发电和小型波浪发电（利用的是波浪上下运动的动能）技术已经实用化。

（5）生物质能发电 生物质能就是太阳能以化学能形式储存在生物质中的能量，即以生物质为载体的能量。它直接或间接地来源于绿色植物的光合作用，可转化为常规的固态、液态和气态燃料，取之不尽、用之不竭，是一种可再生能源，这些燃料可以用于发电。

按发电厂的装机容量，可将其分为小容量发电厂（100MW以下）、中容量发电厂（100~250MW）、大中容量发电厂（250~1 000MW）和大容量发电厂（1 000MW以上）。

（二）企业供电电力系统变电、配电和输电简述

由于发电厂的建设地点距用户较远，如果采用低压输电则势必造成输电功率的巨大浪费和电能质量的下降。所以，发电厂发出的大电流、低电压的电力，首先要用变压器升高电压后再向远处的用户输电。国家电力部门规定通常升高到6kV、10kV、35kV、110kV、220kV、500kV等几种规格的电压，而企业及其机电设备常用380V和220V电压，所以输电到用户后，再用变压器降低电压至380V或220V供用户使用。升压和降压统称为变电，把电力分配给各个用电场所称为配电，把电力从一个场所输送到另一个场所称为输电。

发电厂发出电力，用变压器升高电压并向远处的用户区输电的过程通常属于国家电网的业务范围，然后经变电站（所）用降压变压器降压后向用户供电。图1-2-1所示为发电厂发出的电力升压后向远距离输电的情形。

（三）企业供电及三相四线制、三相五线制电源的概念

1. 企业供电设计及三相四线制供电的概念及其实现

如图1-2-2所示，发电厂发出的电力经升压变压器升高电压后输送到企业变电站（有的

图 1-2-1　发电厂发出的电力升压后向远距离输电
a）野外远距离高电压输电　b）远距离输电电线及支撑铁塔

叫配电室），高压电要用降压变压器降压后再给企业设备供电。下面以某企业供电为例，论述变电、配电和输电过程及其有关概念。

图 1-2-2　高电压输入企业的变电站降压后输送给二次供电场所
1—高压输电线　2、3—电缆　4—配电室

图 1-2-3 所示为某企业变电站中的一台降压变压器（根据公司电力需求，公司变电站现已安装三台降压变压器，并预留了一台变压器的安装位置）。高压电到达公司变电站后，首先由输入电缆 7 接入变压器输入端。降压变压器输出 3、4、5、6 四根横截面为矩形的铜导线，其中，导线 3 与变压器外壳连接，并与大地相接成为保护接地，这根导线通常称为零线，用 N 表示；另外三根矩形铜导线中任意两根之间的交流电压为 380V，称为相线，分别

用 A、B、C（或 L_1、L_2、L_3）表示；A、B、C 中任意一根相线与零线之间的交流电压为 220V。零线 N 和相线 A、B、C 组成第一种形式的三相四线制电源经过如图 1-2-4 所示的多个低压配电柜把三相四线制电力输送到相应的生产车间、办公楼等用电场所。低压配电柜是连接电源与用电设备的中间装置，它除了能分配电能外，还具有对用电设备进行控制、测量、指示及保护等功能。

图 1-2-3　企业变电站（所）
用降压变压器

1—降压变压器　2—高压电线

3—保护接地线

4、5、6—380V 相线　7—输入电缆

图 1-2-4　三相四线制线路经过总开关柜、
低压配电柜向用电场所配电

1—来自降压变压器的三相四线制导线　2—低压总开关柜
3—150t 起重机配电柜　4—焊接车间配电柜　5—喷漆车间和加工二车间配电柜　6—冲压车间和加工一车间配电柜
7—精加工二车间和机修车间配电柜　8—办公大楼配电柜
9—预留备用电源配电柜

如图 1-2-5 所示，低压配电柜后面有输出电缆地下通道，电缆经过地下通道 3、槽式电缆桥架 4 和电缆桥架垂直上弯通 6 把三相四线制电力电缆 5 输送给相应的生产车间、办公楼等用电场所。

图 1-2-6 所示为经过图 1-2-5 中电缆桥架垂直上弯通 6 的三相四线制电缆进入车间内桥架的情形。三相四线制电缆通过车间内水平安装的槽式直通桥架 1、上边垂直三通 2 和竖直安装的槽式直通桥架 3 引到地面上，然后接入如图 1-2-7 所示的机电设备动力配电柜。

三相四线制供电电路可以根据需要只输送 380V 电或 220V 电，但应注意，图 1-2-4 所示的三相四线制各个低压配电柜对应的用电场所的负载功率要大致相等，即要考虑三相配电平衡问题。凡是用到 380V 的用电场所，要适当分配 A 与 B、B 与 C、C 与 A；凡

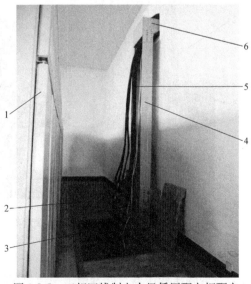

图 1-2-5　三相四线制电力经低压配电柜配电

1—低压配电柜　2—输出电缆地下通道盖板
3—地下通道　4—槽式电缆桥架　5—电缆
6—电缆桥架垂直上弯通

图1-2-6　经过电缆桥架垂直上弯通的三相四线制电缆进入车间桥架
1—水平安装的槽式直通桥架　2—上边垂直三通　3—竖直安装的槽式直通桥架
4—三相四线制电缆　5—建设车间施工的垂直支撑槽钢结构

是用到220V的用电场所，要适当分配A与N、B与N、C与N，使其各相负载的功率大致相等，以保证三相电用电安全可靠。

例如，办公大楼为6层，如果各层的用电功率大致相等且都为220V交流电，则配电方案为：A与N分配给1、2层，B与N分配给3、4层，C与N分配给5、6层，使三相配电平衡，用电安全可靠。当这样配电不能使三相配电平衡时，就不能按楼层配电，而要考虑按楼层上的设备配电，整个楼的某些设备按A与N配电，另一些设备按B与N配电，其他设备按C与N配电，力求达到三相配电平衡。

2. 立式低压动力配电柜供电的三相五线制电源的概念及其实现

立式低压动力配电柜是按照机电设备的数量及接线要求将开关设备、测量仪表、保护电器和辅助设备组装在封闭或半封闭金属柜中构成的低压配电装置。当车间内设备较多且设备之间的距离不太大时，通常使用如图1-2-7所示的立式动力配电柜。来自电缆桥架垂直上弯通6（见图1-2-5）的三相四线制电缆引入车间空中槽式直通桥架1（见图1-2-6）中，经过上边垂直三通2、垂直安装的槽式直通桥架3进入车间地面的立式低压动力配电柜。

图1-2-7　三相五线制供电相关设备
1—立式低压动力配电柜　2—电压表　3—相电压测量转换开关　4—测量A、B、C相两两之间电流的电流表　5—手拉式隔离开关　6—配电柜引出的电缆经地沟至机电设备　7—钢管（电缆穿过其内孔到控制柜下）　8—配电柜外壳导线　9—三相四线制电缆

车间地面立式低压配电柜等设备的位置关系如图1-2-7所示，三相四线制电缆9穿过钢管7引入立式低压配电柜1的底下。三相四线制电缆进入立式低压配电柜后的变化如下：

（1）三相四线制电源线路的变化　如图1-2-8所示，三相四线制电缆进入立式低压配电柜后，经过手拉式隔离开关2（作为总电源开关），把电源线分配给如图1-2-9所示的六个塑料壳式断路器，每个断路器控制 A、B、C、N 四根导线，每个塑料壳式断路器控制一台机电设备，也可以根据设备数量设置多个塑料壳式断路器。

图 1-2-8　立式低压动力配电柜及其相关配电设备
1—熔断器保护电流、电压表　2—手拉式隔离
开关　3—断路器　4—与动力配电柜外壳和大
地相连的地线　5—三相五线制电缆自地沟引
到机电设备接线位置

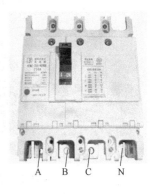

图 1-2-9　塑料壳式断路器

（2）在立式低压配电柜外壳引出地线，形成三相五线制电源电路　在立式低压配电柜的侧面外壳上拧紧一根螺栓，把导线 8（见图 1-2-7）的一端连接到配电柜外壳上，另一端连接到槽式直通桥架附近的一根不短于 2.5m 的 50mm×50mm 角钢的一端（建设车间时就把该角钢垂直埋入地面以下）。这样，低压配电柜的外壳就和大地连在一起了，并且地线 4（见图 1-2-8）也经过低压配电柜外壳与大地连接在了一起。机电设备的外壳都应与地线（PE）相连接，即外壳应接地，这样，如果因导线老化等原因使 A、B、C 相线与机电设备外壳相接，则外壳的电荷就经 PE 流入大地，不致引起人体触电。如果机电设备外壳再接入大地，则称为重复接地，此时，PE 与 A、B、C、N 四根导线就构成了三相五线制电源中的"五线"。虽然 PE 与 A、B、C 中任意一根导线之间的电压也是 220V，但不能用于设备供电，其作用只是使设备外壳接地，以保障安全。立式低压配电柜控制六台 380V 机电设备的总电气原理示意图如图 1-2-10 所示。

图 1-2-10 中的三相五线制电源可以根据机电设备供电需要接 PE、N、A、B、C 五根导

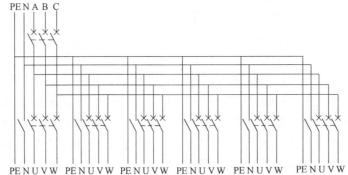

图 1-2-10　立式低压配电柜控制六台 380V 机电设备的总电气原理示意图

线，若接 PE、A、B、C 四根导线，则组成第二种形式的三相四线制电源，也可以接 PE、N、A（或 B、C）三根导线形成 220V 交流电源。注意，机电设备上往往有变压器、电动机、驱动器等独立的电气部件，这些部件上的接地线应与 PE 接在一起。

安装在车间一层且位置比较固定的机电设备通常采用立式低压配电柜供电的三相五线制电源供电。

3. 小型动力配电箱供电的三相五线制电源的概念及其实现

当车间内机电设备之间的距离较大或机电设备位于二楼及以上楼层时，通常采用安装在墙壁或车间立柱上的小型动力配电箱（见图 1-2-11）供电，配电箱应安装在干燥、明亮、不易受振动、便于操作和维护的场所。为了便于操作维修，配电箱的安装高度通常为 1.4m。

三相五线制电源线路的形成 将第一种形式的三相四线制电缆 A、B、C、N 接入小型动力配电箱。在小型动力配电箱附近打入地下一根不短于 2.5m 的 50mm×50mm 的角钢，将其一端接在配电箱外壳上形成地线 PE，这样 A、B、C 经过总断路器 9 分配给四个小型断路器 8，A、B、C、N、PE 五根导线形成三相五线制电源经过两根 PVC 槽管 7 分配到插座（见图 1-2-12）上，用户即可以使用 380V 或 220V 交流电源。

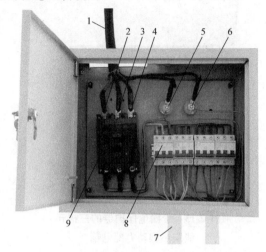

图 1-2-11　三相五线制供电挂式动力配电箱
1—三相五线制电源线　2、3、4—对应三相
A、B、C 电源线　5—零线 N　6—地线 PE
7—PVC 槽管　8—小型断路器　9—总断路器

图 1-2-12　三相五线制小型动力配电箱接出的供电插头
1、2、3—分别接 A、B、C 三根相线　4、7、9—接零线 N　5—接地线 PE
6、8—接相线 A、B、C 中的任意一根

4. 带漏电保护器的三相五线制小型动力配电箱供电

图 1-2-13 和图 1-2-14 所示为带漏电保护器的三相五线制小型动力配电箱及其接线图。当用电设备正常运行时，漏电保护器电路中的电流呈平衡状态，互感器中的电流相量和为零，一次绕组中没有剩余电流，所以二次绕组不会有感应电压，漏电保护器的开关装置处于闭合状态。当设备外壳发生漏电并有人体触及外壳时，则在故障点产生分流，此漏电电流经人体→大地→工作接地返回变压器中性点（未经互感器），致使互感器流入、流出的电流出

现了不平衡（电流相量之和不为零），一次绕组中产生剩余电流，二次绕组便会有感应电压。当剩余电流值达到漏电保护器限定的动作电流值时，漏电保护器自动开关脱扣，切断电源，避免发生触电事故。

图 1-2-13　带漏电保护器的三相五线制小型动力配电箱

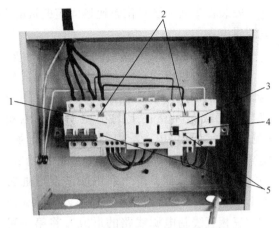

图 1-2-14　带漏电保护器的三相五线制
小型动力配电箱接线图

1—三相漏电保护器　2—漏电保护器试验按钮　3—单相漏电保护器　4—三相四线制插座　5—漏电保护按钮

（四）三相四线制、三相五线制电源测试

1. 三相四线制电源测试

用数字万用表测试如图 1-2-12 所示供电插头插孔之间的交流电压，若 1、2、3 插孔中任意两孔接线之间的电压为 380V，而这三个插孔与 4 孔接线之间的电压均为 220V，则接线正确；否则，需要重新检查修改接线电路，直到满足上述要求为止。图 1-2-14 所示的三相四线制插座接线的测试方法与上述相同。

2. 三相五线制电源测试

用数字万用表测试如图 1-2-12 所示供电插头插孔之间的交流电压，若 5、6 插孔之间的电压为 220V，6、7 插孔之间的电压也为 220V，而 5、7 插孔之间的电压为 0V，则接线正确；否则，需要检查修改接线电路，直到满足上述测试结果为止。

测试 8、9 插孔之间的电压也为 220V。

三、任务要点总结

本任务从电能产生企业到三相四线制和三相五线制电力的形成进行了论述，供电涉及设备名称如图 1-2-15 所示。

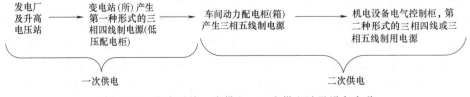

图 1-2-15　电力系统一次供电、二次供电涉及设备名称

1. 一次供电

发电厂发电用升压变压器升高电压输送到企业（用户）的变电站，变电站再用降压变压器降压形成第一种形式的三相四线制电源，这一环节称为一次供电。

2. 二次供电

从第一种形式的三相四线制形成，经过立式低压动力配电柜或小型动力配电箱进一步形成第二种形式的三相四线制和三相五线制电力给机电设备分配电力，到设备供电安装、运行，这一环节称为二次供电。

四、思考与实训题

1. 简述发电、变电、输电的概念。

2. 结合企业应用情况，简述一次供电和二次供电的概念。

3. 简述立式动力配电柜和小型动力配电箱的接线应用场合。

4. 结合工程实例，分析三相四线制、三相五线制电源的应用接线情况，并分别简述其测试方法。

任务2　机电设备电气安装调试

知识点：

● 机电设备电气图样的阅读、电气安装的内容与步骤、二次供电安装测试等有关概念。

● 机电设备五种电气控制图的意义、画法，电气元器件表和接线表的概念及关系。

● 导线的选择方法，机电设备电气控制说明书的使用方法。

能力目标：

● 掌握五种电气控制图的读图、绘制及其施工方法。

● 能够根据五图二表和电气控制说明书完成电气安装施工。

● 能够对电气设备进行测试、检查、调整与试验。

一、任务引入

将三相四线制电路或三相五线制电路输送到车间后，工程技术人员即可根据机电设备的功能、功率、工作状况等有关参数，进行电气控制设计、计算选择电气控制元器件，进行电气控制柜安装。对电气控制柜进行安装、调试及测试属于二次供电范畴。本任务将介绍机电设备二次供电有关知识点和技能。

二、任务实施

（一）机电设备电气控制、安装施工相关图样简介

机电设备设计者或技术改造人员设计的机电设备具备哪些功能？其中哪些功能由机械部分实现？哪些功能由电气部分实现？哪些功能由机械与电气综合控制实现？哪些功能由机电一体化部件实现？设计者或技术改造者对机电综合设计与控制原理设计总体方案，这一总体方案要用相关的一系列图样来表达，用来研究、熟悉机电设备工作控制原理，指导施工、安

装、调试、运行、维护与维修。

1. 机电设备电气控制原理图及电气元器件明细表

电气控制原理图是用来表述机电设备电气控制工作原理、各电气元器件的作用及相互间控制关系的图样。正确掌握电气控制原理图的画法和读法，对于发挥机电设备的工作潜力、正确分析电气控制原理、扩展电气控制功能、正确分析设备故障并进行维护维修具有重要意义。

电气控制原理图由主电路、控制电路、保护电路、配电电路等组成。绘制电气控制原理图的顺序如下。

（1）主电路部分　绘制主电路时，应用细实线画出主要控制、保护等设备及元器件，如断路器、熔断器、变频器、热继电器、电动机等，并依次标注相关文字符号。

（2）控制电路部分　控制电路由开关、按钮、信号指示、接触器、继电器的线圈和各种辅助触点构成。无论是简单的或是复杂的控制电路，均是由各种典型电路（如延时电路、联锁电路、顺控电路等）组合而成的，用以控制主电路中受控设备的起动、运行和停止，使主电路中的设备按工艺设计要求正常工作。对于简单的控制电路，只要依据主电路要实现的功能，结合生产工艺要求及设备动作的先后顺序依次分析、仔细绘制即可。对于复杂的控制电路，可按各部分所完成的功能，将其分割成若干个局部控制电路，然后与典型电路进行对照，找出相同之处，本着先简后繁、先易后难的原则逐个画出每个局部环节，再找到各环节的相互关系。

（3）划分功能区　CDE6140型卧式车床电气控制原理图（见图2-1-11）由电源保护、电源开关、主电动机等12个功能区构成，并用文字将其功能标注在电路图上方的12个栏内。划分功能区的原则是：首先考虑功能区的独立性。其次考虑功能区的融合相关性。

（4）划分图区　CDE6140型卧式车床电气控制原理图共划分了16个图区，标注在电路图的下部，并从左向右依次用阿拉伯数字编号标注。划分图区的原则是：首先考虑功能的完整性，完成一定功能的一组支路或一条竖线划为一个图区；其次考虑实现功能所用元器件不同组成部分工作的独立性。

（5）接触器、继电器的完整标注

1）如图2-1-11所示，在每个接触器线圈的文字符号KM下面画两条竖直线，分成左、中、右三栏。左栏表示主触点所在的图区，中栏表示辅助常开触点的个数及其所在图区，右栏表示辅助常闭触点的个数及其所在图区。没有用到的触点在相应的栏中用记号"×"标出或不标。

2）在每个继电器线圈的文字符号KA下面画一条竖直线分成左、右两栏，左栏表示电路中用到常开触点的个数及其所在图区，右栏表示电路中用到的常闭触点的个数及其所在图区。没有用到的触点在相应的栏中用记号"×"标出或不标。

（6）电气元器件明细表　电气控制原理图都附有电气元器件明细表，该表列出原理图上所有元器件代号、名称、型号、规格、件数和生产厂家，交供应部门采购供货用。

2. 电气设备安装位置图

机电设备设计者根据电气控制原理图和国家标准GB 5226.1—2008（《机械电气安全机床电气设备　第1部分：通用技术条件》）的规定，把具有独立功能的机械、电气组成一个个既相互独立又相互联系的装置，这样既便于安装、维护、调试和维修，也便于不同厂家分工设计制造不同的装置。只有那些必须安装在特定位置的元器件（如限位开关、按钮等）才允许分散地安装在机电设备的特定部位。大型机电设备的各个部分可以有其独立的控制装置，把机电设备主机、电气控制装置等各组成部件的安装位置关系用图表示，就是电气设备安装位置图。

3. 电气设备总互联图及电气接线表

电气设备安装位置图仅表达了机电设备及其电气装置的安装位置关系，电气设备总互联图（又称接线图）则表达了设备及其各个电气装置信息控制、反馈与交换信息的连接关系。它是根据电气设备安装位置图和电气控制原理图绘制的，其特点如下：

1）电气设备总互联图表示成套设备电气装置的进出线、电气装置与机电设备电气部件的连接关系，是电气安装与检查电路的依据，而不表达电气控制装置或设备内部的电气关系。

2）只用来表示电气设备和电气元器件的位置、配线和接线方式，而不明确表示电气动作原理，主要用于安装接线、电路检查维修和故障处理。

3）电气元器件按外形绘制，并与电气安装位置图一致，相差不能太大。

4）电气设备总互联图中一般示出如下内容：电气设备和电气元器件的相对位置、文字符号、端子号、导线号、导线类型、导线截面积、屏蔽和导线绞合等。

5）与电气控制原理图不同，同一电气元器件的各个部分（触点、线圈等）必须画在一起。

6）电气设备总互联图中的导线分为单根导线、导线组（或线扎）、电缆等，可用连续线和中断线表示。凡导线走向相同的可以合并，用线束表示，到达接线端子板或电气元器件的连接点时再分别画出。在用线束表示导线组、电缆时可用加粗的线条表示，在不引起误解的情况下也可部分加粗。

7）电气设备总互联图应附有接线表。

接线表中应注明插头编号、接线引脚号、各个引脚接线的去向、线型等，为便于安装施工和故障检查，这些插头材料不依附于元器件明细表，而依附于电气设备或部件。

设备生产厂家在生产设备时，有非正规地表达插头与插头之间物理接线引脚号对应关系的图表，供焊接接线用，有时不为用户提供接线表，以简化随机床提供给用户的技术文件。本书中的 CDE6140、X6132、CK6140、TGX4145B、HK715 五种机床都没有提供给用户接线表。

4. 电气安装平面布置图

电气安装平面布置图用来表达电气装置内部各电气元器件的布置方式。根据国家标准 GB 5226.1—2008（《机械电气安全　机床电气设备　第 1 部分：通用技术条件》）及 GB/T 6988.1—2008（《电气技术用文件的编制　第 1 部分：规则》）的规定，电气装置内部的元器件可按以下原则进行平面布置：

1）监视器件一般布置在电气柜仪表盘上，测量仪表布置在仪表盘上部，指示灯布置在仪表盘下部。

2）大体积、较重的电气元器件安装在电气柜下方，发热元件安装在电气柜上方。

3）动力线、控制线分开布置，信号线应加屏蔽，以防干扰。

4）元器件间应留布线、维修和调整空间。

5）布置电器应考虑整齐、对称、美观，外形与结构尺寸相同的电器应尽量安装在一起，以便于安装与配线。

6）相邻电气柜间的接线端子应布置在电气柜两侧，与电气柜外部互连的接线端子应安装在电气柜的底部，且不得低于20mm。

电气安装平面布置图底平面 B 和右侧面 C 图示如图 1-2-16 所示。

5. 电气安装接线图

电气安装接线图是表达电气控制装置内部电气元器件安装接线关系的图，它是根据电气控制原理图与电气安装平面布置图来绘制的。

电气安装接线图的绘制原则如下：

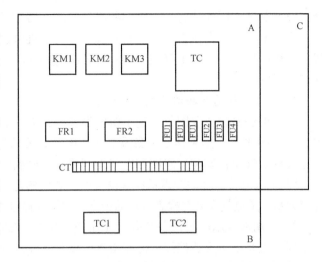

图 1-2-16　电气安装平面布置图
底平面 B 和右侧面 C 图示

1）电气安装接线图的绘制应符合 GB/T 3797—2005《电气控制设备》标准的规定。

2）在电气安装接线图中，各电气元器件的相对位置应与实际安装位置一致。

3）所有电气元器件及其接线座的标注应与电气控制原理图中的标注相一致，采用同样的文字符号和线号。

4）电气安装接线图与电气控制原理图不同，接线图中应将同一电气元器件中的各带电部分（如线圈、触点）画在一起，并用细实线框入。

5）图中线条一律用细实线绘制，应清楚地表示出各电气元器件的连接关系和接线方向。

6）电气安装接线图中应清楚地标注配线用的各种导线的型号、规格、颜色及截面积。

7）控制线应通过接线端子出入控制柜，动力线和测量信号线可以直接连接到电器的接线端子上。

8）端子板上的各接点按线号顺序排列，并将动力线、直流控制线和交流控制线分开。

9）板后配线电气安装接线图应按控制板翻转后的方位绘制电气元器件，以便于施工，但触点方向不能倒置。

6. 电设备电气控制说明书

对机电设备设计者来讲，设计工作结束后要编制电气控制说明书，说明书中应对前述图样还没有表达的技术要求、安装调试内容、测试项目、维护维修等相关内容给予具体论述；机电设备电气控制操作与维护人员除了要熟悉五图二表以外，还应仔细阅读电气控制说明书，以便有的放矢地做好工作。

对于二次供电岗位，电气控制原理图及电气元器件表、电气设备安装位置图、电气设备总互联图及接线表、电气安装平面布置图、电气安装接线图和电气控制说明书构成了一套完整的涉及电气控制、安装施工、操作运用与维护维修的技术文件。

（二）电气安装施工

1. 电气控制柜内配线

1）不同电路应采用不同颜色的导线：动力线用黑色，交流控制电路用红色，直流控制电路用蓝色，联锁控制电路用黄色，保护电路用黄绿双色，备用线与备用电路导线的颜色一致。

2）所有导线从一个端子到另一个端子间不许有接头。

3）控制柜内配线的具体规格根据电流大小来选择，截面积0.5mm² 以下的采用硬线。

4）进出控制柜的控制线要经过接线端子。

2. 电气控制柜外配线

1）所有导线为中间无接头的绝缘软线。

2）电气柜外的所有配线（除电缆外）必须经导线通道敷设，以阻止液体、铁屑的侵入，防止配线损伤。

3）所有穿管导线的两端必须标明线号，以便于查找和维修。

4）穿管导线应留有备用线，备用线的数量见表1-2-1。

5）移动部件上的电气连线要用软线并有保护护套，护套应能承受机械运动以及油、冷却液和温度的侵害。

表1-2-1　备用线的数量

同一管中同色、同截面积导线根数	3～10	11～20	21～30	30以上
备用线根数	1	2	3	每递增1～10根，增加1根

3. 导线截面积

导线截面积必须满足正常工作条件下流过的最大稳定电流，并考虑环境条件。表1-2-2中列出了机床用电线的载流容量。表中导线为铜芯导线；若用铝线代替铜线，则表中数值必须乘以0.78。

表1-2-2　机床用电线的载流容量

导线截面积/mm²	机床用载流量/A	
	在线槽中	在大气中
0.28	3.5	3.8
0.5	6	6.5
0.75	9	10
1	12	13.5
1.5	15.5	17.5
2.5	21	24
4	28	32
6	36	41
10	50	57
16	68	76
25	89	101
35	111	125
50	134	151
70	171	192
95	207	232
120	239	269

（续）

导线截面积/mm²	机床用载流量/A	
	在线槽中	在大气中
150	275	309
185	314	353
240	369	415

注："在线槽中"指导线放在线槽中敷设，散热不好；"在大气中"指导线直接裸露在空气中，散热较好。

（三）电气安装测试、检查、调整

电气控制装置安装完成后，在投入运行前，为了确保安全和可靠工作，必须进行认真细致的检查、试验与调整，其主要步骤如下。

1. 检查接线图

配线前，根据电气控制原理图检查接线图是否准确，特别要注意电路标号与接线板端子标号是否一致。

2. 检查电气元器件

对照电气元器件材料表逐个检查所装电气元器件的型号、规格是否相符，产品是否完好无损，特别要注意线圈额定电压是否与工作电压相等。

3. 检查接线是否正确

对照接线图与电气控制原理图检查接线是否正确，为判断导线是否有断线或接触是否良好，可借助万用表上的欧姆挡在断电情况下进行检查。

4. 进行绝缘测试

为了确保绝缘可靠，必须进行绝缘性能测试。测试时，将电容器、线圈短接，隔离变压器二次侧短接后接地。主电路及与其连接的辅助电路应能承受 2 500V 的电压历时 1min 而不被击穿；不与主电路相连接的辅助电路应能承受额定电压的 2 倍加 1 000V 的电压，历时 1min 而不被击穿。

5. 检查和调整电路动作的正确性

上述检查通过后，就可通电检查电路动作情况，通电检查可按控制环节一部分一部分地进行。注意观察各电器的动作顺序是否正确，指示是否正常。在各部分完全正确的基础上，才可进行整个电路的检查，此过程常伴有一些电气元器件的调整，往往需要配合钳工、操作工协同进行，直至全部符合要求为止。至此，全部设计和安装工作才算完成。

从三相四线制和三相五线制电力的形成开始，到最终用电设备和用户的整个环节即电力系统的二次供电。二次供电部分的业务管理范围是用电企业和用户，而企业或用户用降压变压器降压后形成三相四线制和三相五线制电力这一环节，需要企业建设变电站（所）进行管理，这不属于国家电网和能源公司的业务范围，而属于企业和用户的业务范围。这两部分业务范围虽然归口管理部门不同，但都有一套统一的管理规范，电业局或能源公司有职责对一次供电进行管理和监督。

电气的安装、检验与调试事关整个设计的成败，应充分运用手册和产品样本等，借鉴典型控制环节，正确选择电动机、控制电气设备、导线截面积等，掌握其安装、调试和试车的方法。通过生产实践，逐步提高设计水平和设计能力。

（四）机电设备重复接地的概念及其测试

设计机电设备安装车间时，应根据车间所在地域的高度、气象地质情况、厂房面积、室内安装机电设备的总功率等参数，由电气专业技术人员设计金属避雷针横截面积、根数、避雷针连接到接地体埋入地下（土壤）的深度等参数，建造车间时就把图 1-2-17 中的 1、2、5、6、9、10 全部施工好。用户将其购买的机电设备 3 安装到地基上后，再在设备电气控制柜指定接线端子上安装三相导线 A、B、C 和地线 PE，然后用兆欧表测试绝缘情况。

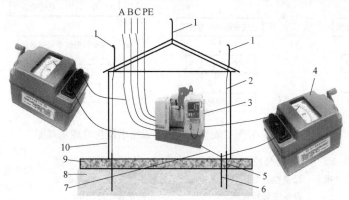

图 1-2-17　机电设备重复接地的概念及其绝缘测试

1—避雷针　2—避雷针与接地体连接导线　3—机电设备　4—兆欧表　5、6—接地体（50mm×50mm 的角钢，
埋入地下不少于 2.5m）　7—重复接地导线　8—土壤　9—地面混凝土　10—车间钢结构框架

1. 设备外壳与 A、B、C 三相电绝缘情况的测试

用导线把图 1-2-17 中左侧兆欧表的一个接线端子接入机电设备外壳，再用导线分别把 A、B、C 三相电接入兆欧表的另一接线端，若兆欧表的测量电阻不少于 10MΩ，则设备绝缘情况符合要求；否则说明设备老化，需要进行大修、喷漆、烘干、更换电路元器件和电路等，提高设备的绝缘性能，直到满足绝缘电阻不少于 10MΩ 为止。

2. 设备外壳与 PE 地线绝缘情况的测试

用导线把图 1-2-17 中右侧兆欧表的一个接线端子接入机电设备外壳，再用导线把预先埋入地下的接地体 6 接入兆欧表的另一接线端，若兆欧表的测量电阻不大于 4Ω，则接地情况符合要求；否则，应用导线 7 把设备外壳接到接地体 6 上，即实行重复接地，再次测量电阻不大于 4Ω 则重复接地符合要求，否则应重新接线和埋设接地体 6，直到测量电阻不大于 4Ω 为止。

机电设备外壳接地后，当设备接线端损坏或出现故障导致外壳带电时，电流就流入了地球这个无穷大的电容体，人接触设备外壳就不会发生触电事故，这时需用试电笔测试设备外壳是否带电。

3. 绝缘情况定期测试

图 1-2-17 所示的绝缘测试要按有关规定定期测试，以确保满足绝缘性能要求。

三、任务要点总结

本任务着重介绍了二次供电涉及的五种图样及两种表格的内容、作用、画法及其相互关系，并对机电设备电气控制说明书作了介绍。在实际工程设计、安装施工、操作调试、测试维修过程中，五图二表和技术说明书（见表 1-2-3）可以根据产品复杂程度、产品批量、设备和电气元器件的数量简化为 4 种情况，如图 1-2-18 所示。

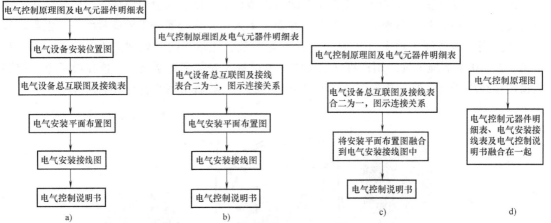

图 1-2-18　五图二表和电气控制说明书简化处理示意图

a) 电气控制比较复杂、设备较多，或产品生产批量比较大时　　b) 电气控制设备较少，设备位置明显时可以省去设备安装位置图　　c) 电气控制设备中元器件较少时，把平面布置图融合到安装接线图中　　d) 在设备和电气元器件都较少能够表达控制原理并且不影响安装接线的最简单情况

表 1-2-3　二次供电相关技术文件的分类、概念、作用及其有关标准和案例

有关内容			概　念	作　用	重点内容及图例	附表及有关标准
电气控制图		电气控制原理图	用国家统一规定的图形符号、文字符号和线条连接来表明各元器件的连接关系，表示电气控制、信号反馈、信号检测工作原理的示意图	是分析电气控制原理、进行故障诊断与维修的主要依据，也是绘制电气施工图、编写电气元器件表的依据	正确划分功能区、图区，原理图中元器件的功能与功能区和图区的对应关系，继电器和接触器的完整正确标注，如图 2-1-11 所示	电器元件明细表 GB/T 6988.1—2008 GB/T 19045—2003
	电气施工图	电气设备安装位置图	表达功能既独立又有联系的电气装置和机电设备安装相互位置关系的图，尽可能把功能独立的电气元器件组成一个装置，使其成为一台或几台既相互独立又互相联系的控制装置	便于安装、维护、调试和维修，也便于不同厂家分工设计制造不同的装置，是分析和绘制电气设备总互联图和接线表的主要依据	设备代号、端子号、导线号、导线类型、导线截面等对装置和设备采用简化的外形符号（如方形等）来绘制，如图 4-1-15 所示	GB 5226.1—2008
		电气设备总互联图	表达电气装置与机电设备及其部件之间的连接关系的图，表达设备及其各个电气装置信息控制、反馈与交换信息的连接关系，是根据电气设备安装位置图和电气控制原理图绘制的	表述电气装置的进出线、电气装置与机电设备电气部件的连接关系，是安装与检查电路的依据，不表达电气装置或设备内部电气关系	只表示电气设备和电气元器件的位置、接线方式，电气设备和电气元器件的相对位置、文字符号、端子号、导线号、导线类型、导线截面积、屏蔽和导线绞合等，如图 4-1-16 所示	电气接线表 GB/T 3797—2005

（续）

	有关内容	概　念	作　用	重点内容及图例	附表及有关标准
电气控制图	电气施工图 电气安装平面布置图	表达一个电气装置内部电气元器件实际安装位置的图，有了平面布置图才能有电气安装接线图	主要表达电气控制柜内部电气元器件的位置关系	大体积、较重的电器安装在电气柜下方，发热元件安装在电气柜上方，动力线、控制线分开布置；信号线加屏蔽防干扰，元器件间应留布线、维修和调整空间；外形尺寸相同的电器应尽量安装在一起，以便于安装与配线，如图 2-1-12 所示	GB/T 6988.1—2008
	电气安装接线图	表达电气控制装置内部电气元器件安装接线关系的图，它是根据电气控制原理图与电气安装平面布置图绘制的	是安装接线、电路检查和电路维修的主要依据，通常软线放入线槽，硬线要横平竖直布线	电气元器件的相对位置应与实际安装位置一致，接线图应将同一电气元器件中的各带电部分（如线圈、触点）画在一起，并用细实线框入；端子板上按接线号顺序排列，并将动力线、直流控制线、交流控制线分开，如图 2-2-12 和图 2-2-13 所示	GB/T 6988.1—2008
电气控制说明书		对图样中没有表达的技术要求、安装调试内容、测试项目、维护维修等相关的内容给予论述	是电气控制、安装、调试和维护维修等方面的补充文件	按国家标准规定的组成、格式，有章节、目录、图文等	GB/T 19678—2005

1）当电气控制比较复杂、设备较多或产品生产批量较大时，五图二表和设计说明书都要齐全。

2）当电气控制设备较少或设备位置明显时，可以省去设备安装位置图，但元器件材料表中的接线长度要满足需要，两种表格和设计说明书也要齐全。

3）当电气控制设备中的元器件较少时，可以把平面布置图融合到安装接线图中，但应注意安装接线图中标准元器件间的相互位置。

4）当设备和电气元器件都较少，生产仅是满足本企业使用而不是推向市场的产品时，在电气控制原理图清晰且不影响安装接线的条件下，可将电气控制元器件材料表、电气安装接线表及电气控制说明书融合在一起。这时，电气控制原理图是起主导作用的安装、施工技术文件。

四、思考与实训题

1. 简述电气控制原理图、电气元器件表和接线表的作用。

2. 简述机电设备绝缘状况的测量项目及其测量方法。

3. 结合工程实例，分析五图二表和电气控制说明书的简化处理情况。

项目小结

本项目详细讲解了一次供电和二次供电的概念、原理及其相关的电能产生类型、发电、变电和输电等概念，供电流程和供电设计方案以及三相四线制和三相五线制电路的产生机理、概念和原理；介绍了一次供电和二次供电的测试工具，以及一次供电和二次供电的施工方法；梳理出了二次供电五种电气控制图、两种表（简称五图二表）和电气控制说明书的概念、画法及作用，并根据电气控制设备的数量和电气元器件的复杂情况对五图二表和说明书进行了简化处理，使相关知识点和能力目标更加清晰，满足机电设备安装与维修专业职业岗位的需要。

因为机电设备安装与维修专业主要涉及二次供电的参数设计，所以本项目未对一次供电的图样设计和某些供电参数设计进行介绍。

项目三   机电设备安装调试工艺

项目描述

本项目比较详细地介绍了机电设备常规安装调试程序、安装规范、安装过程及其调试与验收，安装调试过程中的基本知识点、掌握的基本技能，并通过案例说明了违规安装对设备的影响。

学习目标

1. 能够完成设备开箱检查、验收和保管工作。

2. 能够配合起重工将设备搬运到合适的安装位置。

3. 能够对设备基础进行检查并划出基础中心线，掌握设备校水平的方法。

4. 能完成一般机床和设备的拆卸、清洗及装配工作。

5. 能完成设备的校验和试运转工作并做好试车记录。

任务1   机电设备安装前的准备

> **知识点：**
> * 设备开箱后的清点检查，设备及零部件保管与管理知识。
> * 设备的安装图，根据安装平面图和说明书制订安装施工方案。
>
> **能力目标：**
> * 掌握正确的设备开箱方法，细心清点检查，妥善保管设备及零部件。
> * 能根据安装图、说明书和有关资料正确拟定安装工艺程序。
> * 能正确指导和协助基础放线和基础施工工作。

一、任务引入

在机电设备安装过程中，施工前首先要读懂零件图、装配图、安装平面图、金属结构图、管道图等常见的设备安装工程图样。只有读懂了图样，明确了所安装设备的结构、尺寸、安装位置、安装精度及其他技术要求，才能做好设备的安装工作。另外，机电设备安装前还要确定正确的施工方案，编制施工方案、正确理解设备说明书是设备安装施工的重要环节。某学校安装两台车床和一台砂轮机，由于地坪本身强度不够，为了节约，只将车床置于地面加垫铁垫平，没有进行基础施工，如图 1-3-1 所示。安装砂轮机前也没有基础施工，只是在砂轮机的铁架基座上砌上砖台，以此固定砂轮机，如图 1-3-2 所示。经实际使用发现车床加工精度差，工件表面有振纹（见图 1-3-3），且有振动噪声；砂轮机使用时与地面产生共振，噪声更大，且砂轮机有抖动，无法正常使用。

图 1-3-1　车床安装（无基础）

图 1-3-2　砂轮机（无基础）

图 1-3-3　加工的工件表面有振纹

实践证明，机电设备安装如果没有充分做好准备工作、正确安装机电设备，就无法保证机电设备的安全正常运行。

二、任务实施

一般机床设备安装基本工艺流程如图 1-3-4 所示。

（一）设备验收

1. 设备的开箱

设备出厂时，大多数经过良好包装。设备运抵现场后，将设备的包装箱打开，以备检查和安装，称为设备的开箱。根据设备的大小和运输条件，有的是整体装箱，有的是分散（解体）装箱，个别大型设备不装箱。设备开箱时，应尽量做到不损伤设备和不丢失附件，尽可能减少箱板的损失。为此，必须注意以下几点：

1）开箱前，应检查设备的名称、型号和规格，核对箱号和箱数以及包装情况。最好将设备搬至安装点附近，以减少开箱后的搬运工作。

2）开箱时，应扫除箱顶板灰尘，防止灰土落入设备内。选择合适的开箱工具，不要用力过猛，以免损伤设备。一般先拆顶板，再拆侧板，并注意周围人员及设备安全。

3）设备上的防护物和包装，应按施工工序适时拆除。防护包装如有损坏，应及时采取措施修补，以免设备受损。

2. 清点检查

设备开箱后，应会同安装及有关人员对设备进行清点检查，并填写设备开箱检查记录单。清点时应注意以下几点：

1）按设备装箱单进行核对。核实设备的名称、型号和规格，可对照设备图样进行检查。

2）核对设备的零件、部件、随机附件、备件、工具，检查合格证和技术文件是否齐全。

3）检查设备外观质量，如有缺陷、损伤等情况，应做好记录，并及时进行处理。

4）设备的运动部件在防锈油料未清除前，不得转动和滑动。因故除去的油料应及时补上。

3. 设备及零部件的保管

1）对设备的零部件应进行编号和分类，对暂不安装设备的零部件应采取保护措施。一般不得露天放置，最好按安装顺序放置。

2）经切削加工的零部件应放在木板架上。

3）易碎、易丢失的小零件和贵重仪表以及材料应单独保管，以防丢失。

（二）基础放线与验收

1. 设备基础

每台设备都需要有一个坚固的基础，以承受设备的自重和设备运转时产生的外载和振动。基础应能长久保证设备正常运行，并不妨碍其他设备和建筑物。

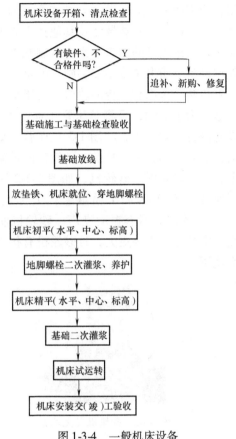

图 1-3-4　一般机床设备安装基本工艺流程

基础由土建部门负责施工，设备安装人员应能根据设备说明书等有关资料协助指导设备基础施工放线，确定设备具体摆放位置、管线预埋走向等有关技术要求。基础验收的具体工作是由安装人员根据技术文件和技术规范，对基础工程进行全面检查与验收。具体检查内容如下：

1）基础的几何尺寸必须符合图样要求。

2）按图检查所有预埋件数量和位置是否正确。

3）基础混凝土的强度应符合设计要求。

4）基础表面应无蜂窝、裂纹及露筋等缺陷。

2. 地脚螺栓

地脚螺栓的作用是固定设备，使设备与基础牢固地连接在一起，以免工作时发生位移、振动和倾覆。地脚螺栓有死地脚螺栓、活动式地脚螺栓和膨胀螺栓三种。

1）死地脚螺栓的一次灌浆法。在浇灌设备基础的同时，也将地脚螺栓浇好的方法称为一次灌浆法，如图 1-3-5 所示，包括全部预埋法和部分预埋法。其特点是固定牢固，但不便于调整。

2）死地脚螺栓的二次灌浆法。在浇灌设备基础时，预先在基础内留出地脚螺栓的预留孔，安装设备时再把地脚螺栓安装在预留孔内，然后用混凝土或水泥砂浆把预留孔浇灌满，使地脚螺栓固定，如图 1-3-6 所示。其特点是地脚螺栓调整容易，但牢固度略差。此法在工程中经常使用。

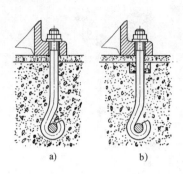

图 1-3-5　死地脚螺栓的一次灌浆法
a）全部预埋法　b）部分预埋法

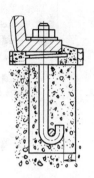

图 1-3-6　死地脚螺栓的二次灌浆法

（三）设备就位

基础验收合格后，对于中小设备，若一次安装台数较少且要求不高时，可直接进行设备就位工作。但对于大型设备或一次安装多台设备，就要划定设备安装基准线，然后根据这些基准线将设备固定到正确的位置上，这项工作统称为放线就位。

1. 放置垫铁

机床垫铁最常用的是调整垫铁和防振垫铁。由于机床设备精度要求较高，安装中主要使用调整垫铁。

（1）垫铁的布置原则

1）每个地脚螺栓旁至少有一个垫铁，把地脚螺栓插入垫铁槽中，垫铁应靠近地脚螺栓。

2）相邻两组垫铁距离不宜超过 1 000mm。

3）每组垫铁的面积均应能承受设备传来的负荷。

（2）垫铁的布置方式　垫铁的布置方式如图 1-3-7 所示。

1）标准垫法。将地脚螺栓插入垫铁中间的槽中，每个地脚螺栓有一个垫铁，机电设备一般采用这种垫法。垫铁的规格根据机电设备的质量和地脚螺栓的个数通过计算确定。

2）十字垫法。小型机电设备大多采用这种垫法。

3）井字垫法。机电设备的底座近似正方形，且底座较大时采用这种垫法。

4）强化垫法。对重型机电设备，两个垫铁应放置在一个地脚螺栓的两侧，以增加垫铁的承载能力和强度，因两个垫铁的承重很难调整得完全相同，所以，根据机电设备的质量和地脚螺栓的个数通过计算确定垫铁的规格，再成对放置垫铁。

5）辅助垫法。当地脚螺栓间距较大时，在地脚螺栓的中间位置加装一组辅助垫铁，以承载设备的质量，减小设备底面的变形。

另外，当机电设备的底座有加强筋条时，一定要在筋条下面放置垫铁，加强底座的刚性。当机电设备的底座形状较复杂和地脚螺栓间距较大时，可以综合采用上述方法布置垫铁。

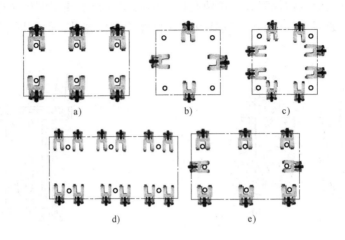

图 1-3-7　垫铁的布置方式

a）标准垫法　b）十字垫法　c）井字垫法　d）强化垫法　e）辅助垫法

防振垫铁的布置方法与上述五种布置方法相同。

2. 设备就位

设备就位是用起重设备把待安装设备搬运到安装位置上，使机座安装孔套入地脚螺栓（对二次灌浆的地脚螺栓，应从预留孔内将地脚螺栓由设备底座下方向上穿过底座联接螺孔），平稳地安放在垫铁上。设备就位作业一般由起重工完成，设备安装人员负责协助并确定设备安放到正确的位置上。

3. 设备的初平

设备的初平是在设备就位后，将设备的水平度调整到接近要求的程度，也称找平。一般情况下，设备还没有彻底清洗，地脚螺栓还没有二次灌浆，设备找平后不能紧固，因此只能对设备进行初平。如果地脚螺栓是预埋的，那么设备就位后，即可进行清洗。一次找平（精平），可省去初平这道工序。

找平工作是设备安装中最重要而且要求严格的工作，任何设备都必须进行找平。找平的主要工具是水平仪，使用方法见模块一。设备找平的关键，不仅在于操作，水平仪的放置位置也很重要。放置水平仪的基准面应选择设备上精确的、主要的表面。

（1）找平的基本方法

1）在精加工平面上找平。这是最普通的找平方法，纵横两方位找平都在这个面上。

2）在精加工的立面上找平。有些设备除找水平外，还应找立面的垂直度。

3）在床面导轨上找平。这是机床设备的一般找平方法。

4）轴承座找平。当轴未装入轴承座时，可在轴承座中找平。

（2）找设备水平的三点调整法　三点调整法是一种快速找标高和水平度的方法，因为支撑设备的三点恰好组成一个平面，不会出现过定位问题，调整起来既方便又精确。

调整时，首先在设备底座下选择适当的位置放入三组调整垫铁，用以调整设备的标高或水平度。然后将永久垫铁的松紧程度调整到锤子能将其轻轻敲入为准，各组永久垫铁松紧程度应一致。最后撤出调整垫铁，使设备落在永久垫铁上。此时可进行地脚螺栓二次灌浆，并进行养护。

采用三点调整法时要注意以下两点：

1）选择三点位置时，设备重心的水平投影应落在三点组成的三角形内。

2）要根据设备的质量和基础的强度慎重选择三个支点的面积。底板总面积要足够大，以保证支点的基础不被破坏。

（3）设备初平的注意事项

1）小平面直接用水平仪检查，大平面应先放等高垫块和平尺，然后用水平仪检查。

2）使用水平仪时，应正、反（旋转180°）各测一次，以修正水平仪的误差。

3）测定面如有接头时，在接头处一定要检查水平度。

三、任务要点总结

在本任务中，作为安装者首先要具备安装钳工的基本知识，会使用测量工具及水平仪。其次要了解起重工和土建施工方面的知识。正确确定设备的安装位置，协助做好基础施工与验收工作，配合起重工进行设备就位，掌握设备校水平的方法，校好设备水平（初平）。

四、思考与实训题

1. 设备开箱、清点、检查与验收要做的工作有哪些？

2. 设备垫铁的布置原则是什么？有哪些布置方式？

3. 简述机电设备安装的工艺流程。

4. 简述设备找平的方法与步骤及应注意的问题。

5. 现有一台已经安装完毕的车床，试将其调平导轨。

6. 现有一台型号为 Z3040 的摇臂钻床，要求采用调整垫铁将其调平，简述其工作步骤。

任务2　机电设备的清洗和装配

知识点：

● 设备的装配图、部件图，零件之间的相互关系。

● 安装维修钳工的基础知识与技能。

能力目标：

● 掌握设备清洗的基本方法和步骤。

● 能够正确清洗设备及零部件。

● 能够按照设备技术文件或图样要求正确安装设备零部件，并测量有关数据，使安装质量达到相应的技术要求。

一、任务引入

现在为提高设备的装配精度，新设备在厂家安装完毕，只需要安装附件即可投入生产，因此，不需要对设备进行清洗。但设备使用到一定年限后，需要进行大修，设备大修后需要重新进行安装和调试，因此，拆卸和清洗是对旧设备进行安装和调试中不可缺少的重要工作。

某单位对一台旧车床进行大修后需要重新进行安装，由于准备工作不到位，等到厂家来人协助进行安装调试时，未准备清洗用的煤油，临时用汽油和二甲苯对设备进行了简单的清洗，然后就开始对设备进行调试，未对交换齿轮箱、刀架、尾架等进行必要的检查。结果使用时间不长便出现了交换齿轮脱开啮合不上（见图1-3-8）和刀架转位不能定位的故障（见图1-3-9），及清洗过的地方出现上锈现象（见图1-3-10）。分析其原因归纳为不能用汽油等挥发性强的溶剂清洗设备。首先，汽油不安全，其次，使用汽油反而易使设备生锈，若不得已使用了汽油等挥发性强的溶剂，应立即用机油擦试防

图1-3-8　普通车床挂轮脱开

锈。另外，对交换齿轮箱的啮合情况进行检查，发现锁紧螺母不紧使交换齿轮逐渐脱开，刀架定位销生锈不能正常伸出定位。

　　总结上述原因，都是由于没有按正确的方法和程序对设备进行拆卸、检查和清洗，才造成上述故障的发生。

图1-3-9　刀架不定位

图1-3-10　机床锈蚀

二、任务实施

（一）基础知识

1. 拆卸前的准备工作

设备或部件拆卸前要做好相应的准备工作，做到有条不紊，禁止盲目拆卸。

1）拆卸前要熟悉拆卸设备或部件的图样，了解其构造、零件与零件间的相互关系，牢记需拆卸零件或部件的位置和作用。

2）拆卸前要采用正确的拆卸方法并制订合理的步骤。

3）准备好拆卸所用的机械、工具和材料。

2. 拆卸工具和方法

1）常用的工具有锤子（钢质、铜质、木质、皮质）、铜棒、冲子、垫块等。

2）压卸和拉卸，使用的工具有拉马、压力机、锤子等。注意：在压卸和拉卸时，要在轴端部使用垫片，以保护轴的中心孔。

3）温差法拆卸适用于过盈配合和尺寸较大的零件。

3. 拆卸的注意事项

1）一般拆卸按与装配相反的顺序进行，先外后内、先上后下。先拆成部件或组件，必

要时再把部件或组件拆成零件。

2）拆卸时，回转的方向、厚薄端、大小头、两件的相对位置等，必须辨别清楚，做好记号。

3）拆下的零件必须有次序、有规律地放置。

4）可以不拆的零部件尽量不拆。

（二）设备的清洗和装配[2]

1. 清洗准备工作

准备相应大小的毛刷、软金属片（铜或铝片）、竹片、油漆铲刀、不同规格的砂布及其他所需工具；放置机件的木箱、木架或木板；清洗剂、清洗油，如机油、汽油、煤油、轻柴油、变压器油、汽轮机油及几个相应大小的油盆等；干净的白布、纱头等。有的设备还需要使用压缩空气或氮气、水、抬装或吊装起重工具等。

2. 清洗步骤

（1）初洗 主要是去掉机电设备上的旧油、污泥、漆皮、锈层。一般可用竹片或软金属片刮去旧油或使用脱脂剂去除旧油；用磨石、钢丝刷、刮具、砂布或酸来除锈。除油除锈后，再用煤油等清洗干净，油漆或镀层表面用布擦干净。对加工完的或裸露的金属表面要涂上适量的润滑油或防锈油，以防生锈。

（2）细洗 用清洗油和干净棉布将初洗后的机件加工表面清洗干净。

（3）精洗 先用压缩空气吹机件，然后用煤油或汽油彻底将机件冲洗干净。

清洗的注意事项

1）细洗和精洗不能用棉纱，只能用干净的棉布或丝绸布。

2）使用汽油、煤油、柴油等清洗油时，应特别注意做好工作场地防火安全措施，保持空气流通，尽量不用汽油。

3. 典型清洗举例

（1）油孔的清洗 清洗油孔前应按图样核对油孔直径、位置，油孔应通畅，如不符合要求，应及时处理。清洗不长的油孔时，可用钢丝带着蘸有汽油或煤油的布条，在油孔中通几次，把孔里的铁屑、油污等清除掉，然后注入洁净的油冲洗一遍，最后用压缩空气吹净。清洗较长的油孔时，可先用带布蘸油的钢丝尽量来回通几次，然后用压缩空气吹净，待出口吹出干净空气后，再用干净的油冲洗。

注意事项：

1）清洗应用棉布、丝绸布，禁止使用棉纱。用钢丝带布通孔时，要防止钢丝断在油孔中或布条遗留在孔中。

2）清洗时不能损伤油孔的加工质量，带螺纹油孔要保护好螺纹，不能使其损坏。

3）清洗后的油孔应用蘸有油的木塞堵住，以免杂物等进入。

（2）滚动轴承的清洗 滚动轴承必须彻底清洗。清洗时可先用软质刮具将原有润滑脂刮掉，然后进行浸洗或用热油洗，有条件的可用压缩空气再吹一次，最后用煤油冲洗至清洁为止。清洗可用毛刷和棉布。清洗并检查合格后，应涂上润滑油或润滑脂并妥善保管。

4. 装配

设备拆卸和清洗工作完成后就可进行装配。装配就是按规定的技术要求，将众多的零件或部件进行组合、连接或固定，保证相连接的零件有正确的配合，保证零件间保持正确的相对位置，使之成为半成品或成品的工艺过程。

装配的顺序与拆卸的顺序相反，一般是先拆的后装、后拆的先装。装配是十分重要的工序，装配质量的好坏直接影响设备的性能和使用寿命。由于设备的种类很多，每种设备的安装步骤和方法各不相同，这里只介绍设备装配的一般原则和要求，具体设备的装配工艺和过程将在后面的模块中介绍。

装配的一般原则和要求如下：

1）装配前，应熟悉设备技术文件，了解其性能，按图样检查机件构造和装配数据，并测量有关装配尺寸和精度，考虑装配的方法和顺序。

2）各零件的配合面或摩擦面不许有损伤。

3）所有零部件表面的毛刺、切屑、油污等必须清洗干净。

4）装配时，零件相互配合的表面必须擦洗干净，并涂清洁的润滑油（忌油设备涂无油润滑剂）。

5）装配时，应按次序进行，并随时检查安装精度，在主体或底座安装合格后方可装其他部件，严防错装或漏装。

6）工作时有振动的零件，在连接时应有防松保险装置。

7）机体上所有的紧固零件均须紧固，不准有松动现象。

8）润滑油管必须清洗干净，装配后必须清洁畅通。各种毡垫、密封件等安装后不得有漏油现象，毡圈、线绳应先浸透油。

9）装配弹簧时不准拉长或切短。

10）螺钉头、螺母应与机体表面接触良好。带槽螺母穿入开口销后，开口销尾部必须分开。

11）装配时，应注意机件制造时的各种标记，不得装错。

12）机床设备及各种冷却泵、润滑泵、阀等应转动灵活，连接可靠。

13）在装配过程中不得直接敲击加工机件。

14）在装配和吊装许可条件下，应尽量装成大件后再进行吊装装配。在吊装前，基准件应完成二次灌浆和精平。

15）装配后，所有变速机构的手柄应转动灵活、位置正确，所有转动和滑动零部件应动作轻便、灵活，无阻滞现象。

16）装配后，必须先按技术条件检查各部分连接是否正确与可靠，然后才能进行试车运转工作。

三、任务要点总结

在本任务中，作为安装者应具备安装维修钳工基本技能，熟悉维修钳工常用工具的正确使用方法，能根据设备和技术文件制订拆装工艺，掌握正确的设备拆卸、清洗和装配的方法与技能，使设备的安装达到规定的技术要求。

四、思考与实训题

1. 装配的一般原则和要求是什么？
2. 正确的拆卸步骤和拆卸方法有哪些？

3. 设备清洗的步骤及注意事项有哪些?

4. 现有一台经过初步安装的设备,试制订正确的拆卸、清洗步骤,并拆卸、清洗、装配该设备。

5. 现有一台经过长期使用的 CA6140 卧式车床,试制订正确的拆卸、清洗步骤,并拆卸、清洗、装配该设备。

6. 现有一台经过长期使用的 X6132 万能升降台铣床,试制订正确的拆卸、清洗步骤,并拆卸、清洗、装配该设备。

任务3　机电设备的精平与基础二次灌浆

> **知识点:**
> - 机电设备的检测。
> - 基础的二次灌浆。
>
> **能力目标:**
> - 掌握机电设备测量的方法与内容。
> - 掌握对设备进行精平作业的方法。
> - 能够对基础进行二次灌浆,并能对设备基础进行保养。

一、任务引入

设备经拆卸、清洗和安装后,就可进行设备的初平和基础的二次灌浆。一般情况下,设备的安装、找正与找平工作,可分为两个阶段进行。第一阶段叫做初平,主要是初步找正找平设备的中心、标高和相对位置。通常这一过程与设备就位同时进行。许多安装精度要求不高的整体设备和绝大多数静置设备的安装,只需进行初平。第二阶段叫做精平,是在初平之后进行二次灌浆 7 ~ 10 天后的基础上(对预留孔的地脚螺栓,初平后要浇灌混凝土使其固定,且混凝土强度达 75% 以上),对设备的水平度、垂直度、平面度等作进一步的调整和检测,使其达到完全合格的程度。精平的过程,主要是测量形状公差和位置公差的过程。根据测量结果,进一步调整校正,直至达到要求为止。

二、任务实施

(一) 二次灌浆的概念

设备安装人员做好二次灌浆前的复查工作后,土建施工人员即可对设备基础进行二次灌浆。此任务仅对机电设备基础二次灌浆的基本知识作简单介绍。

所谓二次灌浆,就是用碎石混凝土或砂浆,将设备底座与基础表面的空隙填满,并将垫铁埋在混凝土里。二次灌浆的作用,一方面可以固定垫铁;另一方面可以承受设备的负荷。

1. 二次灌浆的混凝土

二次灌浆常用碎石混凝土或砂浆,碎石的粒度为 1 ~ 3cm。二次灌浆的混凝土标号应比基础混凝土标号高一级,所用沙子不得夹有泥土、木屑等杂物,沙子应过筛,石子应水洗。

2. 二次灌浆工艺

(1) 容器类静置设备灌浆　此类设备安装精度不高,灌浆可一次完成,要求灌浆层与设备底座接触紧密。

（2）一般机械设备灌浆　要求捣固密实，不能影响设备安装精度。灌浆层的高度，在底座外面应高于底座的底面，且略有坡度，以防水、油流入设备底座。

（3）承受负荷的二次灌浆　当二次灌浆层承受部分负荷时，灌浆层与设备底座面接触要求较高，特别当设备的安装精度要求较高时，应尽量采用膨胀混凝土，以便灌浆层与垫铁组共同承担负荷。压缩机类设备多采用此类二次灌浆。

（4）压浆法　大型金属机床的二次灌浆多采用压浆法。

3. 二次灌浆的注意事项

1）灌浆时，基础表面的杂物要全部清除干净，特别是油污必须清理干净，直到露出新的基础表面。

2）放置模板时不要碰动设备。

3）地脚螺栓孔内一定要干净，并用压缩空气吹净。用水冲洗基础，并且凹处不得有水。

4）灌浆工作不能间断，一定要一次完成。

5）灌浆后应常洒水养护，以免产生裂纹。

6）灌浆工作应在5℃以上进行，否则应采取措施。

7）二次灌浆层不得有裂缝、蜂窝和麻面等缺陷。

（二）基础的二次灌浆

每台设备安装完毕，通过严格检查符合安装技术标准，并经有关单位审查合格后，方可进行二次灌浆。

1. 二次灌浆前的准备工作

设备二次灌浆后便不能再移动和调整。因此，二次灌浆前应对设备的安装质量进行一次全面的、严格的复查。复查内容如下：

（1）垫铁和地脚螺栓的复查

1）垫铁的复查。主要检查垫铁的规格、组数和布置情况，然后用锤子敲打垫铁，用听音法检查垫铁是否接触紧密、有无松动。

2）地脚螺栓的复查。再一次用扳手检查，各地脚螺栓的紧度应一致，不得有松动现象。振动大的设备地脚螺栓应有螺母防退保险装置。

（2）基础的复查　基础上表面应有麻面，被油污染的混凝土应铲除干净，并用水洗干净，凹处不留积水。

（3）设备安装质量的全面复查

1）复查中心线。复查设备上中点及中心线位置是否正确。

2）复查标高。用平尺、水准仪、钢直尺及测杆等联合检查标高。

3）复查水平度。用水平仪和辅助工具测量设备的水平度。

2. 二次灌浆的实施

设备安装人员做好二次灌浆前的复查工作后，土建施工人员便可对设备基础进行二次灌浆。设备安装人员对二次灌浆的外观质量和尺寸检查合格后，可做基础的保养工作，即对二次灌浆的混凝土基础加以覆盖保温、保湿，并按时打保养水，保养时间一般在一周左右，基础强度要求高时，保养的时间延长至半个月。

（三）设备的精平

1. 量具（仪）的准备

设备精平常用的测量量具（仪）有百分表、游标卡尺、千分尺、钢直尺、角尺、塞尺、平尺、条形水平仪、框式水平仪、准直仪、读数显微镜、水准仪、经纬仪等，还有平板、钢丝（弹簧钢丝）等。

选择适当的测量工具和测量方法，不仅能保证找正找平的精度，而且还能提高调整效率。

2. 测量基准面与量具（仪）的选择

测量基准面的选择同设备初平。

测量量具（仪）的选择原则如下：

1）采用的量具（仪）的精度必须满足设备安装允许误差的要求。

2）符合标准的有刻度测量器具，可用于被测对象允许偏差≤器具分度值的测量。

3）符合标准的无刻度工具，可用于被测对象允许偏差≥工具本身误差的测量。

3. 设备精平常用的检测方法[2]

1）用水平仪检测水平度、直线度，如图 1-3-11 所示。

2）拉钢丝测直线度、平行度和同轴度。

3）用水准仪检测标高、水平度，如图 1-3-12 所示。

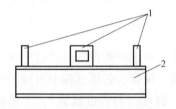

图 1-3-11　测水平度、直线度
1—水平仪　2—机座

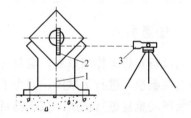

图 1-3-12　测标高、水平度
1—线坠　2—标尺　3—水准仪

4）用液体连通器测水平度及标高。

5）用吊线锤、测微光管、水平仪等测垂直度，如图 1-3-11、图 1-3-12 和图 1-3-13 所示。

6）用光学量具（仪）检测。

三、任务要点总结

在本任务中，首先应掌握设备安装所涉及的各种量具（仪）的使用方法，如任务中所提到的量具（仪）。能用这些量具（仪）对所安装的设备进行精平操作。了解基础二次灌浆知识，能根据所安装的设备种类，确定采用何种二次灌浆工艺。

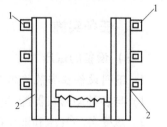

图 1-3-13　测垂直度
1—水平仪　2—立柱

四、思考与实训题

1. 对一台普通车床进行安装二次灌浆。

2. 二次灌浆前对设备主要复查内容有哪些?

3. 什么叫二次灌浆? 二次灌浆时应注意哪些问题?

4. 设备精平应用哪些仪器? 测量量具(仪)的选择原则有哪些?

5. 设备精平常用的检测方法有哪些?

6. 现有一台大型锻压机,工作时会产生极大的振动,影响设备的工作性能,因此,需要将该设备牢固地固定在基础上。已经预先留好地脚螺栓孔,试制订该设备的安装方案。

任务4 机电设备试车、试压与验收

> **知识点:**
> - 设备试车的基本方法。
> - 设备试压。
> - 设备安装工程交付与验收的内容。
>
> **能力目标:**
> - 熟悉设备试压的基本方法和步骤。
> - 能够做好设备试车的准备工作,掌握设备试车的基本操作技能。
> - 掌握设备试车的检查和故障判断方法。
> - 能够对已安装好的设备进行交付与验收。

一、任务引入

机电设备安装工作结束后,应及时进行试运行调整,对承压的设备必须进行试压。有些设备虽然在制造厂进行了试压,但为了消除设备在运输、保管、起重过程中出现的缺陷,必须在安装现场重复进行试压。试压的目的是检查设备的强度(称强度试验),并检查各部分特别是接头、焊缝处是否有渗漏(称严密性试验或密封性试验)。

试车是对设备在设计、制造和安装等方面的质量作一次全面检查和考验,更好地了解设备的使用性能和操作顺序,确保设备在生产中的安全运行。

二、任务实施

(一) 设备的试压

1. 下列设备在安装施工时必须进行试压

1) 与各种动力机器配套供应的各种换热器。

2) 承受各种气压和液压的受压容器。

3) 现场组装、焊接的各种储罐、储槽。

4) 现场施工安装的各种受压管路系统。

2. 密封性试验

检查设备特别是焊缝是否有泄漏点通常要进行密封性试验。此试验常用于安装、焊接的设备以及管道的检漏,因其无压力或压力较低,因此便于泄压修补。密封性试验有以下几种:

(1) 煤油渗漏试验 用于设备不大、管道不长、焊缝不多的场合。试验时将焊缝易检查的一面清理干净，涂上白粉浆（粉笔水溶液），晾干后在焊缝另一面涂或喷上煤油，利用煤油渗透后使白粉变湿变色，判断漏点的位置和大小。

（2）压缩空气肥皂水检漏试验 此方法应用最为广泛。常用于设备、管道的检漏。试验时将一定压力的压缩空气（由空压机或气瓶提供）通入设备、管道中，保持一定的压力，然后用肥皂水或洗衣粉（洗洁精）水涂抹在焊缝上或其他部位，如发现肥皂泡，表明该处有泄漏点。

对于小型容器，可充气后直接将容器放入水池中检漏。

3. 水压试验

水压试验是设备试压最普遍、最重要的方法，比较安全。水压试验分为气密性试验（试验压力一般采用设备的最高工作压力，有害气体时为 1.05 ~ 1.1 倍最高工作压力）、强度试验（试验压力一般取 1.25 ~ 1.5 倍最高工作压力）。具体试验压力的大小可参照有关手册。

水压试验装置如图 1-3-14 所示[2]，试压时，在设备内先注满水（排气孔设在最高点，排尽设备内空气）并堵塞好设备上的其他所有孔眼，再用试压泵或水泵继续向设备内注水直至达到设备试验压力。水压试验一般分几个阶段进行，当压力升至 0.3 ~ 0.4MPa 时，应进行一次检查，必要时可拧紧设备上各螺栓（要先泄压），若有漏点，须泄压后处理，然后加至试验压力即可。强度试验是一种超压试验，设备不得长时间经受超压，一般以 5min 为限，然后降压至工作压力再检查。试验合格后，放水排气。

4. 气压试验

气压试验是用气体（多为压缩空气）试压。一般不能采用水压试验用时才考虑用气压试验。气压试验除了必须有可靠的安全措施外，试压前必须认真检查设备质量，如焊缝必须经过 100% 无损探伤检查等。另外，加压应缓慢，当达到试验压力的 50% 以后，应以每级加 10% 左右的压力逐级增至试验压力，保压规定的时间；然后降至工作压力，保压足够时间，以便进行检查。检查时严禁敲击设备，只能用肥皂水检查。

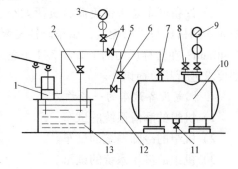

图 1-3-14
水压试验装置示意图
1—试压泵 2、4、5、6—阀泵 3、9—压力表
7—进气阀门 8—出气阀门 10—被试设备
11—排水阀门 12—进水管 13—水槽

（二）机电设备的试车

1. 试车前的准备工作

1）参加试车的人员，必须熟悉设备说明书和有关技术文件，了解设备的构造和性能，掌握其操作程序。

2）试车人员应先编制好设备的试车程序、进度和所要达到的技术要求，制订好安全措施和注意事项。试车时做好试车记录。

3）准备好试车所需的各种工具、材料、安全保护用品。

4）设备各部分装配零件应完好无损，各连接件应紧固。仪表和安全装置均应检验合格。

5）按有关规定对设备进行全面检查，确定没有任何隐患和缺陷后才能进行试车。

6）设备应清洗干净。清除设备上无关的构件，清扫试车现场。

机床设备试车注意事项：

1）机床应清洗干净。控制系统、安全装置、制动机构、夹紧机构等，经检查调试良好，灵活可靠，电动机旋向与操作和运动部件的运动方向相符。

2）润滑、液压、气动系统经检查调试良好。

3）各变速操纵手柄扳动灵活，位置正确、可靠。各部件手摇移动或手动盘车时，移动应灵活，无阻滞现象。

4）工作台移动限位器调整到安全可靠位置并已锁紧。

5）磨床的砂轮无裂纹、碰损等缺陷。钻夹头钥匙、车床卡盘扳手均已取下。

2. 机电设备试车的基本要求

1）应先进行无负荷试车（开空车），后进行带负荷试车。

2）试车的原则一般应按由部件至组件、由组件至单机、由单机至联机；先手动后机动；先低速后高速；先附属设备后主机的顺序进行。

3）操纵机构的位置、刻度标志应正确，操作灵活可靠，动作协调无阻滞。

4）操作程序必须符合设备技术文件的规定，若上一步骤未合格，不得进行下一步。

5）机床主运动机构从最低速至最高速依次运转，现场组装的大型机床的运转速度和时间应符合设备技术文件规定。

机电设备试车分类：

1）无负荷试车（开空车）的目的是检查设备各部分的动作和相互间作用是否正确，同时，也使某些摩擦面初步磨合。负荷试车的目的是检验设备安装后能否达到设计使用性能。

2）设备试车是否带负荷、负荷大小、时间长短等，不同的设备有不同的规范要求。如金属切削机床只进行无负荷试车。往复泵规定在空负荷下运转 5min；在公称压力的 1/4 下运转 40min；在公称压力的 1/2 和 3/4 下各运转 1h；最后在公称压力下运转不少于 8h。起重机则要求进行超负荷试车。

3. 机电设备试车的一般步骤

1）机组的润滑系统的试车。

2）机组的冷却系统的试车。

3）机组的液压系统的试车。

4）机组的无负荷试车。

5）机组的负荷试车。

4. 试车中的具体操作

1）润滑、冷却系统调试。试车时，在主机起动前必须先进行润滑、冷却系统调试。

2）液压系统调试。试车时，主机起动前要进行液压系统的调试。所用液压油应符合设备技术文件规定。

3）设备的盘车。正式起动前，应先用人力缓慢盘车几周，确信没有阻碍和运动方向错误等反常现象后方可正常起动。

4）设备的点动。有些设备需做几次点动试验，观察各部分动作，确认正确良好后方可正式起动。

5）设备的起动。设备正式起动，应等设备运转平稳后，方可由低速逐级增加至高速。

6）设备的无负荷试车。设备正常起动后，可做设备无负荷试车。应按技术文件的要求，达到规定的时间，观察记录相关参数和设备的空运行情况。如观察设备润滑的油压和供油量，设备的温度、噪声、振动等。

7）设备的负荷试车。设备的无负荷试车合格后，方可进行带负荷试车。加负荷应按技术文件规定逐步增加至额定负荷，并在规定的负荷下运行相应的时间。在此期间，应严格监控设备的运行状况，并按时做好巡查和记录。如油压、负荷压力、负载电流、设备温度、噪声、振动等。

5. 试车的检查和故障判断方法

在设备的无负荷试车和带负荷试车过程中，要随时检查监控设备的运行状况。对于传动部分主要检查传动带不得打滑发热，平带不得跑边；齿轮副、链条和链轮啮合应平稳，无卡住现象和不正常的噪声、磨损等。具体的判断方法如下：

（1）听　设备正常运转时，声音应均匀、平稳。运转不正常，就会发出各种杂音，如齿轮的轻微敲击声、嘶哑的摩擦声和金属碰击的铿锵声等，应查明部位，停车检查。听音一般用听音棒（可用螺钉旋具代替），将其尖端放在设备发声的部位，耳朵贴在顶部听。

（2）看　看压力表、温度计、电流表、电压表等各种监测仪表读数是否符合规定；看冷却水是否畅通，水量是否充足；看地脚螺栓及其他连接处是否松动等。

（3）摸　用手摸设备外表可触及部分的温度和振动情况。

（4）嗅　嗅不正常气味，如电气绝缘的焦味，油温过高的烟味，工作介质泄漏出来的味道等。

6. 试车结束后的工作

1）试车结束后，主机停机，润滑和冷却系统应工作一段时间才可停止。

2）切断电源和其他动力源。

3）卸掉压力和负荷（包括放水和排气）。

4）对设备性能和几何精度进行复查，复查各紧固连接部分。

5）将试车前预留未装的以及试车时拆下的部件和附属装置组装好。

6）清理现场。

7）整理试车的各项记录。

8）办理工程交工验收手续.

（三）工程验收

设备安装、试车后，应对工程项目进行验收。一般由设备使用单位向施工单位验收。工程验收完毕，即施工单位向使用单位交工后，设备即可投入生产和使用。工程验收时，应具备下列资料（一般由施工单位提交给使用单位）。

1. 竣工图

施工图是由设计单位在施工前绘制的，施工单位以此为依据施工的技术文件。在施工中根据实际情况，施工单位或使用单位可对施工图提出修改意见。经双方单位认可后，对修改内容较多的部分要按修改方案重新绘制图样，即竣工图。竣工图是维修管理的重要的技术资料，如修改量不大，可在原有的施工图上注明修改部分后作为竣工图。

2. 设计变更文件

有关设计修改的文件（包括设计修改通知单、施工技术核定单、会议记录等），统称设计变更文件，平时应妥善保存，交工时提交给使用单位。

3. 施工过程中的各重要记录

施工过程中的各重要记录包括主要材料和用于重要部位材料的出厂合格证和检验记录或试验记录；重要焊接工作的焊接试验记录；重要灌浆所用混凝土配合比的强度试验记录；试车记录。

4. 隐蔽工程记录

所谓隐蔽工程，是指工程结束后，已埋入地下或建筑结构内，外面看不到的工程。对隐蔽工程，应在工程隐蔽前由有关部门会同检查，确认合格，记录其方位、方向、规格和数量后，方可予以隐蔽。隐蔽工程记录表应及时填写，检查人员检查合格后，应在记录表上签字，工程验收时一并交给使用单位。

5. 各工序的检验记录

整个安装工程分为若干个施工过程，每个施工过程又分为若干道工序。对每道工序所应达到的要求，凡属必要的可分别由设计和设备技术文件、规范或规程予以规定。施工中均应按每道工序的要求作出详细检测记录（包括自检、互检和专业检查），作为工程验收时的依据。设备安装中记录表格有设备开箱检查记录、设备受损或锈蚀及修复记录、各施工工序的自检记录、互检记录和专业检查记录等。

6. 其他有关资料

如仪表校验记录、试车记录、重大返工工作记录、重大问题及处理记录或文件、施工单位向使用单位提供的建议和意见。

设备安装结束后，应根据检验情况和质量检验评定标准，对所安装的设备进行质量评定。质量标准分为合格和优良两个等级。

三、任务要点总结

本任务对设备试压知识作了简单介绍。设备安装者应掌握设备试压和机电设备试车的基本方法和操作过程，并通过听、看、摸、嗅学会对设备的检验和对设备故障的判断，能够对安装好的设备进行交付或验收。

四、思考与实训题

1. 水压试验的目的是什么？试画出水压试验装置示意图。
2. 简述试压设备的种类与设备试压方法。
3. 工程验收时应具备的资料有哪些？
4. 拆洗液化石油气瓶，对气瓶进行气压试验和水压强度试验，并确定是否合格。
5. 设备试车的基本要求有哪些？试车的基本步骤是什么？

项 目 小 结

机电设备的安装与调试是机电设备从制造到投入使用的必要过程。一台机电设备是否能正常工作，很大程度上取决于机电设备安装与调试质量。机电设备安装调试人员的任务是借助于一些工具和仪器，按照一定的工艺规程，采用先进的操作方法，将机电设备正确地安装在预定的位置上。各种机电设备，尽管其结构、性能不同，但安装与调试工序基本上是一样的，即一般都必须经过运、吊、就位、安装（找正、找平、灌砂浆）、清洗、润滑、调试检验、调整、试运转、投入生产等工序。所不同的是，在这些工序中，对各种不同的机电设备应采取不同的安装调试方法。对大型设备采取分体安装法，调试检测项目较多，对小型设备则采取整体安装法，调试检测项目相对较少。

模块归纳总结

模块一结合生产实际，论述了工厂发电、配电和输电，三相四线制、三相五线制的概念，变电、输电和配电过程，介绍了电气安装调试五图二表和说明书的概念以及企业机电设备配电注意事项。对机电设备及其安装基础进行了合理分类，并论述了各类设备及其基础的共性、个性、安装基础的设计、车间设备平面布置，并论述了机电设备安装调试基本工艺过程，常用机械的电气安装调试以及维修工具的正确使用、机电设备接地的概念，让读者先了解工具和安装调试基本工艺过程，为具体安装和调试设备打好基础。

模块二 普通金属切削机床的安装与调试

该模块介绍了采用减振垫铁和移动式机床垫铁安装普通金属切削机床的过程、技术规范，然后分别以常用的典型设备为例介绍了机床安装技术要求、安装过程、调试方法、验收等内容。根据 GB 50271—2009 及产品技术文件等资料，提出了机床安装调试必须进行检测的项目、原则上需要进行检测的项目、原则上不需要进行检测的项目、切削加工检验项目的概念，并分析了其划分特点，为金属切削机床安装、调试、验收规范化提供了依据。同时还介绍了机床安装过程中常用的安装工具、检测仪器以及机床在安装调试过程中的基本知识点和应掌握的基本技能。

项目一 CDE6140 卧式车床的安装与调试

项目描述

本项目论述了作为实训用的 CDE6140 卧式车床减振垫铁安装、初平、调试技术规范。并以 CDE6140 卧式车床为例，讲述规范的电气控制原理图和电气安装布置图的画法，电气安装初步通电调试、调试检测的四类项目的特点及其划分原则、检测方法、机电联合调试和安装调试及验收规程。

学习目标

1. 掌握 CDE6140 卧式车床的安装技术规范。
2. 能够完成车床的开箱检查、验收和保管工作。
3. 能够配合起重工将车床搬运到正确的安装位置。
4. 能够对车床的基础进行检查，划出基础中心线并正确放置车床。
5. 能够正确使用安装工具和调试仪器对车床进行安装和调试。
6. 能够对安装完毕的车床进行试运转并做好试车记录。

任务1 CDE6140 卧式车床机械部分的安装与初平

知识点：

• CDE6140 卧式车床的安装技术规范，减振垫铁及其应用。

• CDE6140 卧式车床开箱后的清点检查及零部件保管与管理，CDE6140 卧式车床的安装图、安装施工方案。

• 车床机械部件安装的基本方法。

能力目标：

• 掌握 CDE6140 卧式车床开箱清点检查方法，能根据车床安装的技术资料拟定安装工艺程序，正确安装并使用减振垫铁。

• 能够正确安装 CDE6140 卧式车床零部件，并测量有关数据，使安装质量达到相应的技术要求。

一、任务引入

CDE6140 卧式车床基本组成如图 2-1-1 所示。该车床是一种高性能、通用性强的卧式车床，由主轴箱、进给箱、溜板箱、刀架、尾座、光杠、丝杠和床身等部分组成。其主要用于加工轴、盘、套和其他具有回转表面的工件，可以车削内圆、外圆柱表面、端面、锥面，车削螺纹、钻孔、铰孔和拉油槽等，可完成内圆、外圆、端面、台阶、锥面、球面、切槽、公制螺纹、英制螺纹等复杂形状的加工，是机械制造行业使用最广泛的一种卧式机床，适合于职业学校实际操作技能培训。在 CDE6140 卧式车床整机到位后必须制订正确的安装施工方案、安装步骤、齐全的调试项目和验收标准，并应遵循设备安装流程。

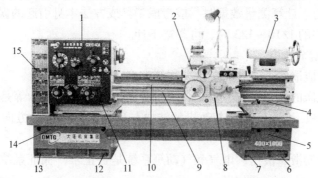

图 2-1-1　CDE6140 卧式车床的基本组成

1—主轴箱　2—刀架、中滑板和床鞍　3—尾座　4—床身　5、14—床腿　6—右床腿外侧地脚螺栓孔　7—右床腿内侧地脚螺栓孔　8—溜板箱　9—光杠　10—T 形丝杠　11—进给箱　12—左床腿内侧地脚螺栓孔　13—左床腿外侧地脚螺栓孔交换齿轮箱　15—交换齿轮箱

二、任务实施

（一）机床的安装、试运转调试技术规范

1. 机床安装的一般程序

1）制订安装规程。根据设备的实际情况，制订和选择机床到位运输方法、施工步骤，检测质量标准及方法，检测工具，安全防护技术等。

2）根据技术文件，结合生产实际工艺和现场地质资料，设计机床基础。

3）确定机床平面和安装位置（对于一些精密、大型的重要机床，往往安装位置和基础要同时考虑）。

4）按施工步骤进行施工。施工步骤一般是：基础施工、基础检验与修补、定位画中线、放垫铁、机床精平（垂直和水平及回转精度）、机床无负荷试运转、机床负荷试运转、验收。

2. 施工及检测的技术要求

1）机床定位画中线前的检查。应按照位置和基础设计文件检查基础的位置、几何尺寸及程度，清除地脚螺栓孔中的杂物及基础表面的脏物。灌浆处应凿成麻面。

2）垫铁组的放置应符合设备文件规定，无规定时应靠近地脚螺栓，其组数至少与地脚螺栓数相等，间距以 500～800mm 为宜。安装前，所用垫铁应清洗干净，不允许降低安装精度。

3）机床的找平应在机床处于自由状态下进行，不允许用紧固地脚螺栓形成局部加压等方法找平，强制变形达到的精度稳定性差。

4）要求恒温的精密机床，须在规定的恒温条件下进行检验。特别精密的机床，其安装与检验都必须在恒温条件下进行。检验的量具应先放在待测机床的安装现场，经过一段时间后再使用，一般不少于30min。

5）用平尺或检具移动测量并画运动曲线计算导轨的直线度时，测量间隔不应大于平尺或检具的长度。

6）检测调试机床所用的检测工具（包括专用量具），其精度应高于被检测部件的精度。并要求检测工具的测量误差为被测部件的精度极限偏差的1/5~1/3，检测方法应符合精度检验的有关文件规定。计算测量数据时，应考虑工具或方法本身引起的误差，当这类误差小于被测部件允许偏差的1/10~1/3时，可忽略不计。

3. 机床试运转前的检查

1）机床零部件应清洗干净，无灰尘杂物等。

2）认真检查机床的控制系统、安全装置、制动机构、夹紧机构等是否在正确位置。应确保各部分运行良好、灵敏可靠。电动机的转向与运动部件的运行方向应符合技术文件规定。

3）检查机床的润滑、液压、电气和气动等系统是否正常，保证系统检验调试、运行状态良好。

4）各运动部件手摇移动或自动时，应当灵活、无阻滞。各操纵手柄扳动自如、到位准确可靠。

4. 机床无负荷试运转时应符合的规定

1）试运转以安装单位为主，应邀请使用单位参加，并对所有参数做好记录。试运转步骤一般由部件至组件，由组件至单元机床，先手动后机动，先主机后辅机，先慢速后高速地运行。有静压导轨、静压轴承及恒温要求的机床，须等条件建立后方可开始试运转。试运转有专人负责，操作程序应符合规定，各操纵机构的位置、刻度标志应正确可靠。

2）机床的主运动应按规定的级数逐级试车，由最低速度至最高速度。整体安装的小型机床，各级速度运转时间不应少于2min，最高速运转不应少于30min。现场组装的大型的机床，运转时间应符合文件规定，无规定时应结合产品的加工工艺，与有关部门商定。

3）进给速度应按规定做低、中、高进给量运转，快速移动机构应做快速移动试验。

4）自动化机床应做自动加工程序试验，有专用夹具或分度装置的机床应做夹紧、松开、分度试验。

5）试运转中应对机床进行检验并符合下列要求：

① 各级速度下工作机构动作协调、平稳、准确、可靠。

② 主运动和进给运动的起动、停止、制动及自动等动作准确，无冲击、振动和爬行等不正常现象。

③ 变速、换向、重复定位、分度、自动循环、夹紧装置、快速移动及数字显示等应灵敏、正确和可靠。

④ 电气、液压、润滑、气动、冷却等系统的工作应正常。介质的流量、压力、工作温度均不超过规定范围。

⑤　安全保护和保险装置应可靠。

⑥　运转中轴承及管路无不正常响声。滚动轴承温度不高于70℃，温升不超过40℃，滑动轴承温度不高于60℃，温升不应超过30℃。无负荷运转功率应符合文件规定。

5. 机床负荷试验时应符合的规定

1）机床的负荷试验一般以使用单位为主，也可由安装单位提出负荷试验项目，与使用单位一起进行。负荷试验的目的是试验机床的最大承载能力，一般用实际切削的方法进行。试验后对机床的安装精度、几何精度、工作精度进行复测和记录，作为移交生产的主要依据。

2）机床主轴系统最大扭转力矩试验可按文件规定的最大加工直径和最高速度切削两个方面进行，不可同时用极限参数试验，切削时间应严格符合文件规定。

3）工作台、刀架、夹具等最大作用力试验可结合产品加工工艺，用实际生产中最大加工件进行试验，切削加工时间不少于实际加工时间的两倍。

4）高精度机床可不做最大负荷试验，而按专用规定的技术要求进行试验，如无规定时，应与使用单位和有关部门研究试验项目。

5）负荷试验的主要检验项目为机床加工精度，并对机床的几何精度、传动精度进行复检，复检项目与各类机床专项检验项目相同。复检不合格的机床须对各组件重新调整与安装。

（二）CDE6140 卧式车床的安装与调试

CDE6140 卧式车床具体的安装、调试包括以下几个方面。

1. CDE6140 卧式车床安装前的准备工作

（1）CDE6140 卧式车床的开箱清点　CDE6140 卧式车床运抵现场后，在安装人员和用户都在场的情况下将包装箱打开，以备检查和安装，如图 2-1-2 所示。

设备开箱后，取出附件箱，在附件箱内有该设备的技术资料和装箱单（见图 2-1-3）。对照装箱单进行清点检查，并填写车床开箱检查记录单。清点时应注意以下两点：

1）按装箱单核实设备的名称、型号和规格，并核对是否与招标合同上的设备要求相符。

图 2-1-2　未开箱的机电设备

2）核对 CDE6140 卧式车床附件箱里的零件、部件、随机附件、备件、工具、合格证和技术文件是否齐全，并核对是否与招标合同上的附件要求相符。

（2）检查设备外观质量　如有缺陷、损伤等情况，应做好记录，并及时进行处理。对 CDE6140 卧式车床的零部件及附件、备件、工具、技术文件应进行编号和分类，对暂不安装的设备零部件根据其类别采取保护措施并进行存档。例如易碎、易丢失的小零件以及易损件与通用零件可存放在一起，而贵重仪表和技术资料应单独保管，以防丢失。

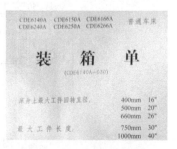

图 2-1-3　机电设备装箱单

2. CDE6140 卧式车床安装基础的处理与车床的车间布置

基础验收的具体工作是由安装人员和施工部门根据机床安装的技术文件和技术规范对基

础工程进行全面检查与验收。具体检查内容如下。

（1）CDE6140 卧式车床安装基础的处理

1）基础的几何尺寸是否符合图样要求。每台 CDE6140 卧式车床都需要有一个坚固的基础，基础由土建部门根据生产厂家提供的图样施工完成。但是，生产部门和安装部门也必须了解基础的施工过程，以便进行必要的技术监督和基础验收。为了确保车床在基础上正常工作，避免由于机器运转时产生的惯性力导致基础塌陷，在安装机床前，一定要对基础进行预压试验。预压时间一般为 70～120h，加在基础上的预压力应为设备重量的 1.5～1.7 倍。为了使基础混凝土达到预定的强度，基础浇灌完毕后不允许立即安装机床，至少要保养 7～14 天。考虑机床自身的重量和承重面积，按照机床加工最大零件时产生的作用力的 1.5～1.7 倍决定混凝土的浇注厚度。CDE6140 卧式车床净重 2t，按使用说明书所述，一般取基础厚度为 400mm（如采用地脚螺栓固定，预留孔的深度为 320mm）。

2）检查基础混凝土的强度是否符合机床的安装和使用要求。CDE6140 卧式车床基础尺寸如图 2-1-4a 所示，单台基础采用地脚螺栓进行安装。现在该设备安装在学校实训车间，属于非生产性机电设备。车间已经建设好厚度为 0.5m 的混凝土地面，满足 GB 50040—1996 对基础的要求。由于所加工零件较小，并且车间机床安装地基处理得非常牢固，变形量极小，因此现改为如图 2-1-4b 所示的减振垫铁进行安装。

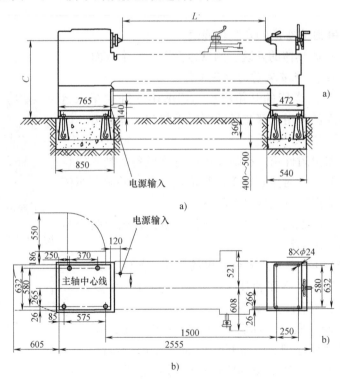

图 2-1-4　CDE6140 卧式车床地基尺寸图

a）厂家提供的安装图　b）减振垫铁平面布置图

（2）CDE6140 卧式车床在车间的布置方案　在工艺路线（或工艺平面布置）已经确定、单台机床基础已经设计好的情况下，应仔细考虑机床安装的相互位置。一般从操作、维修、安全、充分利用车间面积等不同角度进行综合考虑，要安排好待安装机床与其他机床之间以及与车间立墙或立柱之间的合适的距离。另外，在安装位置确定后，还要注意机床的辅助设备、运输装置、电气设备等对机床相对位置的要求，以及这些辅助设备的最大外形尺寸、机床本身最大外形尺寸等对操作者的影响。为避免在加工时铁屑甩出伤人，CDE6140 卧式车床在车间平面内应采取倾斜布置方案。

基础验收合格后，CDE6140 卧式车床安装基础处理完毕。

3. CDE6140 卧式车床安装就位后的初平调试

CDE6140 卧式车床的就位是把已经搬运到车间的车床搬运到指定的安装位置，此位置已经在进行基础处理时画好尺寸。一般用 4t 的液压铲车作为搬运工具，先将 CDE6140 卧式车床铲离地面，如图 2-1-5 所示，注意把两货叉放到车床床身下面贴近两床腿内侧，以免车床发生变形或叉起不平稳，然后慢慢开动叉车移动到指定的安装位置不要放下，然后开始安装 S78-8-02 型减振垫铁（关于减振垫铁计算选择见表 6-1-2 相关内容）。首先，如图 2-1-6a

a)　　　　　　　　　　　　　　b)

图 2-1-5　用叉车铲起卧式车床床身下面两床腿内侧进行搬运

a）叉车　b）叉车铲起车床时铲爪置于床身下面贴近两床腿内侧

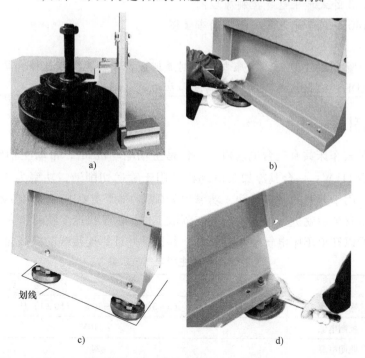

a)　　　　　　　　　　　　　　b)

c)　　　　　　　　　　　　　　d)

图 2-1-6　减振垫铁在车床上安装步骤

所示，将 8 个减振垫铁用高度游标卡尺测量调整到等高度并尽量低些，如图 2-1-6b 所示。从卧式车床的底座下面的地脚螺栓孔插入垫铁的螺栓，并拧上螺母，8 个减振垫铁都安装好后，如图 2-1-6c 所示。轻轻把车床放在指定的安装位置，移走叉车。然后再根据卧式车床的落位情况，用撬杠调整卧式车床的位置。注意不要使用猛力撬动，要轻轻地撬动，使卧式车床的 8 个垫铁处在图 2-1-4b 所示的位置，再用水平仪对车床进行初步调水平，调水平方法如图 2-1-6d 所示，用钩头扳手转动减振垫铁的承重盘，直到满足表 2-1-4 的 1、2 两项中的水平度要求。至此，车床安装就位后的初平调试完成。

三、任务要点总结

本任务以 CDE6140 卧式金属切削机床的安装为例，介绍了安装技术规范，采用减振垫铁的安装步骤和方法。该车床属于非生产性机电设备，这类机电设备主要用于学生实训或待出厂前的性能测试和工作精度检验。本任务介绍的安装方法同样适用于其他普通机床的安装。

四、思考与实训题

1. 简述金属切削机床安装调试的步骤。

2. 某企业根据生产的需要，购进一批小型车床 C6132，根据工艺要求将其安装到正确的位置，制订其安装方案。

任务 2　CDE6140 卧式车床的电气安装与初调

> **知识点：**
> - CDE6140 卧式车床电气控制原理图。
> - CDE6140 卧式车床电气安装平面布置图。
>
> **能力目标：**
> - 能够读懂 CDE6140 卧式车床电气控制原理图，掌握其接线选择和接线方法。
> - 掌握 CDE6140 卧式车床的安装调试和初步通电调试方法。

一、任务引入

CDE6140 卧式车床共有三台电动机：一台是主轴电动机 M_1，带动主轴旋转和刀架做进给运动，功率为 11kW；一台是冷却泵电动机，用于输送切削液，功率为 350W；一台是快速移动电动机，用于刀架的快速移动，功率为 750W。车床主要电气技术参数见表 2-1-1。完成车床的初就位安装后就进入了电气安装与调试工作，由于机床安装时引入到电气柜的线路由用户提供，所以知道车床电气技术参数后，要选择并计算连接线的横截面积。

表 2-1-1　车床主要电气技术参数

序号	项目	规格
1	输入电源	（3 ~ 380V）（1 ± 10%）（50 ± 1）Hz
2	控制电源	~ 110V
3	照明电源	~ 24V
4	车床总容量	12kW

二、任务实施

（一）CDE6140 卧式车床电气控制原理图的画法及阅读

机电设备电气控制电路所包含的电气元器件和电气设备较多，其电路图的符号也较多。为了能够正确进行机电联合调试、故障诊断与维修，首先，必须正确识读电路图。下面以 CDE6140 卧式车床电气控制原理图为例，介绍电气控制原理图的画法，并掌握电气控制原理图的读图方法，为正确调试和后续维修工作打下良好的基础。

1. 功能单元的划分

CDE6140 卧式车床电气控制原理图按功能分成 12 个单元，并用文字将其功能标注在电路图上方的 12 个栏内，如电源开关、主电动机等。划分功能区的原则是：首先要考虑功能的独立性，其次要考虑功能的融合相关性。图 2-1-11 所示的 12 项功能是独立的，信号灯和机床工作灯是独立工作的，不能合为一个单元。

2. 图区的划分

CDE6140 卧式车床电气控制原理图共划分了 16 个图区，标注在电路图的下部，并从左向右依次用阿拉伯数字编号标注。划分图区的原则是：一条支路或一条竖线划为一个图区，并首先考虑功能的完整性，其次考虑实现功能所用电器不同组成部分工作的独立性。如图 2-1-11 所示，3 区三条主电路 U_{11}、V_{11}、W_{11} 都工作才能实现电动机 M_1 的工作，所以划分为一个区；而交流接触器 KM_1 的线圈、主触点和辅助触点的作用不同，划归到三个图区。

3. 接触器、继电器的完整标注

1）每个接触器线圈的文字符号 KM 的下面画两条竖直线，分成左、中、右三栏。把动作的触点所处的图区按表 2-1-2 的规定填入相应栏内，对未用的触点，在相应的栏中用记号"×"标出或不标。

2）每个继电器线圈的文字符号 KA 的下面画两条竖直线，分成左、右两栏。把动作的触点所在的图区按表 2-1-3 的规定填入相应栏内，对未用的触点，在相应的栏中用记号"×"标出或不标。

表 2-1-2　接触器线圈 KM 符号下的数字标注

栏目	左栏	右栏
触点类型	常开触点所在图区号	常闭触点所在图区号
KM 2 | 5 | × 2 | × | × 2	表示 3 对常开触点均在图区 2	表示 3 对常闭触点一对在 5 区，另外两对未用

表 2-1-3　继电器线圈 KA 符号下的数字标注

栏目	左栏	右栏
触点类型	主触点所处图区号	辅助常闭触点所处图区号
KA 2 | 5 2 | × 2 | ×	表示 3 对常开触点均在图区 2	表示 3 对常闭触点一对在 5 号区，另两对未用

4. 主要电气元器件简述

车床频繁工作的情况下复杂的电气元器件最易出现故障，在调试、后续维修过程中也是需要特别注意的元器件，必须熟悉其结构特点、工作原理，为调试维修打好基础。

（1）三相交流接触器　图 2-1-7 所示为用来接通或断开如三相交流电动机这种大电流电路的交流接触器，其工作原理是：当吸引线圈两端加上额定电压时，动、静铁心间产生大于反作用弹簧弹力的电磁吸力，动、静铁心吸合，带动动铁心上的触点动作，即常闭（动断）触点断开，常开（动合）触点闭合；当吸引线圈端电压消失后，电磁吸力消失，触点在反弹力作用下恢复常态。

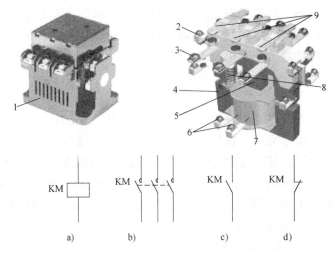

图 2-1-7　交流接触器的实物图、原理图和电路符号
a）线圈　b）主触点　c）动合辅助触点　d）动断辅助触点
1—交流接触器外观照片　2—辅助常闭触点（两对）　3—辅助常开触点（两对）　4—静铁心
5—动铁心　6—线圈电源输入接线端　7—吸引线圈　8—弹簧　9—主触点（共三对）

交流接触器按出厂时的型号选择更换即可，当无相应的型号时选择原则如下：

1）根据电路中负载电流的种类选择接触器的类型。一般直流电路用直流接触器控制，当直流电动机和直流负载容量较小时，也可用交流接触器控制，但触点的额定电流应适当大些。

2）接触器的额定电压应大于或等于负载电路的额定电压。

3）吸引线圈的额定电压应与所接控制电路的额定电压等级一致。

4）额定电流应大于或等于被控主电路的额定电流。根据负载额定电流、接触器安装条件及电流流经触点的持续情况来选定接触器的额定电流。

（2）断路器　断路器在电路中用于接通、断开和承载额定工作电流，并能在电路和电动机发生过载、短路、欠电压的情况下断开，对设备进行可靠保护，如图 2-1-8 所示。

断路器按出厂时的型号选择即可，当无相应的型号时，选择原则如下：

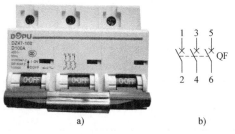

图 2-1-8　DZ47 型断路器实物图及符号
a）断路器实物图　b）断路器符号

1）断路器产生的瞬态过电压应不大于电源系统的额定冲击耐受电压。

2）断路器的额定绝缘电压应不小于电源系统的额定电压。

3）断路器的额定冲击耐受电压应不小于电源系统的额定冲击耐受电压。

4）由电路的计算电流来决定断路器的额定电流。

5）断路器短路电流要大于负载的起动电流。

（3）热继电器　如图 2-1-9 所示，热继电器是具有过载保护特性的过电流继电器，热继电器分为带断相保护的热继电器和不带断相保护的热继电器两种，后者就是应用比较广泛的普通热继电器，二者在型号表示上有区别，两种热继电器主要用于电动机或其他设备的过载保护和断相保护，热继电器的使用与选择如下：

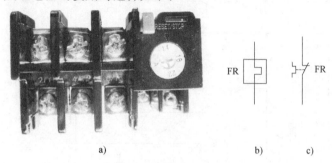

a)　　　　　　　　　b)　　　　c)

图 2-1-9　热继电器实物图和符号

a）外形照片　b）热元件　c）动断触点

1）热继电器的选择应满足：热继电器热元件的额定电流 I_{er}≥电动机的额定电流 I_{ed}。

2）热继电器接入电动机定子电路方式如下：

①　当电动机定子绕组是星形联结时，带断相保护和不带断相保护的热继电器均可接在电路中，电动机定子绕组三角形联结如图 2-1-10a 所示。

②　当电动机绕组是三角形联结，带断相保护的热继电器如图 2-1-10b 所示接在电路中，而不带断相保护的热继电器如图 2-1-10c 所示串接在电动机每相绕组上。

图 2-1-10　热继电器接入电动机定子电路中的三种方式

a）带断相式和不带断相式

b）带断相式　c）不带断相式

（二）电气控制原理图分析

电气控制原理图如图 2-1-11 所示，M_1 为主轴电动机，带动主轴及刀架作进给运动，由 KM_1 吸合、断开控制主轴电动机的起停，由 FR_1 对主轴电动机作过载保护。

M_2 为冷却泵电动机，对工件进行冷却，由 KM_2 控制，当主轴电动机起动后，由旋钮 SA_1 控制 KM_2 吸合、断开，从而控制 M_2 的起停，由 FR_2 对主轴电动机作过载保护。

（三）CDE6140 卧式车床电气安装平面布置图

电气安装平面布置图是根据电气设备和电气元器件的实际位置和安装情况绘制的，只用来表示电气设备和电气元器件的位置、配线方式和接线方式，而不表示电气动作原理。其主要用于安装接线、线路的检查维修与故障处理，如图 2-1-12 所示，实物图如图 2-1-13 所示。

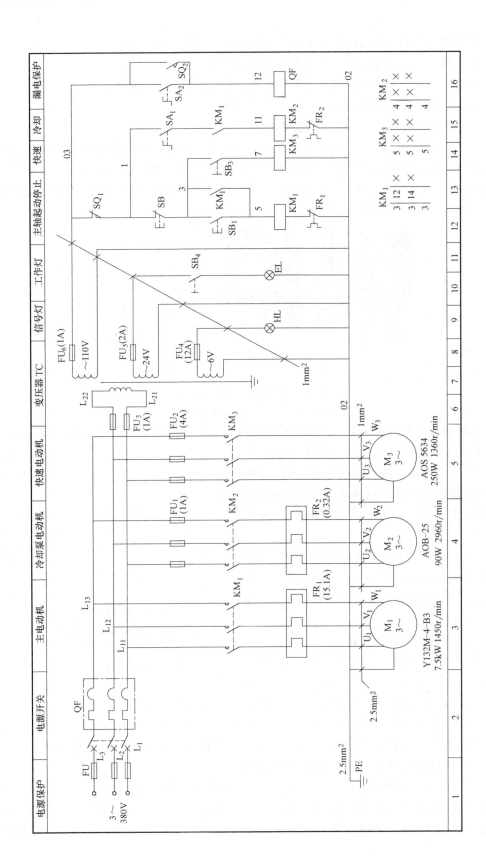

图 2-1-11 CDE6140 卧式车床电气原理图

M_3 为快速移动电动机，控制刀架的快速移动。由 SB_3 控制 KM_3 实现 M_3 的电动控制。

（四）电源的连接

CDE6140 卧式车床采用的是第二种形式的三相四线制连接，即三相 380V 的动力线和一接地线。由 CDE6140 卧式车床使用说明书可知，本车床负荷功率为 12kW，主电动机 M_1 功率为 11kW，该电动机额定电流为 22A。根据表1-2-2选择导线，图 2-1-11 所示 L_1、L_2、L_3 连接到三个电动机的导线选用

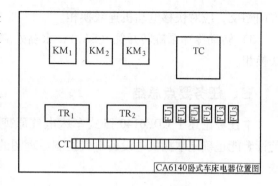

图 2-1-12 CDE6140 卧式车床
电气安装平面布置图

$4mm^2 \times 3 + 1$（"1"代表 1 根同样的电缆接地线）铜芯 BVR 电缆；而 L_{11}、L_{12}、L_{13} 至 U_1、V_1、W_1 导线也选用 $4mm^2 \times 3$ 的铜导线。为防止电源线被碰伤，进车床电源线应埋管敷设，由配电箱底侧的孔引入并接到 CT 端子上，并且要把接地线连接到车床外壳上，以防车床漏电。

说明：图 2-1-11 中变压器 TC 是输入 380V 输出安全用电 24V 和 6V 的照明电压，如果 TC 输入 220V 得到照明电压，则该车床输入电源就是三相五线制电源，因为 L_1、L_2、L_3 之一和中性线 N 输入变压器，再加地线 PE 就成为三相五线制电源了。

（五）初步通电调试

1. 通电之前检查

机床初平调试完成后，接入电源线，即可进行电气控制部分的初步通电调试。机床在出厂前已经

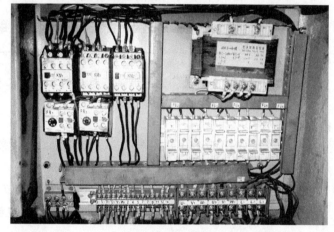

图 2-1-13 CDE6140 卧式车床电气安装实物位置图（1）

进行了通电运行调试，合格后才能出厂。为防止装卸、长途运输等过程中出现电气故障或接线松动、接触不良等现象发生，要进行初步通电调试。在接通电源之前，应检查如下内容：

1）电源是否符合要求。

2）线端是否接错，是否松脱。

3）各润滑点是否已注入合适的润滑油。

4）各操作手柄动作是否灵活，并将各操作手柄置于空挡位置。

5）检查各保护装置是否有效。

2. 通电调试操作

1）闭合总电源开关（QF），机床处于预备工作状态，电源指示灯（HL）亮，按下绿色起动按钮（SB_1），主轴电动机应正转。否则，任意调换连接电动机的两根连线（即换相），按下红色停止按钮（SB_2），主轴电动机应停止。

2）按下刀架快速移动按钮（SB_3），刀架能够左右或前后移动，若刀架移动方向与操作

方向相反，应对快移电动机连线换相。

3）转动冷却泵旋转开关（SA_1），水嘴处应有冷却液流出。否则，应对冷却泵电动机连线换相。

三、任务要点总结

本任务论述了 CDE6140 卧式车床电气原理图识读、安装初平与通电调试操作等内容，使读者能正确地掌握机电设备电气控制原理图的画法、电气安装平面布置图的阅读及分析方法。

四、思考与实训题

1. 机床电气控制原理图功能单元的划分、图区的划分原则是什么？熟悉表 2-1-2 和表 2-1-3 所述接触器、继电器的完整标注画法。

2. CDE6140 卧式车床电气控制保护环节有哪些？

3. CDE6140 卧式车床调试前应检查哪些项目？

任务3　　CDE6140 卧式车床机电联合调试与试车

> **知识点：**
> - 机电联合精度测试、运行调试，机床的各项技术参数的检测。
> - 机床调试过程中存在的疑难故障。
>
> **能力目标：**
> - 能够做好 CDE6140 卧式车床试车的准备工作，掌握 CDE6140 卧式车床机电联合调试基本操作技能。
> - 掌握 CDE6140 卧式车床试车的检查和故障判断方法。
> - 掌握机床调试的技能，并能排除调试过程中的一般故障。

一、任务引入

CDE6140 卧式车床机械安装初平、初步通电调试完毕无误后，为保证其达到应有的运行加工精度，需要对其进行机电联合精度测试、运行调试和切削加工测试，合格后出具验收报告，并存档作为以后维修参考的依据，再移交给生产部门投入生产。

二、任务实施

（一）机床精度测试标准项目分类

机床精度分为安装调整精度、几何精度和工作精度，以下将分别进行介绍。

1. 安装调整精度

安装调整精度是指机床因安装位置改变而引起的位置精度。中小型机床一般采用整体安装，出厂前各个零部件之间的位置精度都已经调整合格，安装过程中其位置精度基本不受影响，安装调整精度主要是机床工作台的安装水平度。大型机床大多采用分体现场组合安装，各个相关部件之间的位置精度也因安装制造工艺不同而发生变化，安装调整精度包括各个相关部件之间的位置精度。

2. 几何精度

几何精度又称静态精度，是描述机床相关的零部件运动位置关系误差的精度，几何精度变化的原因如下：

（1）机床制造误差　在机床制造时相关零部件的误差，容易导致几何精度达不到要求。机床制造过程中工艺严格，精度检验合格，达到了出厂要求，安装过程中就不会出现因机床制造误差引起几何精度不合格的问题。

（2）机床使用过程中的磨损、变形等　机床使用一段时间，相关零部件因磨损、受力变形等原因，会引起几何精度超差。在维修机床后必须测试几何精度是否合格，直到维修合格。新机床还未投入使用，这个原因可以排除。

（3）机床因搬运、拆卸、运输和安装引起几何精度超差　这个原因是有可能的，如图2-1-20所示，车床尾座因在搬运、拆卸、运输和安装过程中，尾座前后位置发生松动，引起平行度超差。

3. 工作精度

工作精度是机床投入生产加工过程中反映出的精度，也称动态精度，如机床各个零部件的热变形、受力变形、机床振动等。工作精度不属于安装的范围。机床出厂时某个特定的具有综合性加工表面的零件达到的精度要求、机床空运行一定时间不出现异常等可作为检验工作精度的指标。

4. 安装调整精度、几何精度和工作精度的关系

安装调整精度、几何精度是工作精度的必要条件，而工作精度合格则是安装调整精度、几何精度合格的充分条件。工作精度合格是最主要的测试精度指标。

（二）从安装后机床测试必要性的角度对机床精度项目分类

机床精度按标准分为安装调整精度、几何精度和工作精度。安装后这三类精度各有其不同的变化特点，安装后的测试项目也有相应的特点。现以 CDE6140 卧式车床为例进行分析。

CDE6140 卧式车床出厂前已经进行了精度调试和加工运行测试，出具了合格证明书（见表2-1-4，原证明书上还有关于测试方法的简图，现略），共16个精度测试项目全部合格。用户购买来安装后检测验收项目就不一定再次逐一检验，这是因为用户购买到机床经过运输、安装并初步通电调试无误后，这些项目少部分发生了变化，必须检验调试，其他项目并不一定变化。现从安装后是否有必要测试的角度分四类介绍。

1. 第一类测试项目

第一类测试项目是必须进行测试的项目。表2-1-4 中注明"＊"的项目，是因为长途运输、搬运、拆卸、异地安装必定引起变化或比较容易引起变化的项目。这些项目也是必须进行测试、再调整至合格的项目，之后再进行机电联合运行调试、切削加工测试，合格后投入生产应用，这类项目是 GB 50271—2009 中提出的检测项目。

2. 第二类测试项目

第二类测试项目是原则上需要进行测试的项目。表2-1-4 中注明"＊＊"的项目是长途运输、搬运、装卸、异地安装过程中有可能引起变化、并且影响工作精度的项目，如尾座容易松动致使第5项尾座套筒与主轴中心连线对溜板的平行度变化，加工出的圆柱面呈现锥形，是原则上需要进行测试的项目。这类项目绝大部分也是 GB 50271—2009 中提出的检测项目，也有的不在该标准中提出。

3. 第三类测试项目

第三类测试项目是原则上不需要进行检测的项目。表 2-1-4 中没有注明"●"的项目是长途运输搬运、拆卸、异地安装过程中不太可能变化的项目，如主轴箱作为一个整体部件，8、9、10 三项一般不会发生变化，是原则上不需要进行检测的项目，这类项目在 GB50271—2009 中提出。

4. 第四类测试项目

第四类测试项目是工作精度检测项目。安装通电调试合格后，要进行零件加工并测试加工零件有关精度是否合格，这是另一类必须进行检测的项目。在表 2-1-4 中标注"★"的第14、15、16 项，这类项目需要选择具有综合性加工表面的零件进行加工测试，加工精度若不合格，需要再测试第三类项目等。工作精度检测项目机床生产厂家在说明书中提出，用户可根据加工需要选择合适的零件进行精度检测，这类项目在 GB 50271—2009 中不提出。

根据上述分析，表 2-1-4 中 1、2、3、4 项是第一类项目；5、6、7 是第二类项目；8、9、10、11、12、13 项是第三类项目；14、15、16 是第四类项目，原则上不需要进行检测的项目在生产过程中若有异常再检测、调整和维修。

表 2-1-4　CDE6140 卧式车床安装后精度测试项目

序号	测试项目	允差		实测误差值
1	床身导轨调水平与直线度＊	纵向：在垂直面内直线度 0.02mm（只许中凸）		0.015mm
		水平度：不大于 0.04/1000mm		0.03mm
2	中拖板导轨调水平与前后导轨平行度＊	前后导轨平行度：0.04/1000mm		0.02/1000mm
		水平度：0.03/1000mm		0.031000mm
3	溜板移动在水平面内的直线度＊	0.03mm		0.015mm
4	主轴轴线对溜板纵向移动的平行度＊（在距离主轴端部 300mm 长度内）	侧母线：0.015mm		0.012mm
		上母线：0.02mm		0.015mm
5	尾座套筒中心线对溜板的平行度＊＊	侧母线：0.02mm		0.01mm
		上母线：0.04mm		0.02mm
6	尾座套筒与主轴中心连线对溜板的平行度＊＊	侧母线：0.02mm		0.015mm
		上母线：0.03mm		0.02mm
7	大丝杠轴向窜动＊＊	0.015mm		0.012mm
8	主轴端部径向跳动●	0.01mm		0.008mm
9	主轴端面轴向窜动●	0.02mm		0.016mm
10	主轴轴线的径向跳动●（在距离主轴端部 300mm 长度内）	离端部 300mm 处：0.02mm		0.016mm
		端部：0.01mm		0.008mm
11	主轴与尾座两顶尖等高度●	尾座顶尖高于主轴顶尖不大于 0.04mm		0.02mm
12	小刀架纵向移动对主轴轴线的平行度●	在 300mm 测量长度上不大于 0.04mm		0.03mm
13	刀架横向移动对主轴轴线的垂直度●	0.02/300，偏差方向大于 90 度		0.016/300

（续）

序号	测试项目	允差	实测误差值
14	精车 300mm 长度螺纹螺距累积误差★	在 300mm 测量长度上不大于 0.04mm，在全程上不大于 0.05mm	0.03mm
		任意 60mm 长度上不大于 0.015mm	0.01mm
15	在 300mm 长度上车削外圆的几何误差★	圆度不大于 0.01mm	0.008mm
		圆柱度不大于 0.04mm	0.03mm
16	在 300mm 直径上精车端面平面度★	0.025mm，只许凹下	0.02mm

（三）对第一、二类项目精度进行测试与安装调整

1. CDE6140 卧式车床床身导轨调水平、直线度检测与调整

如图 2-1-14 所示，把框式水平仪放在 CDE6140 卧式车床支承大床鞍的平导轨上测试，纵向水平度不超过 0.04/1000mm，若超差则用扳手调整机床的可调垫铁的螺栓，控制可调垫铁的旋转角度。仔细观察框式水平仪两个方向的气泡的位置，如气泡偏离中心，调整垫铁直至气泡移动到水平仪的中心为止。

导轨纵向直线度检测方法如图 1-1-26 所示，检测时要求导轨中凸。若导轨中凹，则如图 2-1-1 所示，把靠近 7、12 螺栓孔的垫铁调高，而把靠近 6、13 两处的垫铁调低。车床后面的垫铁调整方法相同，拧紧地脚螺栓，使床身导轨中凸。

图 2-1-14　床身导轨调水平

2. 中拖板导轨调水平、前后导轨平行度检测与调整

如图 2-1-15 所示，将水平仪放在床鞍上导轨面上，观测水平仪气泡的位置，根据气泡偏离的方向，调整垫铁螺栓，直到满足水平度误差为 0.03/1000mm。

前后导轨平行度检测则从床鞍靠近主轴箱的位置开始，每隔 200mm 测试一个水平度值，用图 1-1-26 所示的方法处理得到前后导轨的平行度。如平行度超差，仍用调整垫铁螺栓的方法，改变垫铁高度，直到平行度合格。

3. 溜板移动在水平面内的直线度检测与调整

此项精度指标对加工工件的圆柱度影响很大，如图 2-1-16 所示。在主轴和尾座上安装圆柱检测试棒，在中拖板放置百分表座，指针指在试棒的侧素线上。自试棒一端起测试，每隔 200mm 测试一次，顺序记下百分表指针移动的方向和格数，即可算出山形导轨在水平面内的直线度误差。处理方法参考图 1-1-26 所示导轨直线度的检验方法进行，若超差，需调整床鞍下四个角的压铁或调整减振垫铁。

4. 主轴轴线对溜板纵向移动的平行度检测与调整

（1）水平面内的平行度检测与调整　图 2-1-17 所示为主轴对溜板在水平面内的平行度测试。将百分表座置于床鞍上，把圆柱心轴插入主轴锥孔中，表针指向侧素线。沿导轨方向运动床鞍，表针的最大跳动量为所测平行度误差，误差值不大于 0.015mm，若超差，需要调整主轴箱的位置。

 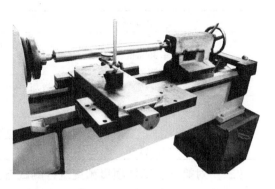

图 2-1-15　将水平仪放在中滑板导轨上
调水平与测前后导轨平行度

图 2-1-16　测试溜板移动在水平面内的直线度

（2）垂直面内的平行度检测与调整　图 2-1-18 所示为主轴对溜板在垂直面内的平行度测试。将百分表座置于床鞍上，把圆柱心轴插入主轴锥孔中，表针指向上素线。沿导轨方向运动床鞍，表针的最大跳动量为所测平行度误差，误差值不大于 0.02mm，若超差，需要调整主轴箱的位置。

图 2-1-17　用锥形心轴测试主轴
相对溜板在水平面内的平行度

图 2-1-18　用锥形心轴测试主轴
相对于溜板在垂直面内的平行度

5. 尾座套筒中心线对溜板的平行度检测与调整

图 2-1-19 所示为尾座套筒中心线相对于溜板在垂直面内的平行度测试。将百分表座置于中滑板上，把锥形心轴插在尾座套筒内，表针指向上母线。沿导轨方向推动床鞍，表针的最大跳动量为所测平行度误差。

同理，把表针指在侧素线上在水平面内测试尾座中心相对于溜板的平行度，表针的最大跳动量为所测平行度误差。

此项精度若超差，需要调整床鞍四周底下的压铁或调整尾座位置。

6. 尾座套筒中心与主轴中心的连线对溜板的平行度检测与调整

（1）水平面内的平行度检测与调整　图 2-1-20 所示为主轴中心与尾座中心连线相对于床身导轨在水平面内的平行度测试。将百分表座置于床鞍上，把圆柱心轴两端分别置于主轴和尾座的顶尖上，表针指向侧母线。沿导轨方向运动床鞍，表针的最大跳动量为所测平行度误差，误差值不大于0.02mm。若超差，则需要如图 2-1-20 所示用内六角头螺栓调整尾座体前后位置。

（2）垂直面内的平行度检测与调整　图 2-1-21 所示为主轴中心与尾座中心连线相对于床身导轨在水平面内的平行度测试。将百分表座置于床鞍上，把圆柱心轴两端分别置于主轴和尾座的顶尖上，表针指向上素线，沿导轨方向运动床鞍，表针的最大跳动量为所测平行度误差，误差值不大于0.03mm。若超差，需要调整尾座体与尾座连接螺栓，调整床鞍四周底下的压铁。

图 2-1-19　测试尾座套筒中心线对溜板移动的平行度

图 2-1-20　用圆柱心轴测试主轴与尾座连线相对于导轨在水平面内的平行度并调整

图 2-1-21　用圆柱心轴测试主轴与尾座连线相对于导轨在垂直面内的平行度

7．大丝杠轴向窜动

如图 2-1-22 所示，人工转动主轴多转，用百分表测试 T 形丝杠端面轴向跳动，误差不大于 0.015mm 即可。此项指标在搬运、安装过程中很有可能受到影响，属于原则上需要进行检测的项目。

（四）第四类项目：加工零件精度进行测试与安装调整

CDE6140 卧式车床在精度检验合格后，为了全面地检查车床的功能与工作可靠性，对车床进行负载运行试车加工。试车前，要求车床首先无负荷运行几小时后方可进行负荷试车。按要求选择试切毛坯，选择某发动机上的活塞杆作为试

图 2-1-22　人工转动主轴用百分表测试 T 形丝杠轴向跳动

加工件，该零件尺寸如图 2-1-23 所示（试切件用户可根据自己的生产要求进行选择）。按照表 2-1-4 中的 14、15、16 项精度要求进行检测，合格后验收人员将所有精度测试结果填写在机床验收合格单上，验收人员签字，建立档案，做为机床维修调试的参考依据。则车床安装、调试与验收结束，将车床交付给使用部门投入生产使用。

（五）生产过程中出现故障对原则上不需要进行检测的项目进行检测诊断的案例

1．主轴箱温升过高引起车床热变形

某车床试加工过程中，发现车削一段时间后，主轴箱温升过快，停机进行检查并分析可能产生的原因。车床的主轴圆锥滚动轴承和径向轴承组装成一体，并以很高的转速旋转，有时会产生很高的热量，主轴箱内的主要热源是主轴轴承。如果热量不能及时排出，将导致轴承过热，并使车床相应部位温度升高而产生热变形，严重时会使主轴与尾座不等高，这不仅影响车床本身的精度和加工精度，而且会把轴承甚至主轴烧坏。

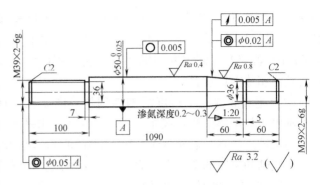

图 2-1-23　CDE6140 卧式车床
工作精度检测综合性试件

　　产生的原因：主轴轴承间隙过小，虽然满足主轴径向跳动和轴向窜动精度，但使摩擦力和摩擦热增加；主轴轴承供油过少，造成干摩擦，使主轴发热。

　　故障的排除：调整主轴轴承间隙，车床主轴轴承的间隙一般为 0.015～0.03mm；控制润滑油的供给，疏通油路，消除油泵进油管路的堵塞，发热现象即消失。

　　原则上不需要进行检测的项目，在加工过程中如果出现故障，应分析原因，调整这类项目精度。

　　2. 车床振动

　　车床在加工过程中难免产生振动，但当振动剧烈时，会降低加工精度，影响生产率，使车床各摩擦副加剧磨损，并使刀具耐用度下降，特别是对于硬质合金、陶瓷等脆性刀具材料尤为明显。

　　产生振动的原因：车床地脚螺栓松动，安装不正确；刀具与工件之间引起振动；因胶带等旋转件的跳动太大而引起的机床振动；主轴中心线的径向摆动过大。

　　故障排除方法：调整并紧固地脚螺栓；磨削刀具，保持切削性能；校正刀尖安装位置，使其略高于工作中心；校正胶带轮等旋转件的径向圆跳动；对胶带轮 V 形槽进行切削；设法将主轴摆动调整减小，如果无法调整时，可采用角度选配法来减小主轴的摆动。

　　3. 溜板箱自动进给手柄容易脱开

　　产生的原因：脱落蜗杆的弹簧的压力不够；蜗杆托架上的控制板与杠杆的倾角改变；进给手柄定位弹簧压力不够；脱落蜗杆压力弹簧调得过紧；蜗杆锁紧螺母锁死，迫使进给箱的移动手柄跳开或交换齿轮脱开。

　　故障的排除：调整脱落蜗杆的弹簧压力，使脱落蜗杆在正常负荷下不脱落；焊补控制板，并将挂钩处修锐；调整脱落蜗杆的压力弹簧，使其压力合适；松开蜗杆的锁紧螺母，调整间隙使其合适。

三、任务要点总结

　　本任务把机床精度分为安装调整精度、几何精度和工作精度，相应地把机床安装后的测试项目分为：

　　1）第一类测试项目：必须进行测试的项目，在表 2-1-4 中注明 "＊" 的项目。

2）第二类测试项目：原则上需要进行测试的项目，在表 2-1-4 中注明"＊＊"的项目。

3）第三类测试项目：原则上不需要进行检测的项目，在表 2-1-4 中注明"●"的项目。

4）第四类测试项目：在表 2-1-4 中注明"★"的项目。

简述以上测试项目的内在关系，并以案例的形式对相关精度项目的测试与调整方法进行了论述。

四、思考与实训题

1. 简述 CDE6140 卧式车床安装的程序与步骤。

2. CDE6140 卧式车床开箱、清点、检查要做的工作有哪些？

3. CDE6140 卧式车床有哪几项精度测试项目？并分析这些项目的特点。

4. 简述制订车床的机械精度调试方案及注意事项。

5. CDE6140 卧式车床安装精度测试项目有哪些？有何特点？

6. 简述 CDE6140 卧式车床的试切与验收的方法与步骤。

7. 某公司新进一台立式车床，车间进行建设时已预留了安装位置，现在要求将该立式车床按照工艺要求安装在车间的正确位置，采用地脚螺栓进行固定，并加可调垫铁，试为其制订安装方案。

项 目 小 结

本项目介绍了 CDE6140 卧式车床的基础、安装、初平、二次灌浆和精调整等步骤，总结要点如下：

1）安装前必须熟悉机床安装、调试技术规范，详细做好安装前的准备工作。

2）安装前必须熟悉机床安装基础的施工、验收等技术规范，详细做好安装前的准备工作。

3）掌握机床平面布置，开箱检查方法，用防振垫铁安装的步骤要求。

4）掌握图 2-1-11 和表 2-1-2、表 2-1-3 所示的机电设备电气控制原理图的画法、电气安装布置图的阅读及分析方法，掌握功能单元和图区划分的原则，熟悉电气安装和设备外壳接地、初步通电调试。

5）机床精度分为安装调整精度、几何精度和工作精度，相应地把机床安装后的测试项目分为：

① 第一类测试项目：必须进行测试的项目，在表 2-1-4 中注明"＊"的项目。

② 第二类测试项目：原则上需要进行测试的项目，在表 2-1-4 中注明"＊＊"的项目。

③ 第三类测试项目：原则上不需要进行检测的项目，在表 2-1-4 中注明"●"的项目。

④ 第四类测试项目：在表 2-1-4 中注明"★"的项目。

本项目论述了 CDE6140 卧式车床精度测试调整方法并分析了安装测试四类项目的划分依据、特点，为其他设备的安装测试提供了依据。

项目二　X6132 卧式铣床的安装与调试

项目描述

　　本项目论述了 X6132 卧式铣床安装、初平、调试技术规范，电气控制原理图和电气安装平面布置图的阅读，电气安装初步通电调试、检测项目的调试检测方法、机电联合调试和安装调试验收规程。

学习目标

　　1. 掌握 X6132 卧式铣床的开箱方法，细心清点检查，妥善保管零部件及技术文件。

　　2. 能够根据设备安装图、说明书和有关资料拟定 X6132 卧式铣床的地脚螺栓、二次灌浆等安装工艺程序。

　　3. 按照 X6132 卧式铣床技术文件或图样要求安装部件及铣床附件，必须检测项目的调试检测方法。

　　4. 能够做好 X6132 卧式铣床试车的准备工作，掌握 X6132 卧式铣床试车的基本操作技能并能按要求调试和试运行铣床。

　　5. 能够对已安装调试好的 X6132 卧式铣床进行交付与验收。

任务1　X6132 卧式铣床机械部分的安装与初平

知识点:
- 铣床开箱后的清点检查及零部件保管与管理，X6132 卧式铣床的安装图。
- 铣床机械部件的安装方法。

能力目标:
- 掌握铣床开箱方法，细心清点检查，妥善保管零部件及技术文件。能根据车床安装的技术资料正确拟定铣床的安装工艺程序。
- 能够根据安装平面图和说明书制订地脚螺栓安装、二次灌浆施工方案。
- 能够按照技术文件或图样要求正确安装零部件，并测量有关数据，使安装质量达到相应的技术要求。

一、任务引入

　　X6132 卧式铣床的基本组成如图 2-2-1 所示。铣床是用铣刀进行切削加工的机床，铣刀为多齿刀具，加工过程中同时参与切削的刀齿数较多，故铣刀在加工过程中为断续切削状态，每个刀齿切削力不均匀，切入与切出时均会引起振动，因此，铣削加工精度受到限制，铣床多用于工件的粗加工和半精加工。铣床的加工范围很广，可以加工平面、台阶、键槽、T 形槽、燕尾槽、齿轮、链轮、棘轮、花键轴、螺纹、螺旋槽、外曲面和内曲面等各种成形面。该铣床属于通用铣床，主要用于单件、小批量生产和工具、修理部门，也可用于成批生产部门。本任务论述 X6132 卧式铣床的安装、初步通电调试、精度测试、机电联合调试和切削加工。

图 2-2-1　X6132 卧式铣床的基本组成
1—床身　2—工作台 X 坐标运动手柄　3—主传动
电动机　4—主轴变速机构　5—横梁　6—主轴　7—吊
架　8—纵向工作台　9—转台　10—工作台 Y 坐标
运动手柄　11—工作台 Z 坐标运动手柄　12—升降台
13—床鞍　14—底座　15—底座上两头吊耳

二、任务实施

（一）X6132 卧式铣床的安装、调试技术规范

铣床总体上的安装、调试技术规范与 CDE6140 卧式车床的安装、调试技术规范大致相同，在此不再详细论述。

（二）X6132 卧式铣床的安装与初平

1. X6132 卧式铣床的安装初就位

（1）X6132 卧式铣床安装前的附件清点工作 X6132 卧式铣床开箱清点：铣床运抵现场后，在供货方和用户都在场的情况下打开包装箱，以备检查和安装。铣床属于生产性机电设备，安装用的地脚螺栓和移动式机床垫铁都由供货方提供，需要清点，并对照装箱单做好清点记录，具体清点内容参照 CDE6140 卧式车床的论述。

（2）X6132 卧式铣床安装基础的处理与车间平面布置　铣床需要固定在坚实的基础上，以承受设备的自重和设备运转时产生的外载和振动。铣床位置应远离振源，避免阳光照射和热辐射；放置在干燥的地方，避免潮湿和气流影响。铣床的质量为 2.6t，考虑机床的自重和加工最大工件时产生的作用力，计算浇注混凝土的厚度为 450mm（如采用地

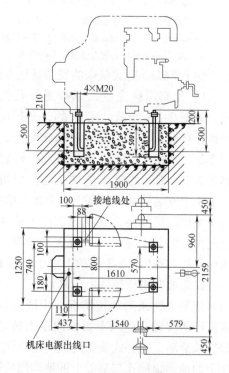

图 2-2-2　X6132 卧式铣床
生产厂家提供的基础图

脚螺栓固定，预留孔的深度为400mm）。基础的验收参照本模块中任务1所述CDE6140卧式车床基础的验收。铣床生产厂家提供的安装地基尺寸如图2-2-2所示，安装平面布置采用图1-1-2所示机群式平行布置。

（3）X6132卧式铣床正式安装前准备　由土建部门按照图2-2-2施工好基础后，再按照图1-3-7c所示井字方式布置8个移动式机床垫铁，并放入4个地脚螺栓，完成后的基础如图2-2-3所示。

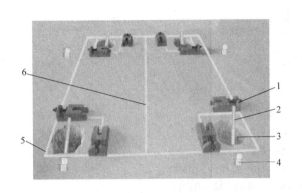

图2-2-3　基础施工验收合格，放置垫铁和地脚螺栓

1—在基础画线处放置8个移动式机床垫铁　2—在4个地脚螺栓孔内放置地脚螺栓　3—基础上4个地脚螺栓孔　4—8个地脚螺栓的螺母　5—基础画线　6—基础中心线与铣床中心线对中

图2-2-4　用叉车铲起铣床移动到图2-2-3所示基础旁边准备吊装到基础上

（4）X6132卧式铣床的安装就位方法

1）地脚螺栓先放入基础螺栓孔的吊装法，如图2-2-4所示。用4t的叉车铲起铣床底面，移动到图2-2-3所示基础旁边，再如图2-2-5所示在铣床吊耳处吊起，轻轻移动到图2-2-3所示的机床垫铁上方，使机床底座上4个安装孔对准地基上4个地脚螺栓孔，将4个地脚螺栓插入到铣床底座上的4个安装孔内，并拧上螺母。可以人工辅助，使铣床中心线对准图2-2-3基础上的中心线6，轻轻把铣床放在机床垫铁上，移走叉车。然后，再根据卧式铣床的落位情况，用撬杠调整卧式铣床的位置，注意不要使用猛力撬动，要

图2-2-5　用叉车吊起铣床的吊耳移动到基础上

轻轻地撬动，使卧式铣床的纵向中心线与安装基础上的纵向中心线进一步重合，铣床安装底座上的地脚螺栓孔与基础上的地脚螺栓孔对中，至此，X6132卧式铣床的初就位完成。

2）把地脚螺栓先插入底座螺栓孔的吊装法。这种安装方法如图2-2-6所示，吊起铣床后先把4个地脚螺栓插入到铣床底座上4个安装孔内，并拧上螺母，图2-2-3所示的地脚螺

栓孔中不再放入螺栓，轻轻移动铣床，把地脚螺栓对准基础上的螺栓孔中，把铣床放在机床垫铁上，移走叉车，其他同上所述。

特别说明，图 2-2-4 ～图 2-2-6 所示的铲运吊装方法需要注意的问题见模块二知识点和能力目标总结中的说明，在此略。

3）把地脚螺栓先放入基础螺栓孔后的滚筒安装法。基础施工好后，放置好垫铁和地脚螺栓，注意，基础上地脚螺栓孔的深度使地脚螺栓放入后，螺栓的上端略低于垫铁的上表面，之后吊起铣床放到滚筒上，然后，用滚筒把铣床移至基础上方并使位置正确，再抽出滚筒把铣床落在垫铁上。

2. X6132 卧式铣床的初平与基础二次灌浆

铣床初就位后，用水平仪对铣床进行初步调水平，对 8 个移动式机床垫铁进行调整，直到满足表 2-2-2 的第 1 项要求为止，至此，铣床安装就位后的初平调试完成。

然后，往基础上的地脚螺栓孔内灌混凝土，即实施二次灌浆，之后进行电气安装与初调。

图 2-2-6　用叉车吊起铣床吊耳后插
入地脚螺栓移动到基础上

图 2-2-7　安装精调试好的卧式铣床

（三）X6132 卧式铣床部件与附件的装配

为保证铣床的装配质量，X6132 卧式铣床在出厂时主机基本上已经装配完毕，只需装配立铣头、分度头、刀杆等附件。需组装的零部件应根据装配顺序清洗干净，并涂以润滑油脂。清洗一般用煤油、柴油或汽油清洗，如用热溶剂煤油清洗，加热温度不应超过 65℃，用机油清洗时，加热温度不能超过 120℃；用碱性清洗液清洗时，水温应加热到 60 ～ 90℃，之后再用清水干净，干燥后再上润滑油。零部件的组装应按照技术文件的规定进行，装配后，应先检查与装配有关的零部件的尺寸及配合精度，确认符合要求后方可投入使用。

三、任务要点总结

本任务要求机电设备安装人员根据铣床的特点，选择移动式机床垫铁和地脚螺栓安装，这类机电设备用于实际加工生产，要考虑承受各种负荷生产情况下的安装安全性，按照机床的安装技术规范正确地将其进行安装，以满足生产技术要求。

本任务论述了地脚螺栓先放入基础螺栓孔的吊装法、把地脚螺栓先插入底座螺栓孔的吊装法和用撬杠和滚筒移动机床的安装法，这些均是机电设备安装常用的方法。

四、思考与实训题

1. 简述铣床的结构特点。
2. 铣床的装配与车床相比有何异同？
3. 铣床在进行安装时，需注意哪些因素？

任务 2　X6132 卧式铣床电气安装与初调

知识点：
- X6132 卧式铣床电气控制原理图。
- X6132 卧式铣床各电气安装接线图及其图上主要元器件的参数计算。

能力目标：
- 熟悉 X6132 卧式铣床电气控制电路主要元器件参数计算，熟悉电气控制原理图。
- 掌握 X6132 卧式铣床的调试方法。

一、任务引入

X6132 卧式铣床共有三台电动机：一台是主轴电动机 M_1，型号为 Y132M-4-B5，额定功率 7.5kW，采用机械调速，由接触器倒相来改变主轴旋转方向，以适应顺铣与逆铣两种加工方式；一台是进给电动机，型号为 Y90L-4-B5，额定功率 1.5kW，实现工作台的快速进给；一台是冷却泵电动机，型号为 JCB，额定功率为 0.125kW，用来输送切削液。铣床主要电气技术参数见表 2-2-1。

表 2-2-1　铣床主要电气参数

序号	项目	规格
1	输入电源	(3~380V)(1±10%)(50±1)Hz
2	控制电源	~110V
3	照明电源	~24V
4	铣床总容量	11kW

二、任务实施

（一）X6132 卧式铣床电气控原理

X6132 卧式铣床电气控制原理图的画法和阅读与任务 1 所述 CDE6140 卧式车床的相似，在此不再论述。

1. 认识所用部分元器件

（1）熔断器　熔断器由熔体和熔座两部分组成。在正常情况下，熔体中通过额定电流时不熔断。当电流增大至某值时，熔体经过一段时间后熔断并熄弧，这段时间称为熔断时间。熔断器实物和图形符号如图 2-2-8 所示。

熔断器的选择及性能指标如下：

1）熔断器的技术参数包括：①额定电压；②额定电流；③极限分断能力；④熔体额定

电流。

2）熔断器的选择应考虑熔断器的类型及额定电压。熔体与熔断器额定电流根据下式确定：

$$I_{NF} = (1.5 \sim 2.5)I_{NM} \tag{2-2-1}$$

式中，I_{NF} 为熔体额定电流（A）；I_{NM} 为熔断器额定电流（A）。

（2）控制变压器 控制变压器用来提供与配电柜或者其他设备相适应的电压，满足电气元器件的电压要求，保证控制电路安全可靠，如图 2-2-9 所示。控制变压器主要根据所需要变压器容量及一次侧、二次侧的电压等级来选择。

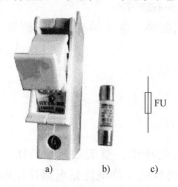

图 2-2-8　RT18 型熔断器实物和图形符号
a）实物图　b）内部熔体　c）图形符号

图 2-2-9　控制变压器

控制变压器可根据以下两种情况来确定其容量（最终取大值）：

1）根据控制电路在最大工作负载时所需要的功率确定容量。一般可按下式计算：

$$P_T \geqslant K_T \sum P_{xc} \tag{2-2-2}$$

式中 P_T 为变压器所需的容量（V·A）；K_T 为变压器容量储备系数，一般取 $1.1 \sim 1.25$；$\sum P_{xc}$ 为控制电路最大负载时工作的电器所需要的功率（V·A），对交流电器（如交流接触器、交流中间继电器及交流电磁铁等）$\sum P_{xc}$ 应取吸持功率值，一般认为，这些电器功率因数近似相等。

2）变压器的容量应保证部分电器已吸合的情况下还能起动吸合剩余电器。一般可按式（2-2-3）或按式（2-2-4）计算：

$$P_T \geqslant 0.65 \sum P_{xc} + 0.25 \sum P_{qs} + 0.125 K_t \sum P_{qd} \tag{2-2-3}$$

$$P_T \geqslant 0.6 \sum P_{xc} + 1.5 \sum P_{sT} \tag{2-2-4}$$

式中 $\sum P_{qs}$ 为所有同时起动的交流接触器、交流中间继电器在起动时所需要的总功率（V·A）；$\sum P_{qd}$ 为所有同时起动的电磁铁在起动时所需的总功率（V·A）；K_t 为电磁铁的工作行程与额定行程之比的修正系数：当 $L_g/L_e = 0.5 \sim 0.8$ 时，$K_t = 0.7 \sim 0.8$，当 $L_g/L_e > 0.9$ 时，$K_t = 1$；$\sum P_{xc}$ 为已吸合的电器所需要的功率；$\sum P_{sT}$ 为同时起动电器的总吸持功率。

（3）整流桥 整流桥的作用是通过二极管单向导通的特性将交流电转换为单向的直流电，包括半波整流、全波整流以及桥式整流等。

桥式整流器（整流桥）是由四只整流硅芯片作桥式连接，外用绝缘塑料封装而成。这种整流器有四个引脚直流输出端用"＋"或"－"标记，交流输入端用"～"标记，如图 2-2-10 所示。

图 2-2-10　整流桥及其电路符号

a）两种外形的整流集成块　b）整流块电路原理图

大功率整流桥在绝缘层外添加锌金属壳包封以增强散热。整流桥有扁形、圆形、方形、板凳形等。

设整流桥输入交流电压的有效值为 U_2，则主要参数如下：

1）输出电压平均值 $U_{O(AV)}$。

$$U_{O(AV)} = \frac{2\sqrt{2}}{\pi} U_2 = 0.9 U_2 \qquad (2\text{-}2\text{-}5)$$

2）整流二极管正向平均电流 $I_{D(AV)}$。在桥式整流电路中，整流二极管 VD_1、VD_3 和 VD_2、VD_4 是两两轮流导通的。因此，流过每个整流二极管的平均电流是电路输出电流平均值的一半，即

$$I_{D(AV)} = \frac{I_0}{2} = \frac{0.45 U_2}{R_L} \qquad (2\text{-}2\text{-}6)$$

式中，R_L 为负载电阻。

3）最大反向电压 U_{RM}。桥式整流电路因其变压器只有一个二次绕组，在 U_2 正半周时，VD_1、VD_3 导通，VD_2、VD_4 截止，此时 VD_2、VD_4 所承受的最大反向电压为 U_2 的最大值，即

$$U_{RM} = \sqrt{2} U_2 \qquad (2\text{-}2\text{-}7)$$

2. 电路原理分析

如图 2-2-11 所示，主电路有三台电动机，其中 M_1 为主轴电动机，M_2 为工作台进给电动机，M_3 为冷却泵电动机。QS 为电源开关，各电动机的控制过程如下：

主轴电动机由接触器 KM_1 控制起动、停止，组合开关 SA_3 控制正反转，通过机械机构和接触器进行变速制动控制，由升降台和床身上的按钮 SB_1、SB_2、SB_3、SB_4 进行两地操作。

工作台进给电动机 M_2 由接触器 KM_3、KM_4 控制，并由快速电磁铁 YC_3 决定工作台移动速度，YC_3 接通为快速，断开为慢速。正反转接触器 KM_3、KM_4 是由两个机械操纵手柄控制的。一个是纵向操纵手柄，另一个是垂直与横向操纵手柄。这两个机械操纵手柄各有两套，分别设在铣床工作台正面与侧面，实现两地操作。

冷却泵电动机 M_3 由组合开关 SA_4 控制，单方向运转。

控制电路电压为 127V，由控制变压器 TC 供给。

3. 联锁与保护

1）进给运动与主运动的顺序联锁。

2）工作台各运动方向的联锁。

3）长工作台与圆工作台间的联锁。

4）保护环节如下：

① 熔断器 FU_1、FU_2、FU_3、FU_4、FU_5、FU_6 实现相应电路的短路保护。

② 热继电器 FR_1、FR_2、FR_3 实现相应电动机的长期过载保护。

③ 断路器 QS 实现整个电路的过电流、欠电压等保护。

④ 工作台6个运动方向的限位保护采用机械与电气相配合的方法来实现。

⑤ 打开电气控制箱门断电的保护。

（二）X6132 卧式铣床的电气接线与通电调试

1. 电气接线

根据图 2-2-11、图 2-2-12、图 2-2-13 接线，所有接线应连接可靠，不得松动，安装完毕后即可接入电源线，在此不再详述，对照原理图和接线图认真检查，有无错接、漏接现象。若正确无误，即可准备通电试车。

2. 电动机 M_1 的调试

主轴电动机 M_1 的控制：

1）起动：SB_3（或 SB_4）。

2）停车制动：SB_1（或 SB_2）+ YC_1（制动）。

主轴电动机 M_1 变速冲动：

拉开变速盘→转动变速盘→推进变速盘→SQ_5 动作→KM_1 通电→M_1 瞬时动作→齿轮抖动，齿轮顺利啮合

3. 电动机 M_2 的调试

直线运动工作台有三个方向的机动调试：纵向（左右）进给运动，横向（前后）进给运动，垂直（上下）进给运动。

（1）纵向（左右）进给运动控制

1）向右进给运动。手柄（扳向右）→ SQ_1→KM_3 动作→M_2 正转→接通纵向丝杠→向右进给运动。

2）向左进给运动。手柄（向左扳）→ SQ_2→KM_4 动作→M_2 反转 →接通纵向丝杠→向左进给运动。

（2）工作台垂直和横向进给（控制）

1）向上（后）进给运动。手柄向上（后）扳→压合 SQ_3→KM_3 动作→M_2 正转→接通垂直或横向丝杠→工作台向上或向后进给。

2）向下（前）进给运动。手柄向下（前）扳→压合 SQ_4→KM_4 动作→M_2 反转→接通垂直或横向丝杠→工作台向下或向前进给。

（3）进给变速冲动

与主轴变速一样，保证进给变速后的齿轮良好啮合，变速手柄 + SQ_6。

拉开变速盘→转动变速盘→推进变速盘→SQ_6 动作→KM_3 通电→M_2 瞬时动作→齿轮抖动，齿轮顺利啮合。

（4）冷却电动机 M_3 的调试

如图 2-2-11 所示，在主轴电机工作状态下，旋转组合开关 SA_4 冷却泵电机 M_3 带电旋转，带动冷却泵抽出切削液，再旋转组合开关 SA_4 冷却泵电机 M_3 断电，停止抽切削液。

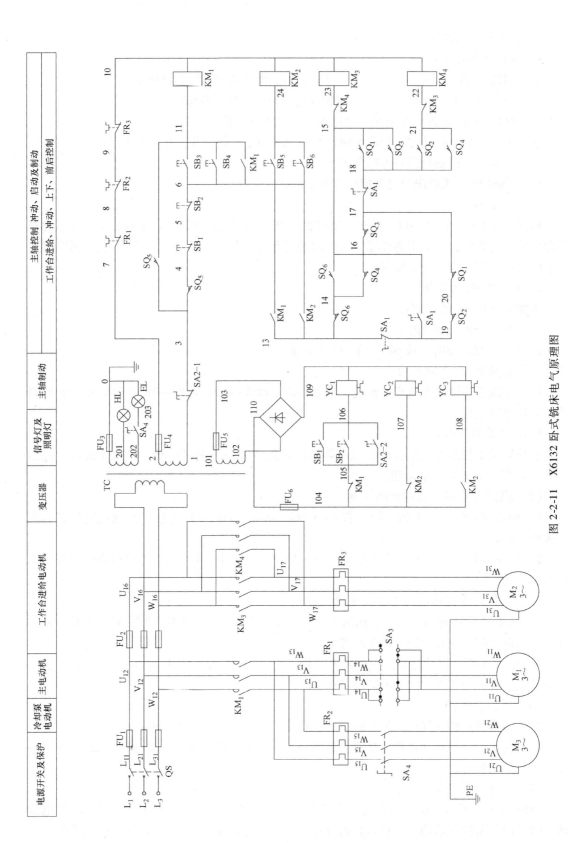

图 2-2-11　X6132 卧式铣床电气原理图

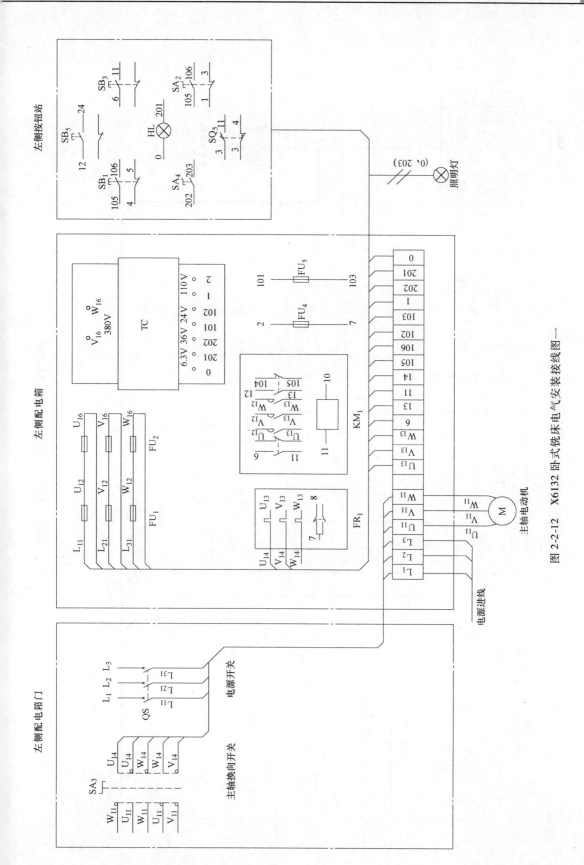

图 2-2-12　X6132 卧式铣床电气安装接线图一

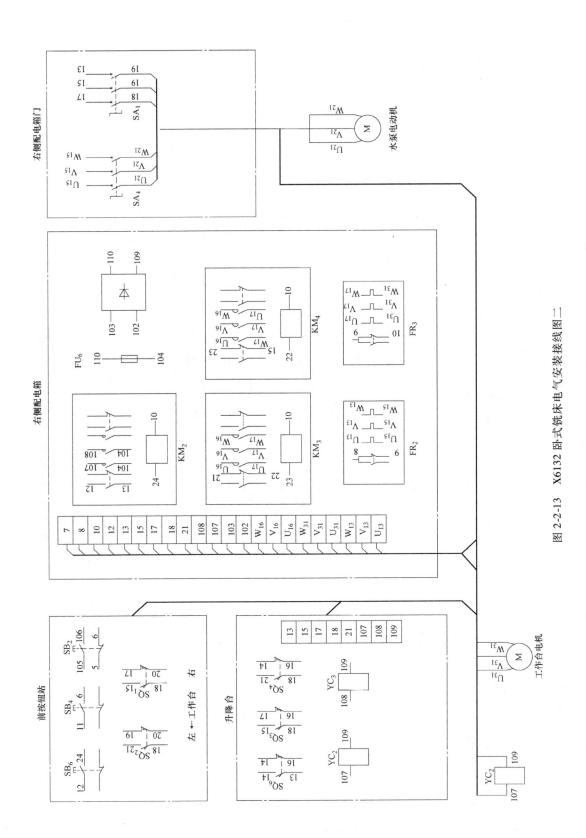

图 2-2-13 X6132 卧式铣床电气安装接线图二

三、任务要点总结

本任务以 X6132 卧式铣床的电气安装调试为案例，介绍了相关的几种电气设备的参数计算，对照电气控制原理图，进行铣床电气控制功能分析，弄清楚电气控制原理图与功能之后，再熟悉电气安装接线图，最后论述了机电联合调试的控制原理和步骤。

四、思考与实训题

1. X6132 卧式铣床的保护措施有哪些？
2. X6132 卧式铣床的进给运动有哪些？

任务 3　X6132 卧式铣床机电联合调试与验收

知识点：
- 使用安装工具和调试仪器对卧式铣床进行安装和调试。
- 卧式铣床试运行的规范、试车步骤，并做好试车记录。
- 卧式铣床调试过程中的疑难故障。

能力目标：
- 能够做好卧式铣床试车的准备工作，掌握 X6132 卧式铣床试车的基本操作技能。
- 掌握卧式铣床试车的检查和故障判断方法。
- 掌握机床调试的技能，并能排除调试过程中的一般故障。
- 能够对于调试完成的机床进行验收。

一、任务引入

X6132 卧式铣床机械安装初平、初步通电调试完毕无误后，为保证其达到应有的运行加工精度，需要对其进行机电联合精度测试、运行调试和切削加工测试，合格后出具检验报告并存档作为维修参考依据，最后验收移交给生产部门投入生产。

二、任务实施

（一）落实精度测试项目

X6132 卧式铣床出厂前已经进行了精度调试和加工运行测试，出具的合格证明书上的16 个精度测试项目全部合格，用户购买安装初平并初步通电调试正常后，有四类不同特点的测试项目。现落实必须进行检测的项目、原则上需要进行检测的项目和工作精度检测项目，按表 2-2-2 所示内容逐项进行检测与调整。

表 2-2-2　落实 X6132 卧式铣床检测项目

序号	测试项目	允差	实测误差值
1	工作台纵横方向水平度*	纵向任意 1000mm 长度上为 0.03mm （只许中凹）	0.02mm
		横向在全行程上为 0.02mm （只许中凹）	0.015mm

（续）

序号	测试项目	允差	实测误差值
2	工作台横向移动在全行程内对主轴回转中心的平行度*	下素线：0.03mm	0.02mm
		侧素线：0.02mm	0.01mm
3	升降台在全行程上移动对工作台面的垂直度检测与调整*	在与T形槽平行的平面内：0.03mm	0.02mm
		在与T形槽垂直的平面内：0.02mm	0.015mm
4	工作台纵向移动在全行程内对工作台面的平行度**	0.03mm	0.02mm
5	工作台横向移动在全行程内对工作台面的平行度**	0.03mm	0.02mm
6	工作台中央T形槽侧面对工作台纵向移动在全行程内的平行度**	0.035mm	0.03mm
7	图2-2-23所示轴上两个圆柱面上的键槽★	宽度变为12mm的键槽相对于A-B的对称度不大于0.03mm	0.02mm
		宽度为8mm的键槽相对于A-B的对称度不大于0.03mm	0.02mm

（二）对检测项目进行检测与调整

1. 工作台纵横方向的水平度检测与调整

如图2-2-14所示，在工作台纵向放置水平仪，在任意1000mm长度上测试，水平度应不大于0.03mm，若超差，用扳手轻微调整可移动机床垫铁的螺栓，直至水平度合格。如图2-2-15所示，在工作台横向放置水平仪测试横向水平度，调整方法同上。

图2-2-14　工作台纵向水平度检测图　　　　图2-2-15　工作台横向水平度检测图

2. 工作台横向移动对主轴回转轴线的平行度检测与调整

如图2-2-16、图2-2-17所示，在工作台面上放百分表座，表针分别指在回转主轴测试棒的下素线和侧素线上，在全行程上横向移动工作台，观测其偏差不超过表2-2-2中对应的允差。

若图2-2-16超差，则调整垂直导轨的镶条；若图2-2-17超差，则调整横向导轨的镶条，直到满足精度要求为止。

图 2-2-16　工作台横向移动对主轴　　　　　图 2-2-17　工作台横向移动对主轴

下母线的平行度测试与调整方法　　　　　　　侧母线的平行度测试与调整方法

3. 升降台移动对工作台面的垂直度测试与调整方法

如图 2-2-18 所示，在工作台上放置钢制直角尺，直角尺长直角边测试面平行于 T 形槽方向，把百分表座固定在立柱导轨上，百分表表头指向直角尺测试面，手动在全行程上下移动工作台，测试升降台在全行程上在与 T 形槽平行的平面内对工作台面的垂直度，全行程上允许误差满足表 2-2-2 相应允差要求；若超差则调整立柱导轨上的镶条，直到满足精度要求为止。

如图 2-2-19 所示，在工作台上放置钢制直角尺，直角尺长直角边测试面垂直于 T 形槽方向，把百分表座固定在立柱导轨上，百分表表头指向直角尺测试面，手动在全行程上上下移动工作台，测试升降台在全行程上在与 T 形槽垂直的平面内对工作台面的垂直度，全行程上允许误差满足表 2-2-2 相应允差要求；若超差则调整立柱导轨上的镶条，直到满足精度要求为止。

4. 工作台纵向移动在全行程内对工作台面的平行度检测与调整

如图 2-2-20、图 2-2-21 所示，把百分表座固定在悬梁导轨上，表针指在工作台面上，再纵向移动工作台，观测其偏差不超过表 2-2-2 中的允差，若超差，则调整垂直导轨的镶条，直到满足精度要求为止；再横向移动工作台，观测其偏差不超过表 2-2-2 中的允差，若超差，也调整垂直导轨的镶条，直到满足精度要求为止。

5. 工作台横向移动在全行程内对工作台面的平行度检测与调整

如图 2-2-22 所示，把百分表座固定在悬梁导轨上，工作台 T 形槽中放专用工具贴近一侧面，表针指在工具一个垂直的平面上，在全行程上横向移动工作台，观测其偏差不超过表 2-2-2 中相应的允差。若超差，则调整纵向导轨的镶条，直到满足精度要求为止。

图 2-2-18　测试调整升降台与 T 形槽
平行的平面内的垂直度

图 2-2-19　测试调整升降台与 T 形槽
垂直的平面内的垂直度

图 2-2-20　测试调整工作台纵向移动在
全行程内对工作台面的平行度

图 2-2-21　测试调整工作台横向移动在全
行程内对工作台面的平行度

（三）对加工零件精度检测项目进行检测与调整

X6132 卧式铣床调试完毕，在进行无负荷调试结束后，为了全面检查 X6132 卧式铣床的安装精度与工作的可靠性，应对该铣床进行带负载试车检验。按铣床调试精度要求合理选择试切毛坯，用户也可根据生产实际情况，选择合适的零件进行试加工。例如，选择图 2-2-23 所示某阶梯轴上的键槽为铣削对象，加工完毕后，按照该零件的技术要求进行精度检测。机床试加工运行结束，经检测各项精度符合要求后，验收人员在机床验收合格单上签字，X6132 卧式铣床安装、调试与验收结束，铣床即可投入使用。

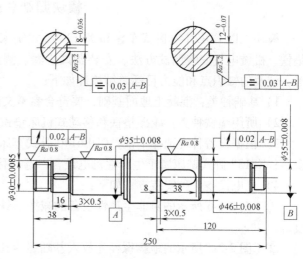

图 2-2-22　测试工作台在纵向移动
全行程内对 T 形槽侧面的平行度

图 2-2-23　X6132 卧式铣床检测标准试件

三、任务要点总结

本任务介绍了 X6132 卧式铣床机电联合调试与精度测试验收事项，要求安装调试人员熟悉表 2-2-2 项目的含义，具备安装钳工的基本知识，会正确使用各种检测工具，掌握 X6132 卧式铣床精度调试方法，能根据工艺需要选择合适的零件进行切削加工、精度测试与验收。

四、思考实训题

1. X6132 卧式铣床开箱、清点、检查与验收要做好哪些工作？

2. X6132 卧式铣床机械部分的调试内容有哪些？

3. X6132 卧式铣床电气部分的调试内容有哪些？

4. X6132 卧式铣床附件部分的安装与调试内容有哪些？

5. 现有一台卧式铣床，已经按照要求将其安装到车间的正确位置上，现在需要对其机械精度进行调试，为其制订调试和验收方案。

项 目 小 结

本项目以 X6132 卧式铣床的安装调试为案例，论述了卧式铣床电气控制原理图和电气安装接线图的意义，机床及其电气安装的技术规范。要求调试人员会使用各种检测工具，能采用三种方法进行安装和测试调整，协助做好基础施工与验收工作，配合起重工进行设备就位，理解卧式铣床安装测试四类项目的划分、特点，掌握 X6132 卧式铣床精度调试方法及机床验收标准。

模块归纳总结

模块二以 CDE6140 卧式车床和 X6132 卧式铣床为案例，论述了两种设备的基础、所用垫铁、机械电气安装调试方法、安装调试步骤、测试项目的分类及其特点、测试调试方法等，涉及的知识点和能力目标总结梳理如下：

1）基础种类：混凝土地面基础，要符合参考文献［1］的要求。

2）所用垫铁种类：减振垫铁和移动式机床垫铁，分别为 8 个和 4 个。

3）根据设备种类选择垫铁：CDE6140 卧式车床属于非生产性机电设备，选择减振垫铁安装；X6132 卧式铣床属于生产性机电设备，选择移动式机床垫铁和地脚螺栓安装。

4）机电设备 7 种安装方式如下：

① 图 2-1-6 所示的对非生产性设备的减振垫铁安装法，要求先把多个垫铁调到同样高度。

② 图 2-2-5 所示的地脚螺栓先放入基础螺栓孔的吊装法，要求螺栓上端最好稍低于垫铁上平面，安装更方便。

③ 图 2-2-6 所示的把地脚螺栓先插入机床底座上螺栓孔的吊装法，上螺栓时注意安全，落放机床时可人工把螺栓拨入基础上地脚螺栓空中。

特别说明：图 2-2-5 和图 2-2-6 所示的吊装方法，只适用于机电设备离基础比较近的场合，若距离基础较远则需要先用叉车把设备铲起搬运到基础近处再用这两种方法吊装。因为这两种吊装方法在移动机床过程中设备容易晃动，甚至钢丝绳滑动使设备发生倾斜，严重时易发生事故。尤其是较长距离搬运中，速度快设备容易晃动甚至发生倾斜；速度慢则影响劳动生产率。而近距离吊装慢速移动比较安全，可以保证设备安装顺利。

④ 图 1-1-10 和图 1-1-11 所示的撬杠和滚筒移动机床的安装法，同②一样先把地脚螺栓放入基础空中，螺栓上端要稍低于垫铁上平面，安装可行。

⑤ 模块三中图 3-1-4 ~ 图 3-1-7 所示的先放好机床后把地脚螺栓向下插入孔中再向上插入机床底座螺栓孔的安装法，地脚螺栓上端要稍低于垫铁上平面，安装可行。

⑥ 模块四中图 4-1-7 ~ 图 4-1-9 所示（或图 4-2-13 ~ 图 4-2-16）三支撑吊装安装法适用于带光栅位移传感器的精密机电设备的安装。

⑦ 模块五中图 5-1-12 ~ 图 5-1-15 所示的滚筒移动设备吊装安装法，适用于半闭环控制（不带光栅位移传感器）的精密机电设备安装。

5）以 GB 50271—2009 为依据把机床精度分为安装调整精度、几何精度和工作精度，相应地把机床安装后的测试项目分为：

① 第一类测试项目：必须进行测试的项目，在表 2-1-4 中注明"＊"的项目。

② 第二类测试项目：原则上需要进行测试的项目，在表 2-1-4 中注明"＊＊"的项目。

③ 第三类测试项目：原则上不需要进行检测的项目，在表 2-1-4 中注明"●"的项目。

④ 第四类测试项目：在表 2-1-4 中注明"★"的项目。

6）掌握图 2-1-11、图 2-1-12 和图 2-2-11 ~ 图 2-2-13 所示的电气控制原理图、电气安装平面布置图和电气安装接线图的作用和画法。

7）因 CDE6140 卧式车床电气元器件较少，有了电气安装平面布置图之后直接根据电气控制原理图接线即可，省去了电气安装接线图；而 X6132 卧式铣床相对 CDE6140 卧式车床电气元器件较多，接线较复杂，所以，需要有电气安装接线图以方便接线，而省去了电气安装平面布置图。通过对普通机电设备的基础、所用垫铁、安装方法、安装步骤、测试项目的分类及其特点、测试调试方法的学习，使传统知识点和能力目标得以延伸，并且可以把这些方法推广到其他普通机电设备上。

模块三 CK6140型数控车床的安装与调试

该模块论述了CK6140型数控车床的安装技术要求、安装过程、安装精度测试、检测性操作功能的调试方法、试车验收等内容；同时也介绍了机床安装过程中常用的安装工具、检测仪器以及机床在安装调试过程中的基本知识点和应掌握的基本技能。

项目一 CK6140型数控车床的安装

项目描述

本项目讲述了CK6140型数控车床机械部分安装前的准备工作、安装基础及安装步骤；介绍了CK6140型数控车床电气部分安装所包含的内容、三相电与地线的安装技术和步骤及初步通电调试。

学习目标

1. 掌握CK6140型数控车床正确的开箱方法，细心清点检查，妥善保管零部件及技术文件。

2. 能根据安装图、说明书和有关资料，正确拟订CK6140型数控车床的安装工艺。

3. 能够配合起重工将车床搬运到安装的正确位置。

4. 能够对车床的基础进行检查，画出基础中心线并正确放置车床。

5. 能够正确使用安装工具对CK6140型数控车床的机械部分进行安装。

6. 按照CK6140型数控车床技术文件或图样要求正确安装零部件，并测量有关数据，使安装质量达到相应的技术要求。

任务1 CK6140型数控车床机械部分的安装与初平

知识点：

● CK6140型数控车床开箱后的清点检查及零部件保管与管理。

● CK6140型数控车床安装图的识读和安装施工方案的制订。

● CK6140型数控车床的基础安装图、部件图的识读，各部件之间的关系，正确的安装步骤。

能力目标：

● 掌握CK6140型数控车床正确的开箱方法，细心清点检查，妥善保管零部件及技术文件。

● 能够根据基础安装图、说明书和有关资料，正确拟订CK6140型数控车床的安装工艺。

● 能够按照CK6140型数控车床技术文件或图样要求正确安装零部件，并测量有关数据，使安装质量达到相应的技术要求。

一、任务引入

图 3-1-1 所示为 CK6140 型数控车床，它是一种高性能、通用性强的数控车床，由主传动系统、进给传动系统、自动刀架、数控装置、床身导轨、尾座等部分组成，主要用于轴类、盘类零件的半精加工和精加工，可以车削内、外圆柱表面、锥面、螺纹、镗孔、铰孔以及加工各种曲线回转体，从而完成内、外圆柱表面、端面、台阶面、锥面、球面、槽、公制和英制螺纹等的自动加工，适用于仪器仪表、轻工、机械、电子电器及航空航天等行业的各种回转体零件的大批量、高效率加工。此外，CK6140 型数控车床也是各类职业学校进行实训的理想数控设备。CK6140 型数控车床整机购买到位后，其安装与调试质量

图 3-1-1　CK6140 型数控车床
1—地脚螺栓孔　2—底座

的好坏直接影响设备的性能和使用寿命。因此，必须制订正确的安装施工方案、安装步骤、齐全的调试项目和验收标准，并且应遵循一般的机床安装基本工艺流程。

二、任务实施

CK6140 型数控车床机械部分的安装、调试程序和技术规范基本上同模块二项目一CDE6140 型卧式车床相似，此处不再论述。

1. CK6140 型数控车床安装前的准备工作

CK6140 型数控车床运抵安装现场后，将车床的包装箱打开，进行开箱清点，以待检查和安装。同时，根据装箱单清点车床的附件与配件是否齐全，填写车床开箱检查记录单。具体内容参考模块二项目一任务 1CDE6140 型卧式车床的开箱检查、附件清点步骤。

2. CK6140 型数控车床安装基础的处理与车间布置

（1）CK6140 型数控车床安装基础的处理　根据生产厂家设计要求，每台 CK6140 型数控车床都需要一个坚固的基础，以承受设备的自重和设备运转时产生的载荷和振动。CK6140 型数控车床须用地脚螺栓或防振垫铁安装在坚固的基础上，地基基础为混凝土，其厚度可通过理论计算机床质量和承重面积来确定。例如，CK6140 型数控车床净重 1850kg，根据使用说明书，基础厚度取 400mm。基础由土建部门负责施工，机床安装人员应根据机床说明书等有关资料协助并指导基础施工，确定机床的具体摆放位置、管线预理走向等有关技术要求，对基础工程进行全面检查与验收。厂家提供的 CK6140 型数控车床地基尺寸如图 3-1-2 所示。其中尺寸为 930mm×730mm 的方框和尺寸为 630mm×665mm 的方框表示基础的尺寸，尺寸为 480mm×550mm 的方框表示基础上 4 个地脚螺栓空的位置尺寸，覆盖这 4 个地脚螺栓空并且尺寸小于 930mm×730mm 的方框是车床底座的外形。右边部分的意义与此相似。

根据图 3-1-2 在车间做成基础，基础之外部分应用混凝土做成比基础薄的地面，这样就得到图 3-1-3 所示的平整地面，图 3-1-3 是根据图 3-1-2 和机床垫铁的尺寸画出的，图 3-1-3 的主要作用是正确放置机床垫铁，垫铁端部和侧边与该图有关线齐平，因为机床垫铁位置准确了，调整的高度比较小并且调整量一致，便于保证调整测试机床安装精度。

基础验收的具体工作是由安装人员和施工部门根据技术文件和技术规范，对基础工程进行全面检查与验收，具体检查内容如下：

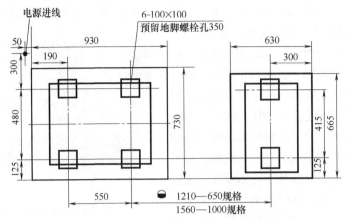

图 3-1-2 CK6140 型数控车床地基尺寸图

1）基础的几何尺寸必须符合上述图样要求。

2）检查基础混凝土的强度应符合机床的安装和使用要求。

基础验收合格后，CK6140 型数控车床安装基础处理完毕。

（2）CK6140 型数控车床在车间的布置方案 由于 CK6140 型数控车床是回转类工件加工机床，加工时切屑是飞溅的。为避免加工时切屑飞出伤人，CK6140 型数控车床在车间采用机群式倾斜布置方案。

3. CK6140 型数控车床的就位

CK6140 型数控车床的就位是把车床搬运到指定的安装基础上。在图 3-1-3 所示基础上放置好可调垫铁，不放地脚螺栓，用 3t 的液压叉车作为搬运工具，先将 CK6140 型数控车床铲离地面，然后放到垫铁上，如图 3-1-4 所示，慢慢下放液压叉车，使数控车床慢慢就位，移走液压叉车，再用撬杠调整数控车床的位置。注意不要使用猛力撬动，而是要轻轻地撬动，使数控车床的纵向中心线与安装基础上的纵向安装基础线重合，横向使地脚螺栓孔对中。

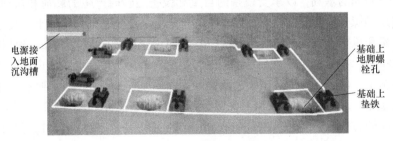

图 3-1-3 CK6140 型车床基础施工后放置垫铁图

如图 3-1-5 所示，把地脚螺栓向下插入地基孔中，再向上插入车床底座的螺栓孔中，拧上螺母，所有地脚螺栓都按此方法安装好。然后对车床进行初调水平，如图 3-1-6 所示。至此，CK6140 型数控车床的就位完成。如图 3-1-7 所示，把搅拌好的混凝土浇灌到螺栓孔中，即进行二次灌浆，二次灌浆 7 ~ 10 天后，进入项目二机电联合调试过程。

图 3-1-4　用叉车将数控车床正确就位

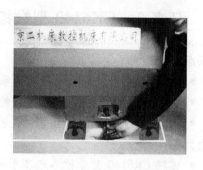

图 3-1-5　安装地脚螺栓并拧上螺母

图 3-1-6　用扳手 1 拧动垫铁
螺栓对车床初调平

图 3-1-7　对地脚螺栓孔
进行二次灌浆

4. CK6140 型数控车床机械部件与机床附件的装配

根据机床的大小，机床生产厂家对比较小的数控机床一般是装配好整体装箱，对较大的数控机床是附件（如自定心卡盘、尾架等）与整体分开装箱，用户需自行装配。本项目中，CK6140 型数控车床自定心卡盘与车床主体整体已装配好，但尾架是分开装箱的，需要用户自行装配。

三、任务要点总结

本任务介绍了 CK6140 型数控车床安装前的准备工作、安装基础的要求，以图 3-1-2 所示 CK6140 型数控车床地基尺寸图和机床垫铁尺寸为依据画出图 3-1-3 所示的 CK6140 型车床基础施工后放置垫铁图，这些知识点对高质量的机床安装具有现实意义。CK6140 数控车床的就位和机床的机械安装步骤如图 3-1-4 ~ 图 3-1-7 所示这是一种典型的安装方法，为 CK6140 数控车床后续电气部分的安装奠定了基础。

四、思考与实训题

1. CK6140 型数控车床安装前的准备工作有哪些？

2. 某企业根据生产的需要，购进一批 CK6150 型数控车床，需要安装地脚螺栓，为其制订正确的安装方法及安装方案。

任务 2　CK6140 型数控车床电气部分的安装与初步通电

知识点：
- CK6140 型数控车床电气控制系统的工作原理。
- CK6140 型数控车床电气部分的原理及各个系统的电气控制原理图识读。
- CK6140 型数控车床电气设备总互联图的识读和正确的安装步骤。

能力目标：
- 掌握 CK6140 型数控车床各个电气元器件的功能并正确安排其位置。
- 能够根据 CK6140 型数控车床电气设备总互联图进行设备之间连接，对电气设备正确布线。

一、任务引入

CK6140 型数控车床电气控制系统如图 3-1-8 所示，车床电气设备总互联图如图 3-1-9 所示。因该系统比较复杂，CK6140 型数控车床的电气控制原理图分为 4 部分，以下论述 CK6140 型数控车床电气控制部分的安装与调试。

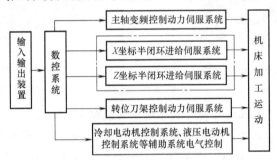

图 3-1-8　CK6140 型数控车床电气控制系统图

二、任务实施

（一）CK6140 型数控车床总体电气设备及进线选择

在图 3-1-10 中，M_1 为 CK6140 型数控车床的主电动机，型号为 YP-50-5.5-4-B5，功率为 5.5kW，采用 F1500-P0075T3B 型、功率为 3.7kW 的变频器调速；在图 3-1-11 中，X 坐标伺服进给电动机型号为 110BYG5802，驱动器型号为 S112；Z 坐标伺服进给电动机型号为 30BYG5991，驱动器型号也为 S112；两个坐标进给电动机的总功率为 1.5kW；在图 3-1-12 中，转位刀架电动机的型号为 JD120，功率为 0.12kW；在图 3-1-13 中，冷却泵为 AB-25 型，其电动机功率为 0.09kW；液压电动机不用。机床的主要电气技术参数见表 3-1-1。根据机床总容量选择截面积不小于 4mm² 的铜导线作为机床总电源输入线，采用第二种形式的三相四线制电源，从电源引线沟接至机床配电箱底侧的孔并引入配电箱，并同时接好机床接地线，保证机床可靠接地，以防发生意外触电事故。

（二）CK6140 型数控车床电气控制图分解

CK6140 型数控车床电气部分安装图具体包括以下几个方面：机床电气总互联图（图 3-

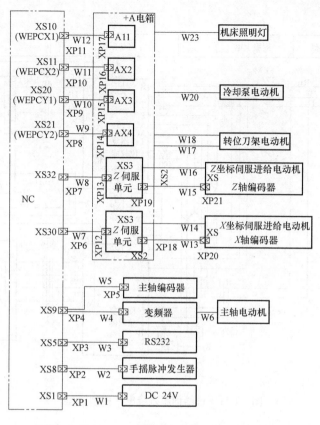

图 3-1-9　CK6140 型数控车床电气设备总互联图

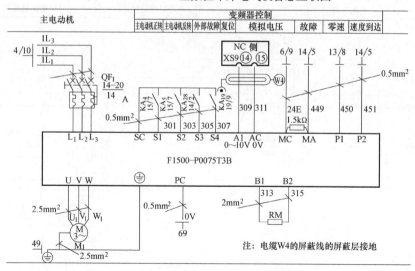

图 3-1-10　主轴伺服系统电气控制原理图

1-9)、主轴伺服系统电气控制原理图（图 3-1-10）、进给伺服系统电气控制原理图（图 3-1-11）、转位刀架电气控制原理图（图 3-1-12）、冷却泵电动机电气控制原理图（图 3-1-13）。

　　根据以上四个部分的电气控制原理图，对 CK6140 型数控车床进行电气安装接线，如图 3-1-14 和图 3-1-15 所示。

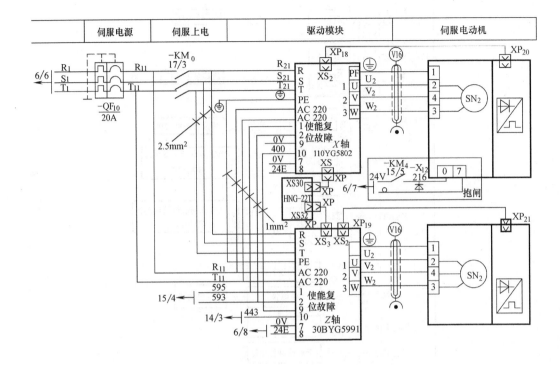

图 3-1-11　进给伺服系统电气控制原理图

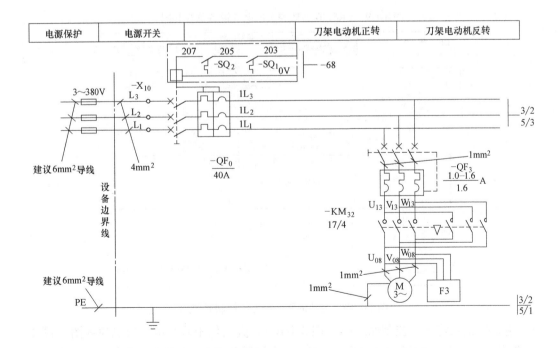

图 3-1-12　转位刀架控制原理图

注：点画线框内根据具体要求选用。

表 3-1-1 机床的主要电气技术参数

序号	项目	规格
1	输入电源	（3～380V）（1±10%）（50±1）Hz
2	控制电源	AC380V
3	照明电源	AC36V
4	机床总容量	10.91kV·A

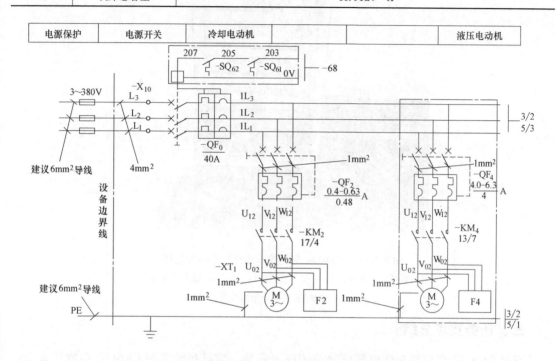

图 3-1-13 冷却泵电动机电气控制原理图

注：点画线框内根据具体要求选用。

图 3-1-14 来自电气控制柜的动力电路接入数控车床电气控制柜

1—CK6140 型数控车床电气控制柜　2—接入电气控制柜的 L_1、L_2、L_3、PE 四根导线

3—来自配电柜输出的导线插入钢管放在水泥地面的沟槽中

如图 3-1-14 所示，输入电源线穿过铁管置入水泥地面的沟槽中，以便移动设备时方便输入电源线的移动；对于一些固定设备，用水泥抹在铁管上面，与地面抹平，这样做就不方便移动输入电源线了。

如图 3-1-15 所示，把输入电源线 L_1、L_2、L_3 接到接线端子排上，PE 线接到电气控制柜的外壳上。

图 3-1-15 CK6140 型数控车床电气接线安装图
1—数控车床电气控制柜 2—三相电 L_1、L_2、L_3 接入接线端子
3—地线 PE 接到控制柜外壳

三、任务要点总结

通过 CK6140 型数控车床电气部分的读图、安装，学员初步掌握 CK6140 型数控车床电气控制原理图及电气位置图的阅读及分析方法，掌握机床总电源引入线的选择方法、电气部分的安装步骤及注意事项。

四、思考与实训题

1. CK6140 型数控车床电气系统主要包括哪几部分？
2. CK6140 型数控车床布线时应注意哪些方面？

项 目 小 结

因数控机床电气设备较多且分布在不同位置，所以需要电气设备总互联图。本项目要求安装人员识读 CK6140 型数控车床电气设备总互联图的画法、安装技术要求。其次，了解起重和土建施工方面的简单知识，能根据工艺规程确定设备的安装位置，协助做好基础施工与验收，配合起重工进行设备就位。掌握图 3-1-4 ~ 图 3-1-7 所示的地脚螺栓安装方法，能对 CK6140 型数控车床的机械部分和电气部分进行正确布线、接线和安装，掌握数控车床电气接线接入设备电气控制柜接线端子的方法。

项目二　CK6140 型数控车床的机电联合调试与试车加工

项目描述

本项目主要讲述 CK6140 型数控车床的检测性操作功能调试及通电调试，包括动力伺服系统的调试、行程开关的调试、润滑泵运行的调试、试车加工精度的测试与调试等方面的内容，并介绍它们的调试方法与调试步骤。

学习目标

1. 掌握 CK6140 型数控车床功能及其调试方法与步骤。
2. 掌握 CK6140 型数控车床通电试车的测试方法与步骤
3. 掌握 CK6140 型数控车床基本的检测性操作功能调试、编程运行方法与步骤。
4. 掌握 CK6140 型数控车床安装后的精度测试步骤、试车加工精度测试步骤。

任务 1　CK6140 型数控车床安装后精度测试与调整

知识点：

● CK6140 型数控车床安装后精度测试项目的调整方法。

能力目标：

● 掌握 CK6140 型数控车床安装后精度测试项目所用工具、检验步骤和数据处理方法。

● 掌握 CK6140 型数控车床安装后精度测试项目调整工具、调整步骤和机、电联合调试方法。

● 掌握 CK6140 型数控车床检测性操作功能调试的操作步骤和方法，并由操作结果判断故障。

一、任务引入

CK6140 型数控车床机械安装初调平、电气安装通电初步调试完毕无误后，为保证其达到应有的运行加工精度，需要对其进行机、电联合运行调试和切削加工精度测试，合格后出具检验报告并存档，作为以后维修的参考依据。本数控车床与 CDE6140 型卧式车床相比，有着不同的精度测试项目和调试方法，需专门介绍。

二、任务实施

（一）CK6140 型数控车床机械安装精度测试前的准备工作

按照《金属切削机床安装工程施工及其验收规范》，CK6140 型数控车床安装进行初调平、二次灌浆约 7~10 天后，浇灌的混凝土已完全凝固，可进行设备的精调。车床生产厂家提供了表 3-2-1 所列的精度测试项目，各个项目的特点同 CDE6140 型车床一样，现按照必须进行测试的项目和原则上需要进行测试的项目介绍测试调整方法。

（二）CK6140 型数控车床的机械安装精度测试

表 3-2-1　CK6140 型数控车床安装后的精度测试项目

序号	测试项目	公差	实测误差值
1	床身导轨调水平与直线度*	纵向：在垂直面内直线度：0.02mm（只许中凸）	0.015mm
		水平度：不大于 0.04mm/1000mm	0.03mm/1000mm
2	中拖板导轨调水平与前、后导轨的平行度*	前后导轨平行度：0.04mm/1000mm	0.02mm/1000mm
		水平度：0.03mm/1000mm	0.03mm/1000mm
3	溜板移动在水平面内的直线度*	0.03mm	0.015mm
4	主轴轴线对溜板纵向移动的平行度*（在距离主轴端部 300mm 长度内）	侧母线：0.015mm	0.012mm
		上母线：0.02mm	0.015mm
5	两坐标反向间隙*	X 坐标：0.015mm	0.010mm
		Z 坐标：0.020mm	0.015mm
6	X、Z 两坐标在任意 300mm、500mm 长度上重复定位误差*	X 坐标：0.010mm	0.005mm
		Z 坐标：0.02mm	0.010mm
7	尾座套筒中心线对溜板的平行度**	侧母线：0.02mm	0.01mm
		上母线：0.04mm	0.02mm
8	尾座套筒与主轴中心连线对溜板的平行度**	侧母线：0.02mm	0.015mm
		上母线：0.03mm	0.02mm
9	大丝杠轴向窜动**	0.015mm	0.012mm
10	主轴端部径向跳动●	0.01mm	0.008mm
11	主轴端面轴向窜动●	0.02mm	0.016mm
12	主轴中心线的径向跳动●（在距离主轴端部 300mm 长度内）	离端部 300mm 处：0.02mm	0.016mm
		端部：0.01mm	0.008mm
13	主轴与尾座两顶尖等高度●	尾座顶尖与主轴顶尖高度差不大于 0.04mm	0.02mm
14	小刀架纵向移动对主轴中心线的平行度●	在 300mm 测量长度上不大于 0.04mm	0.03mm
15	刀架横向移动对主轴中心线的垂直度●	0.02mm/300mm，偏差方向大于 90°	0.016mm/300mm
16	数控编程加工图 3-2-5 所示零件★	加工精度合格	满足零件图精度

注：*表示必须测试的项目；**表示原则上需要进行测试的项目；●表示原则上不需要测试的项目；★表示工作精度检测项目。

1. 床身导轨调水平与直线度测试与调整

导轨调水平和直线度都是必须进行测试的项目。按图 2-1-14 所示放置框式水平仪，测量方法相同，用扳手拧机床垫铁的螺栓，调整车床的水平。注意调整可调垫铁时，要拧松地脚螺栓的锁紧螺母，分析框式水平仪的两个方向的气泡偏移情况，并认真仔细地进行找正。

2. 中拖板导轨调水平与前、后导轨的平行度测试与调整

中拖板导轨调水平与前、后导轨的平行度是必须进行测试的项目，水平仪放置如图 2-1-15 所示，调整车床水平的方法如图 3-1-6 所示，用扳手拧转机床垫铁的螺栓，前、后导轨平行度测量与图 2-1-15 所示相同。

3. 溜板移动在水平面内的直线度测试与调整

直线度的测试调整方法如图 2-1-16 所示。

4. 主轴轴线对溜板纵向移动的平行度测试与调整

测试与调整方法与图 2-1-17 所示相同。

5. Z、X 两坐标反向间隙

Z 坐标反向间隙测试如图 3-2-1 所示，将百分表磁性表座固定在导轨上，表针指在刀架上，数控系统上电，开机，用点动功能测试 Z 坐标反向间隙。点动 $+Z$ 方向，百分表指针转动，再点动 $-Z$ 方向，若点动 N 步，百分表指针转动了 S 步（$S \leqslant N$），则从步进电动机输出轴到丝母整个环节的反向间隙为（$N - S$）步。

X 坐标进给伺服系统精度测试如图 3-2-2 所示，测试方法与 Z 坐标反向间隙的测试方法相似，控制反向间隙在 0.015 ~ 0.025mm（即 3 ~ 5 个脉冲当量）之内。若超差，则对齿轮传动、滚珠丝杠传动等环节进行反向间隙测试、调整和维修，减小反向间隙误差。

图 3-2-1　Z 坐标床鞍反向
间隙和重复定位精度测试

图 3-2-2　X 坐标中滑板反向
间隙和重复定位精度测试

6. Z、X 两坐标各在 500mm、300mm 内重复 5 次的定位精度

Z 坐标重复定位精度测试如图 3-2-1 所示。数控系统上电，编制程序使刀架向右运行 500mm 再向左运行 500mm，重复 5 次，并且在不同测试位置和不同进给速度下进行测试，百分表指针的误差均在 0.02mm 之内，即满足重复定位精度要求。

若重复定位精度变化较大，或测量反向间隙时百分表针时转时不转，则说明系统有爬行现象，需要对相关环节进行测试、调整和维修。

X 坐标重复定位精度测试如图 3-2-2 所示，测试方法同 X 坐标重复定位精度，只是编程运行 300mm，重复 5 次，也是在不同测试位置和不同进给速度下进行测试，百分表指针的误差均在 0.01mm 之内，即满足重复定位精度要求。

7. 尾座套筒中心线对溜板的平行度测试与调整

测试与调整方法与图 2-1-19 所示相同。

8. 尾座套筒与主轴中心线连线对溜板的平行度测试与调整

测试与调整方法与图 2-1-20 和图 2-1-21 所示相同。

9. 大丝杠轴向窜动测试与调整

测试方法如图 2-1-22 所示，若超差则可调整滚珠丝杠与丝母的反向间隙、丝杠两头轴承的轴向游隙等。表 3-2-1 中的 10 ~ 15 项可以不检测，第 16 项在本项目任务 3 中检测。

三、任务要点总结

本任务分析了 CK6140 型数控车床安装后四类精度测试项目，论述了精度测试与调整的方法，使学员初步掌握 CK6140 型数控车床精度的测试步骤与调整方法。

四、思考实训题

1. 简述 CK6140 型数控车床安装后四类精度测试项目提出的依据。
2. 选择一台数控车床，在安装现场熟悉安装后四类精度测试项目的测试与调整方法。

任务 2　CK6140 型数控车床检测性操作功能测试及通电调试

知识点：
- CK6140 型数控车床常用检测性操作功能及其作用。
- CK6140 型数控车床功能认知及其作用。
- CK6140 型数控车床通电调试步骤与方法。

能力目标：
- 掌握 CK6140 型数控车床检测性操作功能的测试步骤与调试方法。
- 掌握 CK6140 型数控车床功能故障的判断方法，并能正确处理功能故障。
- 掌握 CK6140 型数控车床安装后通电后功能调试步骤与方法。

一、任务引入

CK6140 型数控车床机械、电气安装并经过安装精度测试、调整后，应进行机、电联合调试。由于数控车床主轴、冷却润滑等功能是由数控系统控制的，故需要进行动力伺服系统调试，并梳理与检测性操作功能相关的概念。

二、任务实施

（一）CK6140 型数控车床机械、电气安装后的通电调试

1. 机床通电前的检查

CK6140 型数控车床采用三相电源，即三相 380V 的动力线和一根接地线（接地方法如图 3-1-14 所示）。应注意机床在接通动力线前，必须对机床全部电气设备进行检查，如有元器件受潮、接线脱落、接插件松动、脱落等现象，必须妥善解决。用棉纱及煤油洗净数控车床上的防锈油脂（不得用砂布或其他硬物刮磨机床），然后涂上一层润滑油，并仔细检查数控系统的接线是否正确。起动机床前必须仔细了解机床的结构、操纵及润滑说明。

2. 机床通电初步调试

以上问题解决后才能接通机床电源，进行通电调试，具体步骤如下：接通机床电源总开关（图 3-1-10 中的 QF_1）→接通系统电源→主电动机通电→刀架电动机通电调试→冷却电动机通电调试→Z 轴伺服电动机通电调试→X 轴伺服电动机通电调试，在每项单独通电调试

的过程中，遇到问题要仔细检查原因并妥善解决。例如刀架不转可能是输入电源相序的问题，应注意及时调整电源相序，确保机床通电调试成功。

（二）CK6140 型数控车床的数控系统检测性操作功能调试

1. 数控系统通电状况检测性操作功能调试

CK6140 型数控车床系统通电及各个电动机运行调试后，要进行机床数控系统控制部分按钮与机床功能调试，即机、电联合调试。机床数控系统操作面板如图 3-2-3 所示，检测性操作功能按钮如图 3-2-4 所示，具体按钮及其功能见表 3-2-2。

（1）程序保护（PROTECT）锁　程序保护锁如图 3-2-4 中的序号 35 所指，用钥匙打开该按钮之后，操作者可以按"POWERON"键给数控系统上电，系统才能工作，操作者可以进行程序的编辑、加工等操作。不工作时，若有比较重要的程序需要保护，可将此锁关闭，以防其他操作者因误操作而造成程序破坏。

驱动锁是图 3-1-10 中的 QF_1 合上之后，数控系统上电、断电的钥匙开关。

（2）驱动（DRIVE）按钮　驱动按钮如图 3-2-4 中的序号 34 所指，当该按钮锁住时，数控系统执行零件加工程序，但机床各坐标轴不能进给移动，而显示屏上各坐标轴的坐标却在变化，通常用这种方法来检查程序或进行图形模拟。需要特别注意的是，当驱动锁打开后，要真正运行程序进行加工时，机床务必要重新回参考点，从头运行零件加工程序。

（3）急停按钮　急停按钮如图 3-2-4 中的序号 1 所指，在出现异常或紧急情况（如撞刀、进给方向相反等）时立即按下此按钮，机床停止运动。排除异常情况后，右旋此按钮，机床恢复工作。

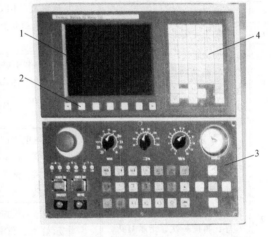

图 3-2-3　CK6140 型数控车床数控系统操作面板
1—液晶显示屏　2—操作功能栏区　3—手动操作区
4—编程数字符号区

注：中间的键省略下列序号，如第二行自右向左为 6、7、8……

急停功能破坏加工状态，零件加工过程中按下急停按钮时，该零件一般要报废。因此，不到万不得已的情况下，不要使用急停功能。

（4）起动按钮（POWER ON）　起动按钮如图 3-2-4 中的序号 14 所指，按下此按钮，伺服驱动系统上电，同时按钮内的指示灯亮。

（5）停止按钮（POWER OFF）　停止按钮见图 3-2-4 中的序号 15 所指，按下此按钮，数控系统、伺服驱动系统断电。

（6）辅助功能锁按钮（AFL）　辅助功能锁按钮见图 3-2-4 中的序号 10 所指，按一次此按钮，按钮内的指示灯亮，辅助功能锁住，程序里的 M、S、T 指令无效；再按一次，指示灯灭，辅助功能锁住取消，M、S、T 指令有效。

2. 数控系统动力伺服系统检测性操作功能调试

（1）主轴正转按钮（CW）　主轴正转按钮如图 3-2-4 中序号 9 所指，在手动方式下按

表 3-2-2　　CK6140 型数控车床检测性操作功能按钮及其功能

序号	功能	序号	功能	序号	功能
1	急停功能按钮	15	停止按钮，系统电源开关切断，系统断电，停止工作	23	负 Z 坐标点动或手动运行按钮
2	操作方式旋转钮，有回零、手动、自动等 8 种模式	16	有条件停止按钮，按一次，指示灯亮，执行到 M01 指令时暂停，再按一次，指示灯灭，继续向下执行	24	加速运行按钮按一次，指示灯亮，与按钮 6、26、25、23 分别同时按下，手动快速进给
3	主轴转速倍率开关			25	正 Z 坐标点动或手动运行按钮
4	进给倍率选择开关				
5	手摇脉冲发生器两坐标 4 个方向操作进给	17	液压按钮，手动方式生效，按一次，指示灯亮，液压泵工作，再按一次，指示灯灭，液压泵停止工作	26	正 X 坐标点动或手动运行按钮
6	负 X 坐标点动或手动运行按钮			27	冷却按钮
7	主轴反转按钮	18	主轴夹紧按钮，按一次，指示灯亮，RELAX 指示灯灭，夹具自动夹紧，液压泵起动后生效	28	手动换刀按钮，每按一次按顺序换下一把车刀
8	主轴停转按钮			29	备用按钮
9	主轴正转按钮			30	备用按钮
10	辅助功能锁，按一次，指示灯亮，辅助功能 M、S、T 锁住无效，再按一次，指示灯灭，辅助功能有效	19	主轴松开按钮，按一次，指示灯亮，HOLD 指示灯灭，夹具自动松开，液压泵起动后生效	31	备用按钮
				32	循环停止按钮，在自动和手动方式下生效，按一次，指示灯亮，程序停止执行，再按一次按钮 33，程序继续执行
11	空运行按钮，按一次，指示灯亮，空运行生效，再按一次，指示灯灭，空运行无效	20	尾座前进按钮，按一次，指示灯亮，BACK 指示灯灭，尾座前进，液压泵起动夹具夹紧后生效		
				33	循环起动按钮，在自动和手动方式下生效，按一次，指示灯亮，加工程序才执行
12	跳段按钮，按一次，指示灯亮，不执行带斜杠标志的加工程序，再按一次，指示灯灭，执行全部程序	21	尾座后退按钮，按一次，指示灯亮，FORWARD 指示灯灭，尾座后退，此按钮在手动方式下生效		
				34	驱动锁，锁住时机床各个轴不运动，但显示器上显示各轴坐标变化，验证程序正确
13	单段按钮，按一次，指示灯亮，单步执行有效，再按一次，指示灯灭，取消单步执行	22	循环停止按钮，机床配备气枪时使用，按一次，指示灯亮，气枪吹气，再按一次，指示灯灭，停止吹气	35	程序保护锁，打开锁时才能输入、编辑程序，若有重要程序要保护则关闭此锁
14	起动按钮，系统电源开关开启，系统带电，准备工作				

此按钮，按钮内的指示灯亮，主轴正转。

（2）主轴停转按钮（STOP）　主轴停转按钮如图 3-2-4 中序号 8 所指，在手动方式下按此按钮，按钮内的指示灯亮，主轴停转。

（3）主轴反转按钮（CCW）　主轴反转按钮如图 3-2-4 中序号 7 所指，在手动方式下按此按钮，按钮内的指示灯亮，主轴反转。

（4）液压按钮（HYDRAULIC）　液压按钮如图 3-2-4 中序号 17 所指，它在手动方式下生效，按一次该按钮，按钮内的指示灯亮，液压泵起动。再按一次，指示灯灭，液压泵停止。

（5）手动换刀按钮（TOOL）　手动换刀按钮如图 3-2-4 中序号 28 所指，按一下此按钮，刀架转过一个刀号；按住此按钮保持一会儿，则刀架连续换刀。此按钮在手动方式下生效。

（6）冷却按钮（COOL） 冷却按钮如图 3-2-4 中序号 27 所指，按一次该按钮，按钮内的指示灯亮，冷却接通；再按一次，指示灯灭，冷却断开。在自动方式下，当执行 M07 或 M08 指令后冷却打开，此按钮指示灯亮，若按下此按钮则指示灯灭，冷却关。

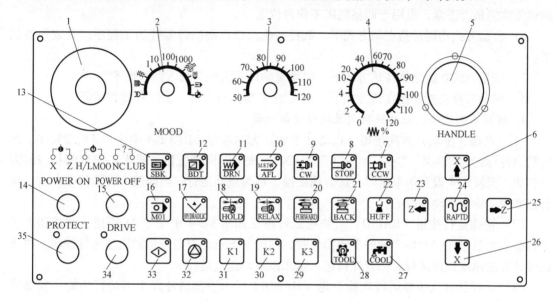

图 3-2-4 CK6140 型数控车床数控系统检测性操作功能按钮

（7）手动控制主轴夹紧按钮（HOLD）、松开按钮（RELAX） 这两个按钮分别如图 3-2-4 中序号 18、19 所指，用于手动控制主轴夹紧、松开工件。若有故障，则在相应控制电路中查找原因并进行故障维修。

工件的夹紧、松开分别与数控系统控制指令 M10、M11 对应。

3. 数控系统倍率设置按钮检测性操作功能调试

（1）进给倍率选择开关（FEEDRATE OVERIDE） 进给倍率选择开关如图 3-2-4 中序号 4 所指，旋转开关则调整进给速度的倍率。该选择开关在手动方式、MDI 方式和自动方式下均有效，其范围为 0% ~ 120%。

（2）主轴转速倍率开关（SPINDLE OVERIDE） 主轴转速倍率开关如图 3-2-4 中序号 3 所指，转动开关可调整主轴转速的倍率，在手动方式、MDI 方式和自动方式下均有效，其范围为 50% ~ 120%。

（3）操作方式旋钮 MOOD 操作方式旋钮如图 3-2-4 中序号 2 所指，按顺时针方向依次有 8 种方式：编辑、示教、手动数据输入（MDI）、在线加工（DNC）、手动、自动、增量、回参考点。机床操作前，先通过此旋钮选择操作方式。

1）编辑功能是对已经输入数控系统的零件加工程序进行插入、删除、修改、复制等操作。

2）示教功能是把机床数控系统的操作和运行过程自动回放，便于操作者学习。

3）手动数据输入（MDI）功能指在该方式下，人工输入数控系统信息，执行相应的功能。

4）在线加工（DNC）功能指在该方式下，当零件程序的容量大于 CNC 的容量时，可将零件程序存储在计算机中，利用传输电缆，一边传输程序一边进行加工，当零件加工程序执行完毕后，传送到 CNC 中的程序自动消失。

5）手动方式功能是指在该方式下，可以手动控制数控机床的功能，用于测试数控机床的相关功能是否正常，也用于调整机床工作台位置。

6）自动方式功能是指在该方式下，数控系统可以自动执行零件加工程序，完成零件加工。

7）增量方式功能是指在该方式下，以增量的形式编程并输入到数控系统。

8）回参考点功能是指在该方式下，按 X 或 Z 坐标回零键，工作台回到零点。

4. 数控系统进给伺服系统检测性操作功能调试

（1）点动（手动）方向按钮　点动（手动）方向按钮如图 3-2-4 中序号 23、25、6、26 所指，各标记为 "−Z" "+Z" "−X" "+X"，按下不同的按钮，机床工作台朝相应的方向移动。当按钮 4 设置倍率低时，运行速度慢，称为点动运行；当按钮 4 设置倍率高时，运行速度快，称为手动运行。

（2）快速运行按钮（RAPID）　快速运行按钮如图 3-2-4 中序号 24 所指，此按钮在手动状态下生效。在进行各个轴的手动操作时，同时按下点动方向按钮和快速运行按钮，机床以设计好的速度快速运行。松开此按钮，机床以点动速度运行。

（3）手摇脉冲发生器运行功能手轮（HANDLE）　手摇脉冲发生器运行功能手轮如图 3-2-4 中序号 5 所指，在此方式下，按下机床控制面板上的方向按钮 23、25、6、26 之一，则转动手轮与工作台在相应坐标方向上运行。

（4）单段执行按钮（SBK）　单段执行按钮如图 3-2-4 中序号 13 号所指，此按钮在 MDI 方式及自动方式下有效。按一次，按钮内的指示灯亮，单步执行生效；再按一次，指示灯熄灭，单段执行取消。SBK 生效后，程序每执行一行指令都会停止等待，当再次按下循环起动按键时，程序再执行一行指令，以此类推。

（5）跳段执行按钮（BDT）　跳段执行按钮如图 3-2-4 中序号 12 所指，按一次，按钮内的指示灯亮，可以执行跳段加工（不执行带有斜杠的程序段）；再按一次，指示灯灭，跳段加工取消。

（6）空运行按钮（DRN）　空运行按钮如图 3-2-4 中序号 11 所指。空运行是指加工程序以系统设定的 G00 的速度快速运行，而不是以程序给定的速度运行。此按钮在 MDI 方式及自动方式下生效。按一次，按钮内的指示灯亮，空运行有效；再按一次，指示灯灭，空运行取消。在进行空运行时，一定要检查好程序，以防撞刀。

（7）有条件停止按钮（M01）　有条件停止按钮如图 3-2-4 中序号 16 所指，当程序执行到带有 M01 时指令时，如果 M01 无效，则程序处于等待状态，当按下循环起动按钮后，程序继续往下执行。如果 M01 无效，程序执行到 M01 时，不作任何动作继续往下执行。按一次该按钮，按钮内的指示灯亮，M01 有效；再按一次，指示灯灭，M01 无效。

（8）循环起动按钮（绿色）　循环起动按钮如图 3-2-4 中序号 33 所指，此按钮在 M01 方式及自动方式下有效。按一次循环起动按钮，按钮内的指示灯亮，加工程序开始执行。

（9）循环停止按钮（红色）　循环停止按钮如图 3-2-4 中序号 32 所指，此按钮在 M01

方式及自动方式下生效。按一次，按钮内的指示灯亮，程序停止执行；再按一次循环起动按钮，程序继续运行。

（10）尾座前进按钮（FORWARD）、尾座后退按钮（BACK）　尾座前进、后退按钮分别如图 3-2-4 中序号 20、21 所指，在手动方式下有效。按一次 FORWARD 按钮，按钮内的指示灯亮，而 BACK 按钮内的指示灯灭，尾座前进，向床头方向运动；按一次 BACK 按钮，按钮内指示灯亮，而 FORWARD 按钮内的指示灯灭，尾座后退，向床尾方向运动。

两个按钮均在液压泵起动、夹具夹紧后有效。

（11）循环停止按钮（HUFF）　循环停止按钮如图 3-2-4 中序号 22 所指，当机床配备气枪时才使用，这里做备用。

（三）CK6140 型数控车床非检测性操作功能的认识与调试

前述数控机床的检测性操作功能一般在数控系统的操作界面上体现，是认识、操作、调试和维修数控机床的基础。此外，还有不少并不在操作界面上体现的非检测性功能，主要是数控机床操作工需掌握的功能，下面分类介绍。

1. 对零件加工程序进行操作的功能

（1）加工程序输入功能　把描述零件的加工信息输入控制系统有文本输入和图形输入两种模式，每一个程序都有一个文件名，以"%"或"P"加数字组成，如文件名为%001、%027、P12 等。如图 3-1-1 所示的车床数控系统用 P 加数字（如 P12）作为加工程序名。

（2）曲线加工功能　这些功能包括直线插补、圆弧自动过象限插补、刀具半径补偿、刀具位置补偿、螺纹加工等常规功能。

（3）高级编程功能　高级编程功能包括自动编程功能、网络通信功能、USB 插口功能、宏程序等。

2. 加工状态提示和控制功能

为便于操作者掌握加工过程中的状态，数控系统设置有很多这方面的功能。

（1）显示功能　数控系统显示坐标数字、加工信息、出错信息、加工显示图形等，操作者依此掌握系统运行状态。图 3-2-3 所示的液晶显示屏承担显示功能。

（2）自动升降速功能　为了防止丢步和超步，数控系统有自动升降速功能，但急停状态下没有自动升降速，暂停状态下有自动升降速。此外，有的机床在运行中可以通过按钮调速。

3. 数控机床检测性操作的行程测试功能

（1）超程保护功能　在坐标行程上安装有行程开关，这些开关可以是接触式的，也可以是非接触式的，机床工作台压下接触式行程开关（或接近非接触式行程开关）时工作台就停止运行。

（2）回零功能　两坐标数控车床加工前，液晶显示屏上显示刀具对刀起始点坐标值设为（0，0），称为加工起始点或参考点，刀具自加工起始点运行过程中，两坐标显示值随刀具坐标值的变化而一起变化，转动图 3-2-4 中的 2 号按钮，选择顺时针方向最后的回零功能，这是若 X 坐标显示值为正（或负），则按图 3-2-4 中的 6 号（或 26 号）键，则工作台移动至 X 坐标显示值为 0 的位置；若 Z 坐标显示值为正（或负），则按图 3-2-4 中的 23 号（或 25 号）键，则工作台移动至 Z 坐标显示值为 0 的位置，这就叫机床单坐标回零，加工指令 G26

使数控车床两坐标同时回到（0，0），叫做双坐标回零。

4. 数控机床检测性操作的系统参数功能设置

为了协调数控机床高效加工，需要在系统中对有关参数进行设置。

（1）反向间隙设置　测试数控机床各个坐标的反向间隙后，将其设置在数控系统中，机床拖板走反向时先走完反向间隙再走加工程序要求的坐标值，从而克服了反向间隙带来的误差，提高了加工精度。

（2）数控车床转位刀架反转锁紧时间设置　数控车床转位刀架电动机自反转开始至停止的时间称为刀架反转锁紧时间。目前，新刀架反转锁紧时间一般为 0.8s，由于转位刀架使用一段时间后会有磨损，反转锁紧时间就需要适当延长，否则锁不住刀架。数控系统有刀架反转锁紧时间设置功能。

（3）刀具位置补偿功能的设置　数控车床使用多把刀具加工时，数控系统自动换刀，但由于不同的刀具有自己不同的位置，换刀后须自动运行刀具位置补偿。对于不同的刀具位置补偿量，可在数控系统中通过手动设置或对刀时自动形成。当刀具有磨损时，可手动修改刀具位置补偿量，从而克服了因刀具磨损产生的加工误差。

三、任务要点总结

本任务论述了 CK6140 型数控车床检测性操作功能的意义、通电测试步骤与方法、非检测性功能的认知与调试，对读者正确认识、掌握 CK6140 型数控车床的调试、操作、故障诊断与维修有重要意义。

四、思考实训题

1. 简述数控车床常见的检测性操作功能及其作用。

2. 某企业根据生产的需要购进一台经济型 CK0632A 仪表数控车床，请现场操作实训，熟悉该数控车床的检测性操作功能。

任务 3　CK6140 型数控车床工作精度测试与验收

> 知识点：
> - CK6140 型数控车床试车的基本操作步骤。
> - CK6140 型数控车床加工精度测试与验收。
>
> 能力目标：
> - 掌握 CK6140 型数控车床加工精度测试与验收。

一、任务引入

CK6140 型数控车床经过安装精度测试、机电联合调试且合格后，要进行检测性操作功能测试，之后通过试车进行工作精度测试，对机床进行验收，下面对其进行论述。

二、任务实施

对 CK6140 型数控车床进行工作精度的测试，也是 CK6140 型数控车床的试切与验收过程。具体要求是：首先进行空载自动运行试车。自动运行试车的时间，应符合国家标准 GB/T 9061—2006《金属切削机床　通用技术条件》中的规定（数控车床为 16h）。在此时间段内，要求机床连续运转。自动运行期间，不应发生除操作失误以外的任何事故。空运行试车结束后，应进行负载试车，按要求选择试切毛坯，对刀后调出程序进行自动试切加工。根据出厂要求，对图 3-2-5 所示的零件进行加工精度测试，作为工作精度测试内容。

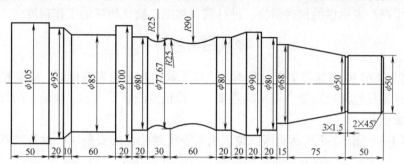

图 3-2-5　CK6140 型数控车床工作精度测试加工零件图

加工的零件各项精度符合图样要求，机床试车运行结束，验收人员在机床验收合格单上签字后，CK6140 型数控车床的安装、调试与验收结束，机床即可投入使用。

三、任务要点总结

通过 CK6140 型数控车床的试切与验收，掌握车床的工作精度测试方法，认识到数控车床检测标准和检测样件的重要性。

四、思考与实训题

1. CK6140 型数控车床的工作精度测试主要包括哪些内容？
2. 对 CK6140 型数控车床工作精度测试时应注意哪些方面？

项 目 小 结

本项目论述了 CK6140 型数控车床在电气安装完毕并初步通电后所做的工作，主要包括以下四方面的内容。

1. CK6140 型数控车床机械、电气安装后的精度测试与调整

要求二次灌浆之后 7～10 天再进行精度测试与调整，与 CDE6140 型卧式车床一样，根据相关标准和机床生产厂家提供的出厂精度测试项目，把安装后的精度测试项目分第一类测试项目、第二类测试项目、第三类测试项目和第四类测试项目，对机床进行安装精度测试和调整。

2. CK6140 型数控车床常见检测性操作功能的测试

检测性操作功能一般在数控系统的操作界面上体现，是数控机床装调维修工认识、操作、调试和维修数控机床的基础，也是他们必须掌握的功能。数控机床在运输、搬运、安装过程中有时会影响检测性操作功能的可靠性，所以在安装精度测试、调整完毕，应再进行检测性操作功能测试。

3. CK6140 型数控车床非检测性功能的测试

数控机床的非检测性功能主要是指隐含在控制程序中的功能，这些功能往往通过执行控制程序体现。数控机床操作工掌握这些功能，能更好地操作、使用数控机床，更好地发挥出数控机床的潜力，数控机床装调工可以不掌握这些功能。

4. CK6140型数控车床的工作精度测试与验收

为了全面地检查数控车床的功能与工作可靠性，应首先进行空载自动运行16h，运行正常后按机床生产厂家提供的试件图样，进行编程加工，验证机床的工作精度。

模块归纳总结

模块三以CK6140型数控车床为案例，论述了数控车床的安装调试、安装精度测试与调整、数控机床常见检测性功能介绍及其测试、工作精度测试等内容。模块三的知识点和能力目标有如下要点：

1）图3-1-4～图3-1-7所示机床就位、机床底座螺栓孔的安装法、设备初调平、二次灌浆方法。

2）数控机床电气设备组成、安装、初步通电测试。

3）数控机床检测性操作功能和非检测性操作功能的概念，数控机床操作工要掌握这两类功能，数控机床装调维修工可以只掌握检测性操作功能。

4）以GB 50271—2009为依据把机床精度分为安装精度、几何精度和工作精度，同模块二项目一相同，相应地把机床安装后的测试项目分为第一类测试项目、第二类测试项目、第三类测试项目和第四类测试项目。相对于CDE6140型卧式车床而言，增加了机械反向间隙、重复定位精度测试项目。

5）数控机床安装测试四类项目的划分、特点，测试调整方法揭示了数控机床出厂测试项目和安装测试项目的内在关系。

6）数控机床电气设备较多且分布在较远的位置，需要给出电气设备总互联图，以表达各个设备之间的接线关系。

7）本项目把有功能区、数字区的常规电气控制原理图从图2-1-11和图2-2-11过渡到了图3-1-10、图3-1-11、图3-1-12、图3-1-13所示的涉及数控技术的电气控制原理图，具有很强的实用价值。

模块四　精密机电设备的安装与调试

精密机电设备的特点是设备本身工作负荷比较小、受力比较小、加工精度高、工作环境要求高，如三坐标测量机、精密坐标镗床、精密滚齿机、精密滚珠丝杠磨床等。这类机电设备自身不会产生较明显的振动，而且要求其他普通机电设备产生的振动也不能影响其工作精度。所以精密机电设备要尽量布置在远离振源的位置，安装时应考虑采取隔振措施，如隔振沟等。另外，工作环境要求恒温、恒湿，使用吊车起吊、三点支撑的方式安装，也可加装辅助支撑等，有别于普通机电设备的安装调试工艺。

项目一　TGX4145B 型精密坐标镗床的安装与调试

项目描述

本项目介绍镗床的分类及其工艺范围，以 TGX4145B 型精密坐标镗床为例，介绍精密坐标镗床开箱后的清点检查及零部件保管与管理知识、基础隔振要求、起吊安装方式、三点找平安装方法、电气安装方法、机电联合调试的方法与步骤、精度检测与调整注意事项，以及调整加工平行面零件和斜面零件的回转工作台的调整方法。

学习目标

1. 掌握 TGX4145B 型精密坐标镗床的结构、用途、安装与调试的特殊要求。

2. 掌握 TGX4145B 型精密坐标镗床的安装调试方法、机电联合调试的方法与步骤、相关设备的安装调试方法。

任务1　TGX4145B 型精密坐标镗床的机械部分安装

知识点：
- TGX4145B 型精密坐标镗床开箱后的清点检查及零部件保管与管理知识。
- TGX4145B 型精密坐标镗床安装图的识读及安装方案的制订。
- TGX4145B 型精密坐标镗床基础安装图、部件图的识读，各部件之间的关系，正确的安装步骤。
- 镗床的分类、特点及其用途。

能力目标：
- 掌握 TGX4145B 型精密坐标镗床的开箱方法，细心清点检查，妥善保管零部件及技术文件。能根据安装图、说明书和有关资料正确拟定 TGX4145B 型精密坐标镗床的安装步骤。
- 能够按照 TGX4145B 型精密坐标镗床的技术文件或图样，正确安装部件及精密坐标镗床附件，并测量有关数据，使安装质量达到相应的技术要求。
- 掌握各类镗床的特点、用途。

一、任务引入

坐标镗床在其机械结构、电气组成与控制、安装基础、安装调试方法、加工工艺范围和加工精度等方面均具有较为显著的特点，为了比较全面地认识坐标镗床，应从镗床分类、安装基础、安装调试方法、工艺范围、结构特点、加工精度等方面入手，使涉及镗床的多门学科、多项技术和多种技能有机融合。以便读者对本项目的知识点和能力目标有比较全面的理解和深刻的认识。

（一）镗床分类及其工艺范围

镗床是一种用镗刀在工件上加工已有预制孔的机床，镗刀旋转为主运动，镗刀或工件沿主轴坐标的运动为进给运动。它主要用于镗削机械零件上的粗孔或一次定位完成多个孔的镗削，此外还可以从事与孔加工有关的其他加工面的加工，镗床按结构和被加工对象分为以下几种。

1. 卧式镗床

图 4-1-1 所示为卧式镗床，其主轴水平布置并做回转主运动，工作台做纵向进给运动进行镗孔加工。因箱体或支架类零件孔与底面平行且以底面为设计基准，因此底面与工作台平行便于装夹，也符合基准重合的原则。此外，这类零件的孔通常比较长，可以在镗床工作台和镗套立柱上加前后导向，避免铁屑进入导向套内。所以，卧式镗床主要用于箱体类零件上孔的加工，镗孔时可以采用复合刀具加工孔的端面、倒角等。此类机床应用广泛且比较经济。

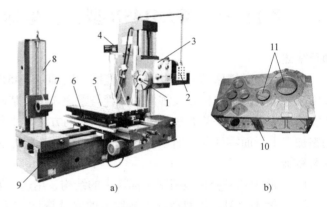

图 4-1-1　卧式镗床

a) 实物图　b) 箱体零件

1—主轴　2—控制盘　3—主轴箱　4—光栅位移显示器　5—工作台
6—光栅位移传感器　7—镗杆后导向套　8—导向套立柱　9—床身
10—加工箱体类零件底面　11—箱体零件孔

近年来，不少此类卧式镗床增加了光栅测量系统进行数显改造。光栅位移传感器的分辨率一般为 0.005mm，比精密坐标镗床光栅位移传感器的分辨率（0.0001mm）要低得多。

2. 立式镗床

图 4-1-2 所示为立式镗床，主轴的旋转运动是主运动，主轴箱上下垂直移动带动镗刀做轴向进给运动，工作台做纵向或横向运动，以实现不同孔的镗削加工。因盘盖类和板类零件孔与底面垂直且以底面为设计基准，因此底面与工作台平行便于装夹，也符合基准重合的原则。此外，这两类零件的孔通常比较短，不需要加前后导向，也就不存在铁屑进入导向套的

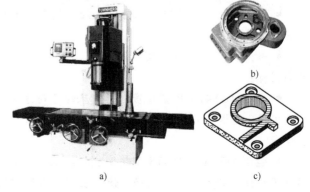

图 4-1-2　立式镗床

a) 实物图　b) 盘盖类零件　c) 板类零件

问题。所以立式镗床主要用于盘盖类零件的孔加工，镗孔时可以采用复合刀具加工孔的端面、倒角等。此类机床应用广泛且比较经济。

3. 落地镗床

落地镗床属于重型机床，主要用于镗削大中型零件上的孔。例如镗削大型减速机、矿山机械箱体上的孔时，降低工作台高度可便于装卸工件和操作，故把基础做在地面以下较深处，使设备的工作台面与地平面基本平齐、稍高或低于地平面，即落地基础，这类镗床也称落地镗床。落地镗床也有立式和卧式之分。

随着加工范围不断扩大，落地镗床同时可以完成钻削、扩削、铰削、铣削平面等工作（所以不少落地镗床又叫落地铣镗床、落地镗铣床），甚至可以加工内螺纹。利用平旋盘径向刀架可以车削端面，与回转工作台结合，可以加工直径大但长度较短的内孔与外圆。

4. 深孔镗床

深孔镗床是用于镗削深孔的镗床，是深孔钻镗床的简称。深孔镗床多为卧式，安装时需要考虑镗杆导向装置所需的空间。适用于重型机床、机车、船舶、煤机、液压机械、动力机械、风动机械等的深孔镗削加工。

5. 镗床与钻床加工范围简述

卧式镗床、立式镗床、落地镗床和深孔镗床都属于普通机床范围。普通镗床的加工范围是镗削直径大于 36mm 的孔，要求镗削前零件上已经有孔，在镗杆上安装镗刀加工孔，这样刀具的成本比较低。为了提高孔的加工精度，通常按照粗镗、半精镗、精镗的顺序进行加工。

钻孔通常是钻削直径不大于 36mm 的孔，这类孔不可直接通过镗削获得，因镗杆较细，易弯曲变形，会影响孔的加工精度，且毛坯上也难预留如此小的孔。细孔钻削后为提高加工精度和降低表面粗糙度值，后续工序通常采用扩孔和铰孔。机加工孔的传统方法是：①对于粗孔，粗镗、半精镗、精镗；②对于细孔，钻孔、扩孔、铰孔。

坐标镗床属于精密机床，镗孔精度大大提高，其加工范围也大大扩展，可以对精密量具、模具、工装夹具进行精镗孔、钻孔、铰孔、铣削等。

（二）坐标镗床

坐标镗床是加工精密零件、工具、量具及其他工装上孔的精密机床，分为立式和卧式两种，立式坐标镗床又有单立柱和双立柱之分。图 4-1-3 所示为卧式坐标镗床，主要用于加工箱体零件上较为精密的孔系，如组合机床主轴箱上精密孔系的加工，这些孔系的尺寸及位置误差要求达到 μm 级。图 4-1-4 所示为双立柱立式坐标镗床，主要用于加工盘盖类、板类箱体零件上的精密孔系，如组合机床流水线钻模板上孔系的加工，这些孔系的尺寸及位置误差也要求达到 μm 级。

TGX4145B 型精密坐标镗床如图 4-1-5 所示，它是一种用途广泛的高精度单立柱坐标镗床，X、Y 两坐标安装有分辨率为 0.0001mm 的高精度光栅位移传感

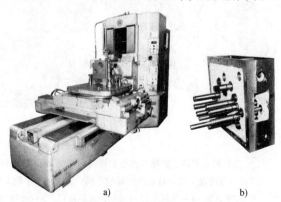

a)　　　　　　　b)

图 4-1-3　卧式坐标镗床

a）实物图　b）组合机床主轴箱上的精密孔系

器。该机床配以图 4-1-6 所示的万能光学回转工作台夹具后，加工范围大大拓宽，适用于加工尺寸精度要求较高的钻模板上的孔系、镗模板上的孔系、量具、精密模具、组合机床主轴箱上的精密孔系，以及冲模、钻模、镗模等工装模具上的孔，可以对工装模具零件进行钻、镗、铣、刻线等多种形式的加工及测量。由于机床的工作台、溜板、套筒能准确地移动，在机床的加工区内可建立起精确的坐标系，因此该机床适于加工位置精度要求较高的各种孔系、平面和型槽，可以高速钻削 $\phi 0.3 \sim 3\text{mm}$ 的小孔。TGX4145B 型精密坐标镗床广泛用于装备制造业，是加工车间、工具车间、实验室、研究所等单位的关键设备，具有性能优良、操作方便的特点。其主要技术参数见表 4-1-1。

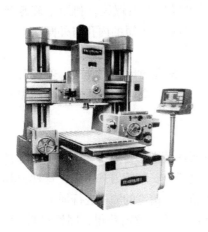

图 4-1-4　双立柱立式坐标镗床

图 4-1-5　TGX4145B 型精密坐标镗床

1—空调器　2—主轴旋转制动电磁铁　3—主轴　4—万能光学回转分度夹具　5—镗床控制操作面板　6—Y 坐标滚动导轨　7—Y 坐标锁紧手柄　8—X 坐标锁紧手柄　9—专用垫铁　10—底座　11—X 坐标滚动导轨　12—万能光学回转分度夹具接入电源插座　13—电气柜操作面板　14—工作台　15—三坐标镗床光栅坐标显示器　16—镗床立柱

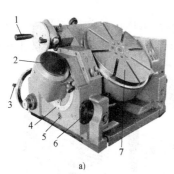
a)

b)

c)

图 4-1-6　光学回转工作台夹具

a）转动回转手轮使工作台面倾斜　b）回转工作台面水平　c）回转工作台转角光栅计量显示器

1—使分度圆盘 7 绕自身轴线回转的手柄　2、6—与手柄 1 配套的转角细分光栅显示器　3—使工作台面倾斜的旋转手柄　4—回转工作台倾斜角度刻度尺　5—倾斜转台锁紧内六角头螺栓　7—回转工作台工作平面
8—安装在回转工作台上的工件　9—回转工作台锁紧内六角头螺栓　10—T 形槽螺栓　11—直流电源接入线插座　12—光栅计量显示器护盖　13—光栅计量显示器的显示刻度

表 4-1-1　**TGX4145B 型精密坐标镗床的主要技术参数**

序号	项　　目		TGX4145B	单位
1	工作台面积		450×800	mm
2	工作台行程		400×600	mm
3	工作台移动速度		50~1000	mm/min
4	纵横坐标最小读数		0.001	mm
5	纵横坐标定位精度		0.003	mm
6	主轴端面至工作台最大距离		680	mm
7	主轴套筒最大行程		180	mm
8	最大钻孔直径		20	mm
9	最大镗孔直径		200	mm
10	主轴转速	慢挡	50~500	r/min
		快挡	200~2000	r/min
11	主轴进给量		0.02、0.04、0.06、0.11、0.20、0.36	mm/r
12	主传动电动机（变频）	功率	5.5	kW
		转速	3000	r/min
13	主机轮廓尺寸		198×163×252	cm
14	主机净重		5000	kg

　　TGX4145B 型精密坐标镗床的安装与调试质量直接影响到设备的工作精度、使用质量和寿命，所以必须对 TGX4145B 型精密坐标镗床制订正确的安装施工方案以及合理的调试项目和验收标准，除遵循常规的设备安装基本工艺流程外，还要在设备基础隔振、恒温室建设、搬运吊装方式、调水平等方面依照特殊规范执行。

二、任务实施

（一）TGX4145B 型精密坐标镗床的安装

1. 准备工作

（1）开箱清点　TGX4145B 型精密坐标镗床运至安装地点后，将其包装箱打开，称为设备的开箱。开箱时应先拆去盖板和侧板，并检查有无因运输缘故而造成的损伤。机床在脱离包装箱底板前，须先将压紧工作台的木板及四个拉紧底座的吊环螺杆拆下，再将包装箱底板与机床底座相联接的三个定位螺钉拆下。同时，根据装箱单清点机床的附件与配件是否齐全，并填写开箱检查记录单。清点时应注意以下几点：

1）依照装箱单所列项目进行核对，包括设备的名称、型号和规格，并检查是否与招标合同上的要求相符。

2）核对 TGX4145B 型精密坐标镗床的零件、部件、随机附件、备件、工具、合格证和技术文件是否齐全，并检查是否与招标合同上的要求相符。

3）检查设备外观质量，如有缺陷、损伤等情况，应做好记录，并及时进行处理。

（2）保管工作。

1）用户单位接收到镗床后，如暂时不需开箱安装，则应对零部件进行编号和分类，采取保护措施。不宜将包装箱长期露天放置，应将其放置在无日光直射并且附近无振源的室内，最长放置时间不应超过三个月。如果发现包装箱有严重的破损，应立即开箱检查破损原因。

2）对于易碎、易丢失的小零件、贵重仪表和材料，应进行单独保管，以防丢失。

2. 安装基础的选择、处理与车间的布置

（1）安装基础的选择与处理　TGX4145B 型精密坐标镗床的基础应紧固，以承受设备的自重和设备运转时产生的载荷和振动。其安装基础应具备如下条件：室内的温度应控制在（20±1）℃以内，且恒温；同时应避免日光直接照射和其他热源的辐射，防止机床受热变形；应避免与振动幅度较大或产生粉尘较多的机械靠近，以防止机床产生振动或有粉尘侵入；机床的地基应具有足够的强度、刚度和稳定性。镗床生产厂家设计的带隔振沟的安装基础如图 4-1-7 所示，安装带有隔振沟的基础时，将五个支撑点直接落放在地基的五个专用垫铁上，注意 1、2、3 号支承是起主要支撑作用的支承，符合不共线的三点确定一个平面的原理，4、5 号支承是起辅助支撑作用的支承，不需用地脚螺栓固定。

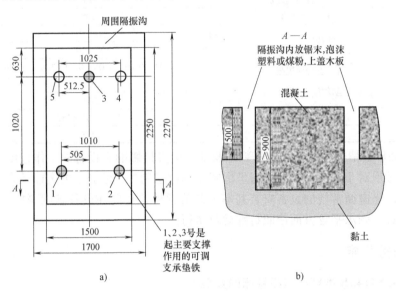

图 4-1-7　带隔振沟的安装基础

a）平面图　b）A-A 剖面图

机床安装人员应根据镗床说明书等相关资料协助指导基础施工，确定具体的摆放位置、管线预埋走向等。基础验收的工作由安装人员和施工部门根据技术文件和技术规范完成，具体检查内容如下：

1）基础的几何尺寸必须符合图样要求。

2）基础混凝土的强度应符合机床的安装和使用要求。

基础验收合格后，安装基础处理工作结束。

（2）车间的布置　安装室要远离振源，室内安装空调，机床及其电气柜距离墙面不少于 0.6m，预留出足够的空间放置待加工零件，以待工件恒温后再进行加工。

3．安装

TGX4145B 型精密坐标镗床的基础验收合格后，将镗床吊装搬运到车间，用吊车按图 4-1-9 所示的吊装方式进行调装，吊运时除机床底座上的起吊孔受力外，机床其他部位均不受力，不能使用撬棍等工具搬运，以免机床产生较大的振动。机床安装就位前，应先将图 4-1-8 所示的五

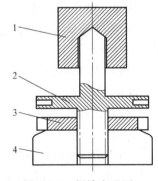

图 4-1-8　螺旋支承图

1—内孔与螺旋轴较大间隙配合的支承体　2—周围有转孔的螺纹支承转轴　3—固定十字花螺母　4—内有螺纹的支承垫铁底座

个专用支承垫铁放于图 4-1-7 所示的基础上，与 1、2、3 号位置的螺旋支承调为等高后，4、5 号两个也调为等高，但应低于 1、2、3 号螺旋支承 4～6mm。机床落放到基础上时，1、2、3 号支承三点确定一个平面，后续调水平时只调整 1、2 号支承即可。最终结果如图 4-1-10 所示。

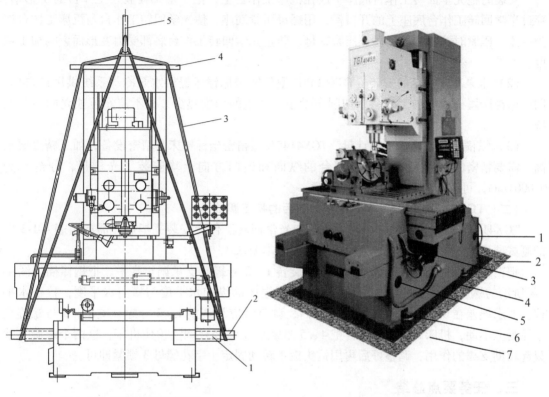

图 4-1-9　TGX4145B 型精密
坐标镗床起吊图
1—起吊棒套筒　2—起吊棒　3—钢丝绳
4—撑木　5—起吊钩

图 4-1-10　安装完毕
1、5—插入起吊棒的孔　2—隔振沟上面的木板　3—X
坐标伺服电动机　4—镗床混凝土基础　6—生产厂家提供
的专用支承垫铁（5 个）　7—混凝土地面

4. 附件的装配

（1）光学回转工作台的安装　将镗床吊起后缓慢移动至图 4-1-7 所示的基础上，使机床中线对准基础的中线，将搬运到位的五个支承点落于底座支承位置上，用木棒等辅助推动，到位后缓慢落下机床，至此，即可进行初步测试。注意不能用撬杠等工具撬动就位，以防振动变形及损坏镗床上的光栅位移传感器等精密零部件。

为提高 TGX4145B 型精密坐标镗床的加工范围，配备了精度较高的光学回转工作台（简称转台），如图 4-1-6 所示。转台直径为 300mm，转台工作平面至倾斜回转中心的距离为 225mm，可用于加工有分度要求的孔、槽和斜面，加工时转动工作台，则可加工圆弧面和圆弧槽等。

转台按功能不同可分为通用转台和精密转台两类。图 4-1-6 所示的光学回转工作台属于精密转台，在圆台面上有工件定位用的中心孔和夹紧用的 T 形槽。圆台面外圆周上刻有 360°的等分刻线。圆台面与底部之间设有蜗轮副，用于传动和分度，手柄 1、3 分别驱动回转工作台绕自身的转轴转动和倾斜转动，对应的细分角度光栅显示器为 2、5，圆台面还可以在 0°~90°范围内倾斜任意角度，使工件在空间的任何角度内都能进行准确调整。光学系统将刻度细分、放大，通过目镜或光屏读出精确角度值（回转分度精度为 12″，倾斜分度精度为 1.5′）。

安装时把光学回转工作台底座平放在机床工作台上，把 T 形螺栓放入工作台的 T 形槽，穿过光学回转工作台底座上的开口槽，用螺母压紧底座，使光学回转工作台与机床工作台连为一体。压紧时注意用扳手循环压紧螺母，防止光学回转工作台底部受力变形而影响加工精度。

（2）水泵冷却系统的安装　TGX4145B 型精密坐标镗床提供水泵冷却系统供用户选用。因坐标镗床属于精密加工设备，切削余量小，产生的切削热少，故不需安装独立的冷却系统。

（3）纵横两坐标光栅尺的计量　TGX4145B 型精密坐标镗床是精密设备，加工精度要求高，需要精密的测量设备，在工作台的纵向和横向方向上均安装了光栅尺，分辨率为 0.0001mm，可测量工作台的移动位移量。

（二）TGX4145B 型精密坐标镗床安装后的初步调试

TGX4145B 型精密坐标镗床在工作台和光学回转工作台安装完毕后，需要对表 4-1-3 中的测试项目 1 进行初步调试，使设备达到最基本要求。

把精密水平仪放置在镗床工作台上，旋转 1、2 号螺旋支承调至水平，把钢棒插入图 4-1-8 所示的螺旋转轴径向孔内旋转转轴，找正镗床的纵向水平度与横向水平度，校正水平仪，要求误差在 0.004mm/1000mm 范围内，调节时应只调整 1、2 号螺旋支承，3 号螺旋支承原则上不动，机床调整水平后再把 4、5 号螺旋支承轻轻调整顶住机床，这两个螺旋支承只起辅助支撑的作用，调整好后再用钩头扳手转动固定十字花螺母 3 锁紧即可。

三、任务要点总结

本任务论述了镗床的分类、特点、应用场合，着重论述了 TGX4145B 型精密坐标镗床的组成、安装前的准备工作、基础特点、安装环境要求、安装和就位步骤，从中可以看出，精密机电设备的安装调试与普通机电设备不大一样。

四、思考与实训题

1. 镗床如何分类？各适用于加工哪些零件？

2. 普通镗床和钻床各适用于加工哪些孔？钻削粗孔是否可行？为什么？

3. TGX4145B 型精密坐标镗床安装就位前应做的准备工作有哪些？需采用什么设备进行吊装？为什么？

4. TGX4145B 型精密坐标镗床的支承有何特点？应如何调整？此种支承和调整方法的优点是什么？

5. TGX4145B 型精密坐标镗床安装基础的选择、处理与机床的车间布置包括哪些内容？

6. 精密机电设备与普通机电设备的搬运方式有何区别？并说明原因。

任务 2　TGX4145B 型精密坐标镗床电气安装与机电联合调试

知识点：

- TGX4145B 型精密坐标镗床电气设备安装位置图、电气设备总互联图的识读方法。
- TGX4145B 型精密坐标镗床电气柜接线的计算选择、室内接线的布置。
- TGX4145B 型精密坐标镗床各功能模块的电气接线图的识读方法。

能力目标：

- 掌握 TGX4145B 型精密坐标镗床电气控制原理图、电气安装接线图的意义。
- 掌握 TGX4145B 型精密坐标镗床电气柜接线的计算选择，室内接线的布置。
- 能够进行 TGX4145B 型精密坐标镗床通电试运行。

一、任务引入

TGX4145B 型精密坐标镗床机械部分安装完毕后，将电气柜与机床连接起来，并通电。

机床共有七台电动机：①主轴电动机，带动主轴旋转，为变频电动机，功率为 5.5kW；②工作台电动机，带动工作台前后移动，为伺服电动机，功率为 1kW；③溜板电动机，带动工作台左右移动，为伺服电动机，功率为 1kW；④主轴箱升降电动机，带动主轴箱升降，为三相笼型异步电动机，功率为 750W；⑤上下刀电动机，实现刀具的装卸，为三相笼型异步电动机，功率为 250W；⑥冷却电动机，为加工时输送切削液，功率为 40W；⑦轴流风机，给控制箱内元件散热，功率为 18W。镗床主要电气技术参数见表 4-1-2。

表 4-1-2　镗床主要电气参数

序号	项目	规格	序号	项目	规格
1	输入电源	(3～380V)（1±10%），(50±1) Hz	3	照明电源	AC220V
2	控制电源	AC220V AC200V DC24V	4	镗床总容量	25kW

二、任务实施

（一）电气柜电源的连接

由于地面开槽沟困难，电源线选择用桥架敷设，下垂部分穿硬管，地面部分穿防水金属软管。电气柜进线从电气控制柜底部引入，接在 XT1 接线板的 1、2、3 号接线端子上，PE 线接到接地铜排上，PE 线必须是专门的大地引线（非中性线）。由于镗床用电总容量为 25kW，三相电源引入线选择铜芯线，规格为 BVR 电缆 $3 \times 16mm^2$。

（二）机械电气装置的布线与接线

坐标镗床及其电气柜接线如图 4-1-11 所示。

机床电气柜控制操作面板如图 4-1-12 所示安装在机床电气柜上方，镗床操作面板如图 4-1-13 所示。

（三）布线与接线

根据电气设备总互联图（见图 4-1-16）给出的数据选择金属软管及导线规格，用尺子度量出所需连接导线的长度（应留足够的余量，连线不要太紧），截出金属软管和导线长度。根据互联图给出的导线规格及根数布线（要预留 1～2 根备用线），用万用表校出穿入管中的每一根导线，并按注明的线号给校出的导线穿上线号。

1. 光学回转工作台接线

把图 4-1-6 中序号 11 直流电源（6V）接入线插座与图 4-1-5 中光学回转工作台分度夹具接入电源插座 12 号相连接，导线插头供货已经接好，用户插上旋紧即可。

2. 两坐标光栅数显器接线

两坐标光栅数显器如图 4-1-14 所示，电气柜已经留出 220V 交流电源插座，用户插上旋紧即可。

3. 机床电器安装位置图

电气设备安装位置图如图 4-1-15 所示。

4. 互联图

1）电气设备总互联图如图 4-1-16 所示。

2）主轴箱电气件互联图如图 4-1-17 所示。

3）拖板电气件互联图如图 4-1-18 所示。

（四）机电联合运行调试

1. 操作前的检查

在通电之前，应检查：

1）电源是否符合要求。

2）线端是否接错，是否松动、脱落。

3）是否还有应接的端子孔。

4）传送带的弹力是否合适。

5）锁紧螺母是否松动。

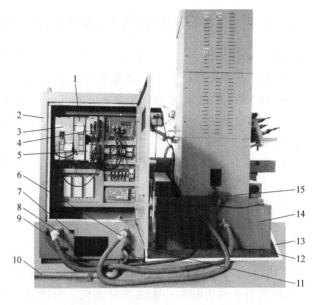

图 4-1-11　坐标镗床及其电气柜接线

1—主轴旋转交流变频电动机驱动器　2—电气柜　3—变频器　4—X 坐标伺服电动机驱动器　5—Y 坐标伺服电动机驱动器　6、8—主轴升降电动机、主轴旋转刹车电磁铁、工作灯、电风扇、光栅位移传感器及数显表、回转工作台电源接线　7—冷却泵电动机电源接线备用插头　9—X、Y 两坐标伺服电动机电源线和反馈信号线　10—380V 三相交流电及接地线　11—主机外壳接地线　12—基础　13—隔振沟上方盖木板　14—镗床底座　15—X、Y 两坐标伺服电动机在机床上的插头盖板

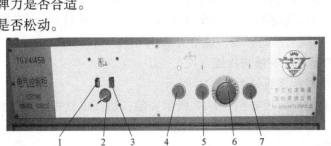

图 4-1-12　坐标镗床电气柜操作面板的组成

1—总电源断开按钮　2—总电源钥匙开关　3—电气柜总电源接通按钮　4—冷却泵电动机断电按钮　5—冷却泵电动机通电按钮　6—紧急断电按钮　7—运行调试按钮

图4-1-13　TGX4145B型精密坐标镗床电气控制操作面板

1—X坐标锁紧放松按钮　2—主轴停转按钮　3—X、Y两坐标手动进给按钮　4—刀具夹紧松
开旋钮　5—电源指示灯　6—主轴转速指示表（最高转速2000r/min）　7—X、Y两坐标进
给手摇脉冲发生器　8—X、Y两坐标手动进给和手摇脉冲发生器进给选择旋钮　9—X坐
标手动进给调速旋钮　10—Y坐标手动进给调速旋钮　11—X、Y两坐标手摇脉冲发生器
进给选择旋钮　12—急停按钮　13—主轴箱机动升降旋钮　14—主轴起动按钮
15—Y坐标锁紧放松按钮　16—主轴调速旋钮

6）是否已注入润滑油。

2. 电气控制柜通电运行调试

1）顺时针转动图4-1-12中的总电源钥匙开关2，再按下电气控制柜的总电源接通按钮3，则图4-1-13中的电源指示灯5亮起，图4-1-11中的电气设备1、3、4、5的通电指示灯亮起，光栅数显器数字亮起，机床处于预备工作状态。此时逆时针旋转图4-1-12中的总电源断开按钮2，指示灯和数显器全部灭掉，则说明电气柜通、断电正常。否则，逆时针转动图4-1-12中的总电源钥匙开关2，对电气柜电路进行维修。

图4-1-14　两坐标光栅数显器

2）在电气柜通、断电正常的情况下接通电源，操作图4-1-13中的坐标进给锁紧放松按钮1、15之外的其他按钮均不工作，则机床系统通电正常；否则需要检查故障，进行维修。

3）在电气柜通、断电正常的情况下接通电源，按下图4-1-12中的运行调试按钮7，机床处于工作状态，这时操作图4-1-13中的坐标进给锁紧放松按钮1、15之外的其他按钮均能工作，则机床系统通电正常；否则需要检查故障，进行维修。

4）在机床系统通电正常工作的情况下，按下图4-1-12中的紧急断电按钮6，这时操作图4-1-13中的坐标进给锁紧放松按钮1、15之外的其他按钮均不工作；否则需要检查故障，进行维修。

上述四步调试均正常，则电气柜通电运行调试正常，进入坐标镗床电气控制机电联合运行调试。

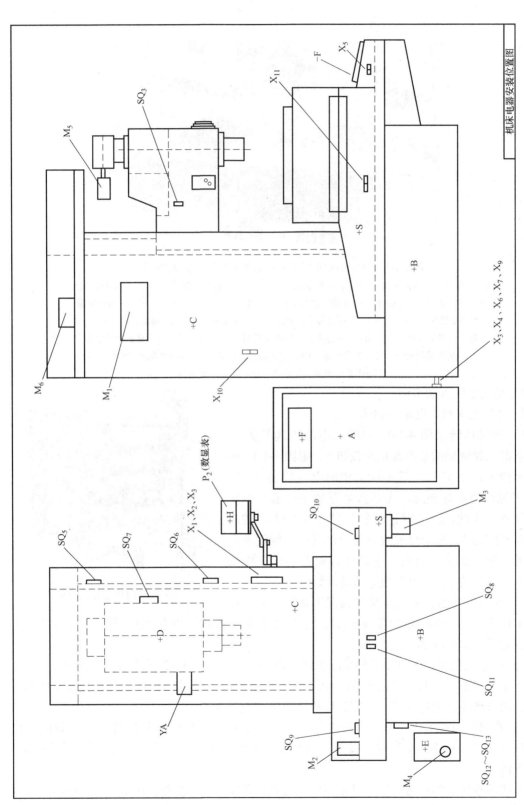

机床电器安装位置图

图 4-1-15 电气设备安装位置图

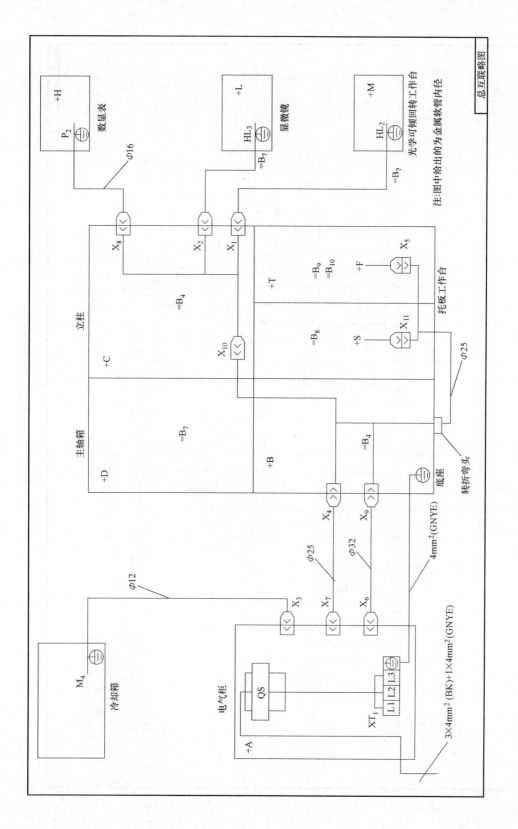

图 4-1-16　电气设备总互联图

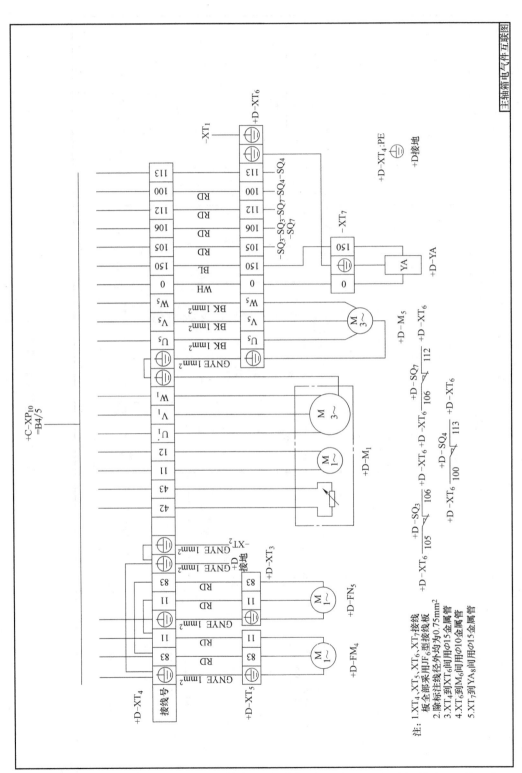

图 4-1-17　主轴箱电气件互联图

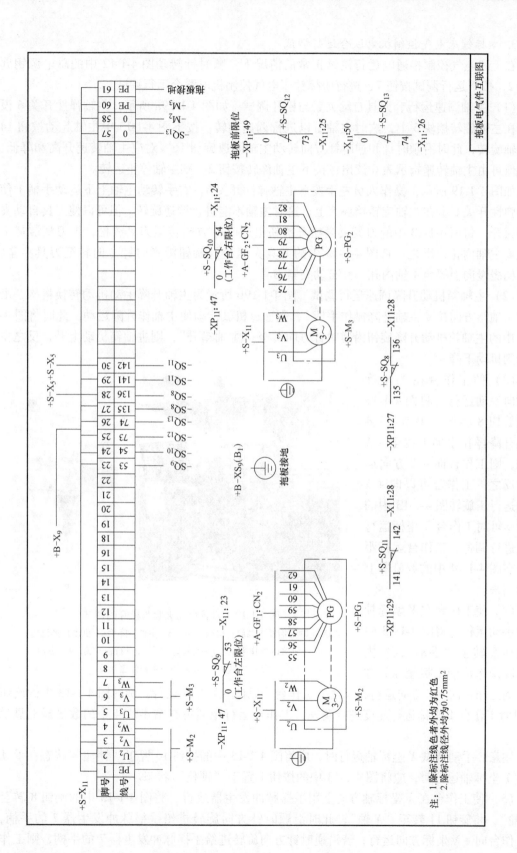

图 4-1-18　拖板电气件互联图

3. 坐标镗床电气控制机电联合运行调试

在上述电气控制柜通电运行调试正常的情况下，顺时针转动图 4-1-12 中的总电源钥匙开关 2，按下运行调试按钮 7，进行坐标镗床电气控制机电联合运行调试。

（1）主轴调速运行、刀具自动夹紧与松开调试　如图 4-1-19a 所示，主轴弹性开关 6 没有卡在主轴旋转挡块 5 上，这时主轴可以进行调速旋转，按下图 4-1-13 中主轴起动按钮 14 则主轴旋转，此时沿顺时针和逆时针方向转动主轴调速旋钮 16，对应主轴转速升高和降低，转速值可由主轴转速指示表 6 读出；按下主轴停转按钮 2，则主轴停止运转。

如图 4-1-19 所示，操作人员左手按下主轴弹性开关 6，右手转动主轴上下运动手柄 1 使主轴弹性开关 6 卡在主轴旋转挡块 5 上，这时主轴不能进行调速旋转，但可以使刀具自动夹紧与松开。将图 4-1-13 中的刀具夹紧松开旋钮沿顺时针方向转至刀具放松，则刀柄缓慢下落脱离主轴内孔；反之，将图 4-1-13 中的刀具夹紧松开旋钮沿逆时针方向转至刀具夹紧，则刀柄缓慢向上提至主轴内孔，并自动夹紧刀具。

（2）主轴箱机动升降调速运行调试　图 4-1-19b 所示为主轴升降手动机动转换机构，沿远离主轴箱方向拉动主轴升降操作手柄 1，则通过机械传动使主轴作升降运动，此时将图 4-1-13 中的主轴箱机动升降旋钮沿逆时针方向转至"主轴箱升"，则主轴箱机动上升，反之主轴箱则机动下降。

（3）使工作台在 X 坐标轴方向手动运行　将图 4-1-13 中的旋钮 8 转至"手动"，将主轴升降操作手柄 1 拨至 $-X$ 方向，则工作台向 $-X$ 方向运行；反之，工作台可以向 $+X$ 方向运行。旋转图 4-1-13 中的旋钮 9 可对工作台 X 坐标运行速度进行调速，工作台运行距离可在图 4-1-14 中的数显器上显示出来。

（4）使工作台在 Y 坐标轴方向手动运行　将图 4-1-13 中的旋钮 8 转至"手动"，将主轴升降操作手柄 1 拨至 $+Y$ 方

图 4-1-19　刀具自动夹紧与松开的调试
a）主轴刀柄及主轴旋转机械开关　b）主轴升降手动/机动转换机构
1—主轴升降操作手柄　2—行程定位块　3—行程开关　4—主轴
5—主轴旋转挡块　6—主轴弹性开关

向，则工作台向 $+Y$ 方向运行；反之，工作台可以向 $-Y$ 方向运行。旋转图 4-1-13 中的旋钮 10 可对工作台 Y 坐标运行速度进行调速，工作台运行距离可在图 4-1-14 中的数显器上显示出来。

注意：手动调试 X 坐标轴运行时，应将图 4-1-13 中的按钮 15 置于"锁住"状态；手动调试 Y 坐标轴运行时，应将图 4-1-13 中的按钮 1 置于"锁住"状态。

（5）使工作台在 X 坐标轴方向上用手摇脉冲发生器运行　将图 4-1-13 中的旋钮 8 转至"手轮"，将旋钮 11 转至"X 轴"，此时沿顺时针方向旋转进给手摇脉冲发生器 7 的手柄，则工作台向 $+X$ 坐标方向运行；若沿逆时针方向旋转进给手摇脉冲发生器 7 的手柄，则工作

台向 $-X$ 坐标方向运行；工作台的运行距离可在图4-1-14中的数显器上显示出来。

（6）使工作台在 Y 坐标轴方向上用手摇脉冲发生器运行 将图4-1-13中的旋钮8转至"手轮"，将旋钮11转至" Y 轴"，此时沿顺时针方向旋转进给手摇脉冲发生器7的手柄，则工作台向 $+Y$ 坐标方向运行；若沿逆时针方向旋转进给手摇脉冲发生器7的手柄，则工作台向 $-Y$ 坐标方向运行；工作台的运行距离可在图4-1-14中的数显器上显示出来。

注意：手轮调试 X 坐标轴运行时，应将图4-1-13中的按钮15置于"锁住"，手动调试 Y 坐标轴运行时，应将图4-1-13中的按钮1置于"锁住"状态。

（7）手动加手轮的精确位移的运行调试 在加工中需精确移动工作台时，通常使用手动与手轮相结合的运行方式。例如，使工作台从当前位置向 $+X$ 坐标方向移动100mm的操作方法是：先把图4-1-14中数显器的 X 坐标清零，用"手动"方式将工作台向 $+X$ 坐标方向移动约99mm，再用"手轮"方式将工作台向 $+X$ 方向运行至100mm处（均为数显器显示移动的长度值）。

三、任务要点总结

通过对TGX4145B型坐标镗床电气等部分电路的连接、安装调试，学生应掌握电气设备安装位置图、电气设备总互联图的表示方法，熟悉机电设备总互联图的组成；通过对电气柜通电运行调试、精密坐标镗床电气控制机电联合运行调试，应熟悉精密坐标镗床的运行调试方法。

四、思考与实训题

1. TGX4145B型精密坐标镗床电气柜的调试内容有哪些？
2. TGX4145B型精密坐标镗床操作控制面板的调试内容有哪些？
3. 图4-1-12和图4-1-13所示的两个操控面板的调试内容有哪些制约关系？

任务3 TGX4145B型精密坐标镗床的精度测试与加工

知识点：
- TGX4145B型精密坐标镗床的验收方法。
- TGX4145B型精密坐标镗床的检测工具使用方法及检测原理。

能力目标：
- 能够正确验收TGX4145B型精密坐标镗床。
- 能够按照正确的步骤调试机床。
- 能够正确操作机床和正确检测工件。

一、任务引入

TGX4145B型精密坐标镗床机械电气安装与初步通电运行正常后，进行机电联合调试操作，为全面检查本镗床的功能与可靠性，对TGX4145B型精密坐标镗床进行试切加工测试。根据《金属切削机床安装工程施工及验收规范》和产品说明书，给出表4-1-3所示调试项目的结果。

表 4-1-3　TGX4145B 型精密坐标镗床出厂前调试精度测试项目

序号	测试项目	允差	实测误差值
1	工作台在纵横两坐标全行程上的水平度 * （图 4-1-1 所示横向即 *Y*、纵向即 *X*）	纵向：0.010mm	0.0070mm
		横向：不大于 0.004mm	0.0032mm
2	工作台移动在纵横两坐标方向上的直线度 *	纵向：0.0025mm	0.0016mm
		横向：0.0025mm	0.0012mm
3	工作台面对工作台纵向、横向移动的平行度 *	纵向：0.005mm	0.004mm
		横向：0.004mm	0.0035mm
4	工作台 T 形槽侧面对工作台纵向移动的平行度 *	0.005mm	0.004mm
5	主轴在全行程上对工作台面的垂直度 **	纵向：0.006mm	0.0043mm
		横向：0.005mm	0.0040mm
6	工作台纵向、横向移动重复定位精度 **	纵向：0.003mm	0.0023mm
		横向：0.0025mm	0.0021mm
7	主轴径向圆跳动 ●	主轴端部：0.003mm	0.0025mm
		距主轴端部 100mm 处：0.002mm	0.0015mm
8	主轴端面轴向窜动 ●	0.002mm	0.0011mm
9	主轴轴线的径向圆跳动 ● （在距离主轴端部 300mm 长度内）	距端部 100mm 处：0.02mm	0.016mm
		端部：0.01mm	0.008mm
10	加工孔距为 20mm 的系列孔的孔距精度和圆度误差 ★	孔距误差不大于 0.004mm	0.002mm
		孔圆度误差不大于 0.0025mm	0.001mm

二、任务实施

（一）落实精度测试项目

TGX4145B 型精密坐标镗床出厂前已经进行了精度调试和加工运行测试，出具的合格证明书上所列的 11 个精度测试项目全部合格，用户购买安装初平并初步通电调试正常后，按照不同的测试项目进行测试，现论述必须进行检测的项目、原则上需要进行检测的项目和加工零件精度检测项目。

（二）对必须进行检测的项目、原则上需要进行检测的项目进行检测与调整

TGX4145B 型精密坐标镗床的精度等级为 0.0001mm，虽然在不少项目的测量方法与前述 CDE6140 型卧式车床、X6132 型卧式铣床、CK6140 型数控车床相似，但测量所用的工具不同，一般使用高精度的水平仪、杠杆千分表、CPJ-3000 精密测量仪，甚至使用测量精度更高的激光干涉仪等。

1. 工作台在纵横两坐标全行程上的水平度

在任务 1 已经论述，精密机床的支承及其调整方法与普通机床不同。这里只调整图 4-1-7 中的 1、2 号螺旋支承，中间支承 3 原则上不动，机床调整水平后再把只起辅助支撑的作用螺旋支承 4、5 轻轻调至顶住机床，全部调整好后再用钩头扳手将图 4-1-8 中的固定十字花螺母 3 锁紧。

2. 工作台移动在纵横两坐标方向上的直线度

测量方法同表 2-1-4 中的序号 1 相同，可使用分度值为 0.001mm 的水平仪进行测量，最好使用激光干涉仪测量，在此不再详述。

3. 工作台面对工作台纵向、横向移动的平行度

测量方法与图 2-2-20 和图 2-2-21 相同，但要使用分度值为 0.001mm 的千分表进行测量，最好使用激光干涉仪测量，在此不再详述。

4. 工作台 T 形槽侧面对工作台纵向移动的平行度

测量方法与图 2-2-21 相同，但要使用分度值为 0.001mm 的千分表进行测量，最好使用激光干涉仪测量，在此不再详述。

5. 主轴在全行程上对工作台面的垂直度

测量方法与图 2-2-18 和图 2-2-19 相同，但要使用分度值为 0.001mm 的千分表进行测量，最好使用激光干涉仪测量，在此不再详述。

6. 工作台纵向、横向移动重复定位精度

参考图 3-2-1 和图 3-2-2 所示的测试方法，使用分度值为 0.001mm 的杠杆千分表进行测量，表座固定在床身上，在工作台上放置挡块，测试 X、Y 两个坐标的重复定位精度。

（三）对加工零件精度检测项目进行检测与调整

1. 加工工件范围及其精度

普通机床的加工机械零件的精度精确到 0.01mm 级别，而坐标镗床是加工精密零件、工具、量具及其他工装上孔的精密机床，精度精确到 0.001mm（即 μm）级别。如图 1-1-4 所示，变速箱体 1 上孔的尺寸位置公差为 0.02 ~ 0.04mm，用普通组合钻床加工；而钻模板 2 上安装钻套的孔的尺寸位置公差 0.003 ~ 0.006mm，需要用立式坐标镗床加工；组合钻床主轴箱 3 的孔的尺寸位置公差为 0.003 ~ 0.006mm，需要用卧式坐标镗床加工。所以，坐标镗床精度等级至少比普通机床高一个数量级。

2. 坐标镗床精加工微调刀具特点

（1）径向微调切削刃式镗刀　精密坐标镗床所用刀具的结构与普通机床所用刀具不同，需要能够微调镗刀镗削至一定直径的孔。图 4-1-20 所示为径向微调切削刃式镗刀，用内六角扳手松开锁紧螺母 5，微调镗刀刻度盘 3 转动一格，则切削刃安装柄 2 相对于主轴锥柄 4 径向移动 0.0005mm，镗孔直径变化 1μm，调好刀具后再转动锁紧螺母 5 锁紧刀具即可。

（2）转轴式微调切削刃式镗刀　图 4-1-21 所示为转轴式微调切削刃式镗刀，用内六角扳手松开锁紧螺母 4，转动微调镗刀安装柄 1 和切削刃刻度柄 2，每转过一格，则镗刀 3 径向移动 0.0005mm，镗孔直径变化 1μm，调好刀具后再转动锁紧螺母 4、5 锁紧刀具和切削刃刻度柄即可。

（3）转刀盘式微调切削刃式镗刀结构　图 4-1-22 所示为转刀盘式微调切削刃式镗

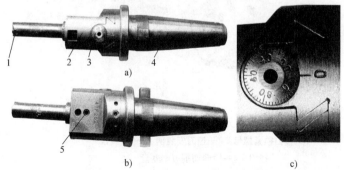

图 4-1-20　径向微调切削刃式镗刀结构

a）正面图　b）侧面图　c）调刀刻度盘

（调整一格切削刃镗孔半径变化 1μm）

1—镗刀刀尖　2—切削刃安装柄　3—微调镗刀刻度盘

4—主轴锥柄　5—锁紧螺母

刀结构，用扳手轻轻松开锁紧螺母4，转动微调切削刃刻度盘2，每转过一格，则镗刀3径向移动0.0005mm，镗孔直径变化1μm，调好刀具后再转动锁紧螺母4锁紧刀具即可。

图 4-1-21　转轴式微调切削刃式镗刀结构　　　　图 4-1-22　转刀盘式微调切削刃式镗刀结构
1—镗刀安装柄　2—切削刃刻度柄　3—镗刀　4、5—镗刀　　　　1—镗刀安装柄　2—切削刃刻度盘
锁紧螺母和另一侧的刻度柄锁紧螺母　　　　　　　　　　　3—镗刀　4—镗刀锁紧螺母

（4）移动刀杆式微调可转位镗刀结构　图 4-1-23 所示为移动刀杆式微调可转位镗刀结构，用内六角扳手轻轻松开锁紧螺母1，转动微调切削刃刻度盘4，每转过一格，则镗刀安装柄2径向移动0.0005mm，镗孔直径变化1μm，调好刀具后再转动锁紧螺母1锁紧刀具即可。

其他传统的钻孔、铰孔、扩孔及其钻扩铰等复合刀具都可用于坐标镗床，只是加工余量和进给量要小，钻削直径不大于20mm的孔，否则需要扩镗加工。

3. 零件的加工工艺

图 4-1-24 所示零件四个孔加工前已经磨削外圆和两个平面，孔中心正方形边长20mm，要求孔距误差不大于0.004mm，孔圆度误差不大于0.0025mm，在坐标镗床上钻孔后再铰孔采用手动加手轮的精确位移的加工工艺。如图 4-1-25 所示，用杠杆千分表找正零件上平面的水平度；如图 4-1-26 所示，把杠杆千分表固定在主轴上，表针指在工件外圆上，转动光学回转工作台使零件外圆与主轴中心同轴；如图 4-1-27 所示，手动手轮移动工作台在 +X 和 +Y 方向各移动10mm，钻孔后再铰孔，然后依次钻铰另外三个孔。

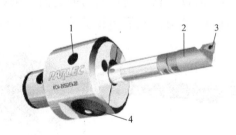

图 4-1-23　移动刀杆式微调可转位镗刀结构　　　　
1—镗刀锁紧螺母　2—镗刀安装柄　3—可转位　　　　图 4-1-24　精密钻模板
镗刀　4—微调切削刃刻度盘

4. 零件孔距精度和圆度误差测量

对于精密坐标镗床加工的零件，孔中心距及孔的几何误差不再用传统的测量工具进行测量，而用图 4-1-28 所示的 CPJ-3000 型精密测量仪进行测量。该设备可直接输出所测量的孔的直径、半径、圆度、与其他孔的距离等数据，各项精度符合要求后机床试运行结束，机床可以正式投入使用。

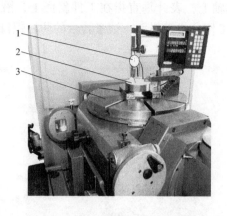

图 4-1-25 用杠杆千分表找正零件上平面的水平度
1—固定在主轴上的杠杆千分表 2—圆形
工件毛坯 3—回转工作台

图 4-1-26 用杠杆千分表
找正零件外圆

图 4-1-27 工作台在 +X 和 +Y 方向
各移动 10mm 后依次钻铰四孔

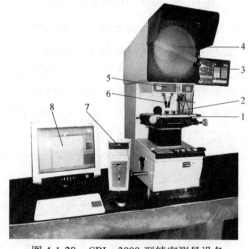

图 4-1-28 CPJ—3000 型精密测量设备
1—三坐标直线运动工作台 2—精密钻模板 3—三坐标
光栅数显器 4—工件显示屏 5—设置按键盘 6—摄
像头 7—计算机主机 8—计算机显示器

把图 4-1-24 所示的精密钻模板放到图 4-1-28 所示仪器的工作台 1 上,调整三坐标工作台 1 和设置按键盘 5 将工件显示在工件显示屏 4 上,且调至合适位置。在计算机上配有专用的软件并与通信仪器相连。经过测量可得,相邻两个孔中心距均是 19.998mm,四个圆孔的圆度误差最大值为 0.001mm,满足精度要求。

(四) 加工斜面零件上的孔

1. 斜面零件在光学回转工作台上的装夹及找正

如图 4-1-29 所示,把光学回转工作台旋转到水平位置,除了待加工的两个孔,其余表面都加工好的零件装夹在光学回转工作台上,目测斜面与 Y 坐标轴平行,用一个螺旋压板机构把零件装夹在回转台的工作平面上,把杠杆千分表固定在镗床主轴上,表针指在外圆上,正反向转动光学回转工作台,手动加手轮移动机床工作台找正外圆与主轴中心重合。

如图 4-1-30 所示，把杠杆千分表固定在主轴上，表针垂直指在工件斜面上，沿 Y 坐标方向移动机床工作台，轻微转动手动万能回转工作台找正斜面，锁紧转台的防松螺钉。

图 4-1-29　斜面零件的装夹与找正　　　　图 4-1-30　安装杠杆千分表并进行测量

2. 斜面零件在回转工作台上加工孔

加工图 4-1-31 所示零件上 $\phi 29$mm 孔和 M12 孔，$a = 46$mm，$H = 38$mm（见图 4-1-32），根据坐标镗床说明书提供的 4TF121 型光学回转工作台的参数，$S = 100$mm，光学回转工作台面置水平后，按图 4-1-29 所示对工件外圆进行找正，再按图 4-1-30 所示对工件斜面进行找正，即图 4-1-32 所示状态，Z 坐标与镗床主轴轴线重合。$\phi 29$mm 待加工孔的轴线与上表面交点 A 在 ZOX 坐标系中的坐标：$X = [a \times \cos 67° - (100 - 94)]$mm $= 17.3736$mm，$Z = S + H + a \times \sin 67° = (100 + 38 + 46 \times \sin 67°)$mm $= 230.0505$mm。

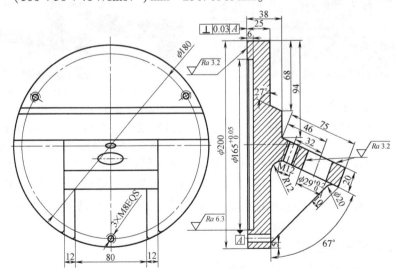

图 4-1-31　在坐标镗床上加工零件斜面上两个孔

将光学回转工作台沿顺时针方向旋转 67°，锁紧转台的倾斜防松螺钉，即图 4-1-33 所示状态，Z 坐标轴与镗床主轴轴线重合，则 A 点在 X_1OZ_1 坐标系中的坐标值可根据坐标旋转公式求得：

$X_1 = X\cos67° + Z\sin67° = 218.5510\text{mm}$，$Z_1 = Z\cos67° - X\sin67° = 73.8954\text{mm}$，把工作台向 $-X$ 坐标方向移动 218.5510mm，钻镗 $\phi29.0100$mm 的孔，之后再把机床工作台向 $+X$ 坐标方向移动 32mm，加工 M12 孔。

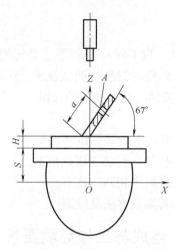

图 4-1-32　在光学回转工作台上加工斜面上的孔的对刀图

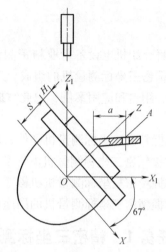

图 4-1-33　光学回转工作台沿顺时针方向旋转 67° 后有关参数变化的关系图

三、任务要点总结

本任务论述了 TGX4145B 型精密坐标镗床出厂精度测试项目；介绍了不同测试项目的测试方法，精密坐标镗床所用刀具及调刀方式，精密坐标镗床机电联合调试的内容和步骤，斜面零件上孔的位置的计算方法及光学回转工作台的调整方法。

四、思考与实训题

1. TGX4145B 型精密坐标镗床开箱、清点、检查与验收需要做的工作有哪些？

2. TGX4145B 型精密坐标镗床机械与电气的调试内容有哪些？

3. 使用 TGX4145B 型精密坐标镗床加工斜面零件上的孔，应如何调整机床刀具的正确位置？如何确定孔的位置？

4. 现有一台 TGX4132B 型号精密坐标镗床，试对其进行机械精度与电气运行调试。

项 目 小 结

本项目论述了镗床的分类、工艺范围、加工精度、安装特点。精密坐标镗床的安装普遍遵循"不共线三点确定一个平面"的原理，采用三个支承安装，调水平度时只调整两个螺旋支承即可，此做法不易引起设备变形。机床调至水平后再加两个辅助支承，以增加支承的刚性。

TGX4145B 型精密坐标镗床要求在恒温环境中工作，安装基础要有隔振沟，其安装基础、安装调试方法、维护保养、机电联合调试的内容和步骤、加工与测量等内容与普通机电设备均有较大不同。在精密机电设备中该精密坐标镗床的安装调试具有典型的代表性。读者掌握其基本原理、基本概念、安装调试方法，掌握相关的知识点和能力目标，对了解其他精密机电设备的相关知识和能力目标起到抛砖引玉的作用。

项目二　精密三坐标测量机的安装与调试技术

项目描述

　　本项目介绍机电设备行业精密测量技术的发展现状，以 Global 型精密三坐标测量机为例，介绍精密三坐标测量机的组成、工作环境、硬件与软件的安装与调试技术、保养维护、产品升级、用途和应用案例，以此掌握精密机电设备的安装与调试技术的知识。

学习目标

　　1. 掌握精密三坐标测量机硬件、软件的组成、工作环境和安装调试环境要求。

　　2. 掌握精密三坐标测量机电气及外围设备的组成、作用、安装与调试技术。

　　3. 掌握精密三坐标测量机机械部分的三支点支承安装顺序和调试技术。

　　4. 掌握精密三坐标测量机的用途，并通过案例了解其测量方法及应用。

任务1　精密三坐标测量机的发展、组成与工作环境要求

> **知识点：**
> - 精密三坐标测量机的发展、组成和安装环境。
> - 精密三坐标测量机对工作环境的技术要求。
>
> **能力目标：**
> - 了解测量技术的发展、三坐标测量机的各个组成部分及其作用。
> - 掌握三坐标测量机对贮运和工作环境的要求。

一、任务引入

　　几何量测量遍布机电设备行业，典型的工业制造领域如大型飞机、汽车、船舶、机车等中大型尺寸的测量，要求的测量尺寸精度一般在 $20 \sim 100\mu m$ 之间；而以各种精密零部件、电子以及医疗器械等行业所代表的小尺寸测量任务，对精度要求一般在 $0.3 \sim 20\mu m$ 之间。随着技术的发展，制造技术向着更加精密、微型、形状复杂的方向发展，几何量测量技术随之也向着纳米级测量技术快速推进，精度等级进入到 $0.3\mu m$ 以内。

　　随着现代制造技术的发展，零部件加工制造较以往更加精密、高速、柔性，具有更高的互换性。要使最终加工制造的产品零件与设计要求保持比较高的一致性，最有效的方法就是通过坐标测量技术，准确获取被测零件空间点的坐标信息，通过软件手段计算评价出其需要测量的形状、位置和尺寸信息，并及时有效地将反馈数据传递到生产工艺过程中，使之成为持续提高产品加工制造质量的有效工具。

　　传统测量技术，由于更多的是基于手动调整与模拟量的读取，无法与当今大批量和复杂零件加工制造要求相适应，这就促成了以三坐标测量机为代表的现代测量技术的发展和行业的形成。通过有效获取代表零件表面特征的坐标信息，利用软件进行控制、计算、数据导入、处理与统计分析，坐标测量技术能够非常贴合地融入到现代制造技术的每个环节，成为有效确保产品品质、缩短产品开发与制造周期、降低制造成本的有效工具之一。本任务介绍

精密三坐标测量机的发展、组成、安装调试、工作环境要求及应用。

二、精密三坐标测量机

（一）三坐标测量的基本原理

任何一个物体在空间都占据确定的三维坐标，只要将被测物体置于三坐标测量机的测量空间内，通过测头触发，就可获得被测物体上各测点的三维空间坐标值，根据这些坐标值，由相应的软件进行数学处理即求得被测物体的几何尺寸、形状和位置。三坐标测量机就是通过测头系统与被测工件的相对移动，探测工件表面点的三维坐标的测量系统。

（二）三坐标测量机的基本组成

图 4-2-1 所示为移动桥式精密三坐标测量系统，它由主机、测头系统、控制系统和软件系统组成。

测量机主机是整套系统提供精度的基础，支持三轴精密运动，并携带测头系统进行测量坐标点的触发与采集。

控制系统读取空间坐标值，对测头信号进行实时响应处理，控制机械系统实现测量所必需的运动，实时监测测量机的状态以保证整个系统的安全与可靠性，有的还包括对测量机进行几何误差与温度误差补偿，以提高测量机的测量精度。控制系统可分为手动型、机动型和数控型，目前数控型的控制系统应用较多。

图 4-2-1　移动桥式精密三坐标测量机系统
1—软件系统　2—控制系统　3—主机　4—测头系统

测头系统是测量机探测时发送信号的装置，利用接触与非接触方式，输出触发信号，实现三维坐标值的精确采集。

软件系统是整个测量系统的核心，可实现测量系统的运行控制、坐标转化、数据采集、公差评价、统计分析、报告输出等操作。随着信息技术的发展，软件系统将成为决定测量系统整体性能的重要组成部分。

以上四部分构成了三坐标测量机主要功能部分，根据应用需要不同，还会有其他形式的坐标测量系统，但从主要构成和工作原理上来说是一致的。

对于现代坐标测量技术，除了构成硬件主要部分的主机可能存在不同的结构形式，软件已日益成为反映测量机系统优势的重要指标，成为准确评价和测量以及与制造系统紧密融合的重要部分。

三坐标测量机按结构形式分为移动桥式、固定桥式、龙门式、水平悬臂式和关节臂式五种形式。图 4-2-1 所示为移动桥式三坐标测量机。

三坐标测量机是通过测量来获得零件形状、位置和尺寸数据的最有效的高精度测量设备，是现代测量技术的代表，与传统测量技术相比，现代测量技术优势明显，具体比较见表4-2-1。

（三）三坐标测量机辅助系统

如图 4-2-2 所示，三坐标测量机辅助系统包括过渡工作间、辅助设备工作间、空气压缩机、空气干燥机、空调机、空气过滤器等。

表 4-2-1　传统测量技术与现代测量技术的优势比较

传统测量技术	现代测量技术
对工件要进行人工位置调整	不需要对工件要进行人工特殊位置调整
专用测量仪和多工位测量仪很难适应测量任务的改变	简单调用所对应的测量软件即可完成测量任务
与实体标准或运动标准进行测量比较	与数学或数字模型进行测量比较
尺寸、形状和位置测量在不同的仪器上进行不相干的数据测量	尺寸、形状和位置的评定在一次安装中即可全部完成
手工记录测量数据	产生完整的数字信息，完成报告输出，统计分析和 CAD 输出，其至为 CAM 做好前置处理工作

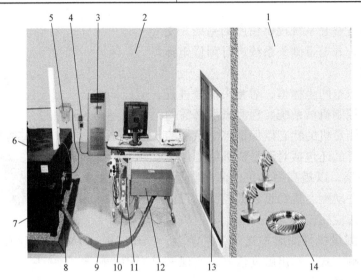

图 4-2-2　三坐标测量机辅助设备系统
1—过渡工作间　2—主机恒温、恒湿度工作间　3—空调器　4—温度湿度计　5—前置空气过滤器
6—三坐标测量机工作台　7—框式支承座　8—AF20-02C-R 型测量机自带后置空气过滤器
9—主机与控制系统接线　10—计算机测量分析系统　11—控制系统与计算机主机、220V
交流电源接线　12—电气控制系统　13—工作间与过渡间推拉门　14—过渡间待测工件

1. 工作间及过渡工作间的作用及其要求

三坐标测量机安装工作间必须有适当的空间，这样既便于机器就位和机器在正常工作状态下的各种操作，也有利于室内温度控制。测量机的摆放位置要便于装卸零件和方便维修操作且美观和谐，主机离计算机台和墙面距离最小为 600mm，尤其应保证测量机和机房的顶棚之间预留 200mm 左右的空间。

过渡工作间是与恒温、恒湿度工作间连通的部分，主要是保证恒温恒湿度效果，同时还可用于存放和交接待测工件，待测工件测量前须先运进过渡间进行等温处理。

2. 空气处理辅助设备

三坐标测量机的燕尾导轨上空气轴承对空气要求很高，需要空气处理辅助设备，相关要求如下：

1）工作间要求温度（20±2）℃，此外还有两个温度梯度指标，即时间梯度 < 2℃/8h

内，空间梯度 < 1℃/m³。测量机工作室内不应有阳光，应使用双层窗，以保证房间不会大量散失热量。工作间内有空调器 3 和温度湿度计 4，以控制室内湿度在 30% ~ 70% 之间。

2）压缩空气要求无油、无水、无杂质，压力波动下限不低于测量机工作压力上限，传输管道中应有能够放掉凝结水的放水开关。

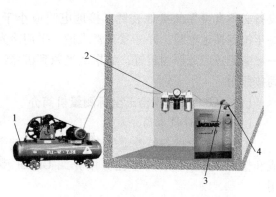

图 4-2-3　空气处理系统主要设备示意图

1—BLT. W-1/8 型空气压缩机　2—前置处理空气过滤器
3—JAGUAR-10 型空气干燥机进气管接头　4—干燥机出气管进入工作间的空气过滤器

空气处理系统主要设备如图 4-2-3 所示，通过电动机带动的空气压缩机将大气压力状态下的空气压缩成较高的压力进入贮气罐，再经前置处理空气过滤器 2 进入空气干燥机，除去压缩空气中的水分后进入图 4-2-2 所示三坐标测量机工作间的后置空气过滤器 5，再进入测量机自带空气过滤器 8，之后进入空气轴承。

另外还有自动排水器、气路放水开关、空气压力表等，整个空气处理辅助设备流程如图 4-2-4 所示。

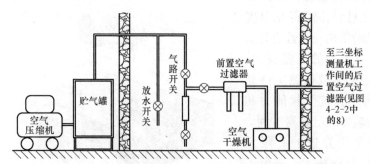

图 4-2-4　给空气轴承供气的空气处理与输送装置流程示意图

3. 安装环境对磁场、电场、地面、墙体、顶棚的要求

不要建在强电场、强磁场（如电源断电设备、变压器、电火花加工机床、变频电炉、电弧焊机等）附近。机房地面、墙壁要防尘、防静电，地板可采用木质地板（除测量机地基）或水磨石地板，不要用产生静电的材料，墙壁可涂浅色无光油漆，顶棚为白色。墙体、顶棚要采取保温措施，工作间周围不透水。

4. 安装、运输及存放应注意的问题

短途运输、存放和安装等必须按规程正确操作，搬运工具不能直接与测量机工作台或其他部位接触，以免对测量机造成损坏。调试前应使机房中的温度、湿度、气源、地线、电源等条件符合要求。为避免在非恒温条件下存放而影响精度，三坐标测量机在非恒温条件下（室内）存放一般不要超过两个月。

5. 三坐标测量机安装现场电源系统设计原则

三坐标测量机需要专用的保护电路才能正常工作，使用独立的电源以防电路干扰，采用暗线穿管方式，以免出现跳闸。同时注意必须配备不间断电源，并应远离较强的电冲击源。

设备必须有可靠的接地装置，接地电阻应小于 4Ω，当大于 4Ω 时，应补增接地装置长度，每年检查接地电阻，并注意日常维护。采用冷光吸顶照明，照度应为 200lx。为防设备停电，一般应配备应急照明装置，如果从光源到机器设备的距离小于机器的最大外型尺寸，应采用间接照明。

（四）Global 型精密三坐标测量机简介

1. 主机设计技术简介

本任务以全球安装数量最多的 Global 型精密三坐标测量机为例，介绍测量系统的主要组成和作用，并在后续两个任务中介绍 Global 型精密三坐标测量机的安装调试及其具体应用。

Global07.10.07 型移动桥式三坐标测量机如图 4-2-5 所示，该产品在全球已经累计安装超过 1 万台，成为众多三坐标测量机当中的领军产品，该产品的主机设计技术主要体现在如下几个方面：

1）采用获得专利的气动平衡设计，柔性悬挂系统，避免了轴向运动和传动系统之间的干涉问题，提高了测量机的精度和长期稳定性。

2）表面硬质处理的全铝框架，具有超强刚性，铝材质量小、导热性好、对温度的变化敏感，为测量系统提供了最佳材料，使得在温度变化情况下整机的结构一致性更好。

3）采用高分辨率的光栅技术，热膨胀系数与绝大多数被测工件材料相当，并具有超强抗干扰能力和抗磨损功能，安装方式已获得专利。

4）设计中采用先进的有限元（FEA）和模块化分析技术，避免了由于结构变形、振动和温度的变化对机器性能的影响。

5）敞开的测量空间符合人体工程设计的工作台设计，导轨与台面平齐，使得工件的安放更加容易，同时为操作者提供了良好的视野。

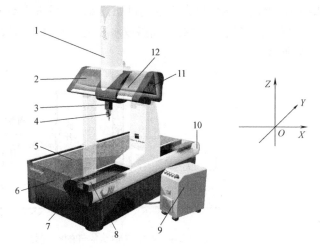

图 4-2-5 Global07.10.07 型移动桥式三坐标测量机
1—气动平衡设计 2—横梁 3—光栅技术 4—探测系统
5—测量空间 6—花岗石工作台 7—整体燕尾导轨 8—空气轴承的使用 9—具有飞行运动控制特性的控制系统
10—驱动电动机 11—精密三角梁 12—传动带设计

6）采用质量很大的花岗石工作台，减少了振动并为活动桥的运动提供支承，结构按照严格的质量标准进行了认证。

7）获得专利的整体燕尾导轨，整体燕尾导轨三面闭环，提供了业内最稳固的结构，并避免了胶结，提高了机器的精度、重复性以及长期稳定性。

8）空气轴承的使用。如图 4-2-6 所示，在 X、Y、Z 三个坐标燕尾导轨上均采用空气轴承闭环分布，重复性和稳定性佳，预载荷空气轴承使测量机获得了精密引导。

9）飞行运动控制。通过减少停顿和转角实现了各轴运动的整合，将运动效率提升 40%，探测路径更加平滑、连续，并提高了数据采集的准确率。

10）采用外置电动机。为避免热源对测量机的影响，设计上使电动机安装远离各轴导轨，并配备电动机散热装置。

11）结构紧凑、刚性好的精密三角梁，在受力情况下不容易发生变形，使机器运行速度更快、占地更小、热稳定性更好。

12）传动带设计。精密加工的钢丝增强同步带，兼顾柔性啮

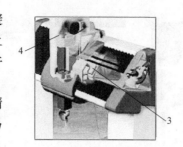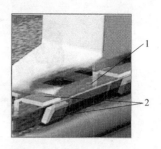

图 4-2-6　燕尾导轨的三个平面均分布空气轴承
1—Y 坐标燕尾导轨　2—Y 坐标空气轴承
3—X 坐标空气轴承　4—Z 坐标空气轴承

合和刚性轴向传动特性为一体，确保到位准确，并减少了在高速扫描情况下的抖动。

2. Global 探测技术简介

Global 探测技术是精密高效进行空间三维坐标点采集的有力武器，根据不同的测量任务与被测工件类型的差异，Global 型精密三坐标测量机可支持多种探测技术。

（1）触发式测头　图 4-2-7 所示为最常用的触发式测头，又称为开关测头，其作用是接触到零件发出锁存信号，实时锁存被测表面点的三维坐标值。通过接触，每次获取一个点的三维坐标，实现快速和重复性的测量。该测头寿命长、精确、使用方便、成本比较低，是完成三维规则箱体类零件测量的理想选择。Global 型精密三坐标测量机所配备的触发式测头主要是 TESASTAR 系列，包括手动旋转和自动旋转两种。

（2）接触式扫描测头　图 4-2-8所示为接触式扫描测头，又称比例测头或者模拟测头，能够实时读入被测点的三维坐标。由于取点时没有测量机的机械往复运动，可大大提高采点的效率，可用于高精度箱体以及轮廓曲面的测量。该测头有分度旋转式和固定式两种。

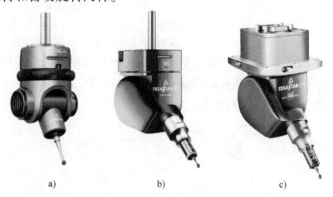

a)　　　　　　　b)　　　　　　　c)

图 4-2-7　触发式测头
a）手动分度测头探测系统　b）外接式自动分度测头
探测系统　c）嵌入式自动分度测头探测系统

（3）非接触式光学影像测头图 4-2-9 所示为非接触式光学影像测头，适用于大的工件上的小特征的测量，对小尺寸特征实现放大测量，并将测量数据纳入统一的软件中进行分析。另外还有非接触式激光扫描测头，能在短时间内采集大量工件表面点的信息，是高效完成大尺寸曲线曲面钣金件测量和逆向工程的理想选择。

3. 软件技术

Global 提供了丰富的测量软件选项，除了业界享有广泛声誉的 PC-DMIS，还可以配备完成复杂形零件测量的 QUINDOS 软件。下面以 PC-DMIS 软件为例，介绍其功能及其应用。

PC-DMIS 软件是当今安装最广泛的测量软件，可完成尺寸、形状、位置的几何量测量，并以其友好的用户界面、快捷强大的 CAD 应用和测量功能、涵盖所有国际通用标准的专业

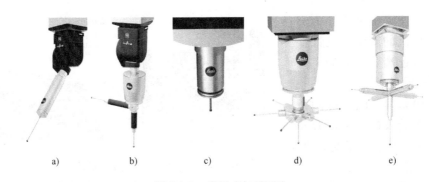

图 4-2-8 接触式扫描测头

a）X1 型可分度扫描探测系统 b）X3 型可分度扫描探测系统 c）X5 型固定式扫描探测系统
d）X3 型高性能固定式扫描探测系统 e）X5 型高性能固定式扫描探测系统

a）   b）   c）

图 4-2-9 非接触式光学影像测头

a）非接触式光学影像测头 b）对小尺寸特征放大测量的非
接触式光学影像测头 c）非接触式激光扫描测头

评价能力，为用户提供了最为权威的测量结果及最为实用的操作性能。从规则几何特征测量到不规则曲线、曲面的测量及分析评价，PC-DMIS 提供了适合不同类型用户需要的三种测量方法，如图 4-2-10 所示。

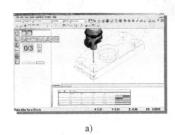 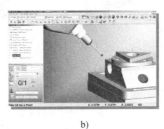 

a）   b）   c）

图 4-2-10 PC-DMIS 提供的三种测量方法

a）PC-DMIS PRO 测量方式 b）PC-DMIS CAD 测量方式 c）PC-DMIS CAD＋＋测量方式

（1）PC-DMIS PRO 测量方式 适合于无需采用 CAD 模型进行编程与测量的用户，一般几何公差的测量和评价，通过自学的方式，实现零件检测程序的编制、自动测量与统计分析。

（2）PC-DMIS CAD 测量方式 除了具有一般几何公差的测量外，还具有导入 CAD 数模的功能，可以利用数模进行脱机编程，取得测量点理论矢量，评价曲线、曲面轮廓度的功能，并可把测量元素以标准格式导出，用于逆向设计，是具有完善 CAD 测量功能的通用测量软件，能够帮助用户提高测量效率并降低测量成本。

（3）PC-DMIS CAD＋＋测量方式　除了具有 PC-DMIS CAD 所具有的功能外，还增加了自动扫描、薄壁件测量等特殊功能；在 PC-DMIS CAD 基础上，增加了扫描与钣金件的评价分析功能，是需要采用扫描探测技术完成曲线曲面类零部件测量用户的理想选择。

三、任务要点总结

本任务介绍了从传统测量技术到以三坐标测量机为代表的现代测量技术的发展；Global型精密三坐标测量机的结构组成、工作环境要求、探测技术及其相关的软件技术，使读者认识现代测量技术发展的重要性和必要性，对三坐标测量机相关的问题有比较全面和正确的认识。

四、思考与实训题

1. 简述三坐标机测量系统的四个主要组成部分及其作用。
2. 简述探测系统的主要类型、特点及其应用场合。
3. 简述 Global 型精密三坐标测量机的主要技术设计。

任务 2　Global 型精密三坐标测量机的安装与调试

> **知识点：**
> - 精密三坐标测量机主机隔振地基设计施工、三支承安装技术要求。
> - 精密三坐标测量机电气的安装与调试。
> - 精密三坐标测量机及辅助设备安装、调试的步骤。
>
> **能力目标：**
> - 掌握三坐标测量机主机隔振地基意义，三支承安装顺序和技术要求。
> - 掌握三坐标测量机主机辅助设备的工作原理、用途和调试。
> - 掌握三坐标测量机电气安装与调试步骤及环境和维护保养内容。

一、任务引入

精密三坐标测量机与普通机电设备相比，其安装和调试项目比较复杂，其特殊性主要是安装基础需要隔振，使用环境要求恒温恒湿度，需要根据工作间的温度和湿度调整辅助设备等。本任务介绍三坐标测量机的安装隔振基础、设备安装调试的方法和步骤、日常的维护和保养等。

二、任务实施

（一）Global 型精密三坐标测量机安装地基设计与主机安装

1. 安装地基及隔振基础

不少桥式三坐标测量机本身有一定的减振措施，在安装场所比较安静、测量工件时周围能保证没有大振动的情况下可以不加隔振地基。对少数测量机要施工隔振地基，以防止其他设备的振动传播影响测量机正常工作。Global07.10.07 型测量机外形尺寸为 1250mm ×

1910mm×2696mm，根据 GB 50040—1996 设计该测量机基础平面图，如图 4-2-11 所示。安装地面应为厚度 450mm 的素混凝土基础，承载能力大于 2.5kg/m²，要为三坐标测量机设计隔振地基，隔振地基如图 4-2-11 和图 4-2-12 所示。

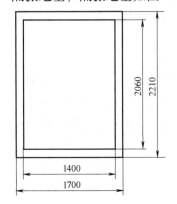

图 4-2-11　Global07.10.07
型三坐标测量机
地基平面图

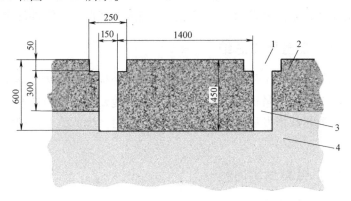

图 4-2-12　Global07.10.07 型三坐标测量机隔振地基剖面图
1—放置宽度 240mm、厚度 50mm 的木盖板　2—素混凝土　3—隔振沟
内部填入锯末、煤粉或塑料等　4—需要夯实的沙砾坚土

2. 测量机主机底座安装和机器水平状态的调试

桥式三坐标测量机一般都是整体式安装的，即把测量机工作台及其以上部分整体安装在支承座上。小型桥式测量机使用的是框架式支承座，中型和大型桥式测量机没有支承座，而使用支柱式千斤顶支承工作台及其以上部分。

图 4-2-13 所示为三坐标测量机底座安装图，安装前要把地面擦拭干净，调整支承座四角的螺栓支承，用两个框式水平仪放在相邻的两边，调整四个螺栓支承柱使底座处于水平状态，然后把锁紧螺栓锁死，防止螺栓松脱。

用小型铲车从辅助腿一侧，将工作台以上部分从包装底座上铲起，运动到支承座上方，调整好前后左右的位置，把三个主螺旋支承放置在支承座指定位置（工作台下方的标志点），慢慢把工作台放在主支承上。

在框架支承座上共有五个减振式螺旋支承，其中三个起主要支承花岗石工作台的作用（前面两个、后面中间一个），后面两侧各有一个在工作台出现意外倾斜时起保护作用的辅助支承，后面底座可调螺旋式支承如图 4-2-14 所示。用扳手调整螺旋支承如图 4-2-15 所示。小型三坐标测量机三支承原理如图 4-2-16 所示。

把测量机的桥架和滑架（连接 Z 轴的机构）都放置在中间位置，分别调整前后主支承，把测量机左右和前后都调整到水平状态后，把锁紧螺母紧固。然后把辅助支承放在工作台后面两侧指定位置。当调整其顶部与工作台接触后，反向调整 45°，使其不与工作台底面接触。

中型和大型测量机一般因为场地和吊装设备的限制，无法进行整体吊装，所以安装时首先要带着包装箱或包装底座直接放置在安装地基处。把包装底座用工具拆开，使用辅助千斤顶或铲车把测量机工作台抬起到能够放入千斤顶支承的高度，把主支承千斤顶放到工作台底座标志的指定位置，把桥架和滑架放置在行程的中间位置，把测量机的左右、前后都调整到水平状态，把锁紧螺母紧固。把辅助千斤顶放在指定位置，顶面与工作台有一定间隙，不要与工作台接触。

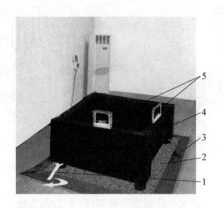

图 4-2-13 三坐标测量机底座安装图

1—调螺旋支承扳手 2—基础 3—隔振沟木盖板 4—测量机框架式支承座 5—水平仪

图 4-2-14 三坐标测量机
工作台安装图

1、2—螺旋支承

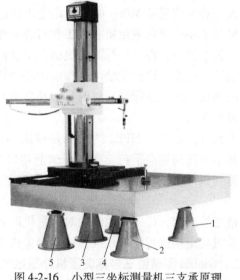

图 4-2-15 用扳手调
整螺旋支承

图 4-2-16 小型三坐标测量机三支承原理

1、2、3—起主要支承作用的支承，调水平时只调整1、2两个支承 4、5—工作台调平之后轻轻调整顶着工作台，是起辅助支承作用的两个支承

3. 测量机的外罩安装及整机调试

如图 4-2-14 所示，工作台安装调试好后，拆除测量机运输过程中的其他固定支架，清洁各轴导轨及工作台台面。接通压缩空气接头，把控制系统和计算机电缆按其接线图正确连接。接通压缩空气开关、控制系统电源，使压缩空气进入测量机（系统不通电，压缩空气不能进入测量机）。首先用手动推动测量机的桥架、滑架和 Z 轴，检查在整个行程中是否有摩擦或障碍。然后使用调试程序，使三轴同步沿测量机对角线运行。如果都运行正常，将三坐标测量机的外罩按照其位置安装好。待测量机环境温度达到 20℃，且测量机恒温 24h 后，再进行精度调试。

4. 测量机的精度检测及调试

测量机机械系统和电气系统工作正常且经至少24h恒温后，可以进行精度检测。此时检测的目的，是检查测量机的精度是否满足供需双方所签订的合同要求。其检测方法按照 GB/T 16857.2—2006《产品几何技术规范（GPS）坐标测量机的验收检测和复检检测 第 2 部分：用于测量尺寸的坐标测量机》和 JJF1064—2010《坐标测量机校准规范》进行，如图 4-2-17 所示。

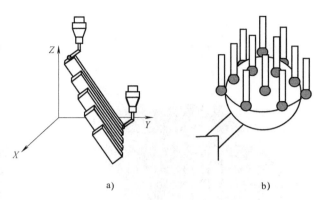

三坐标测量机的主要精度指标是最大允许示值误差 MPE_E 和最大允许探测误差 MPE_P。这两项指标反映了测量机测量长度和形状的能力和精度。

图 4-2-17　最大允许示值误差 MPE_E 的检测方法
a）测量 5 个量块测量最大允许示值误差
b）用标准球测量最大允许探测误差

最大允许示值误差 MPE_E 的检测是使用经过检定、在有效期内的三等以上量块。用五个量块，最长不小于坐标测量机有效工作行程对角线的 68%，最短的不大于 30mm，中间均匀插补三个长度量块，在三坐标测量机的三个轴向、四个对角线共七个方向，按在量块非工作面建立辅助坐标系，评价量块两工作面中心点沿轴向距离的方法，分别测量五个量块长度，每个方向测量三次。坐标测量机测量的长度值与量块实际长度值之差的绝对值应小于最大允许示值误差 MPE_E。

最大允许探测误差 MPE_P 的检测是使用标准球进行，把测针的角度偏转到一个任意角度，使其不与任何轴向平行。在标准球上均匀分布测量四层、25 个点，用其拟合的高斯球球心计算到每一个测量点的距离，最大距离与最小距离之差小于最大允许探测误差 MPE_P 值。

在精度检测前，可以使用量块对测量机的各轴长度及各轴间垂直度进行调整或补偿。三坐标测量机应定期进行精度校准，检查测量机环境和精度是否满足测量零件的要求。

（二）Global 型精密三坐标测量机外围电气设计

三坐标测量机作为精密测量机电设备，应安装在温度和湿度都相对恒定的房间内。所以，三坐标机房间开关柜的配置除考虑三坐标测量机的负荷大小、空气压缩机的功率外还应考虑所需空调器及干燥机的功率大小。Global 型精密三坐标测量机外围电气控制电路原理图如图 4-2-18 所示。

1. 空气压缩机的接线

根据测量机对空气压力的要求（见图 4-2-3），选择 BLT. W-1/8 型活塞式空气压缩机一台，电动机功率 7.5kW，电流 15.2A。导线选择 2.5mm² BVR 铜芯线。为接线和维修的方便，需要配接 100A 断路器 QF_1 一个，兼有短路、过载、断相保护作用。空气压缩机的起停由压力继电器 PS 控制。

2. 空调器的接线

根据主机房间和过渡房间的面积，主机房选择变频空调器。如图 4-2-2 所示，空调器用 220V、50Hz 交流电源，可选用 2×2.5mm²+1 铜质电缆。由于空调器上有凝结水珠，为防止漏电应配备漏电断路器 QF_2，漏电断路器 QF_2 动作漏电电流为 30mA。为操作方便，该漏

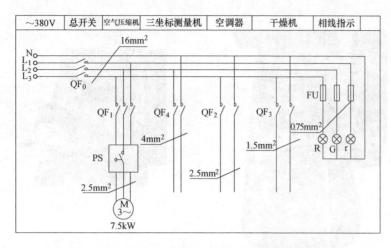

图 4-2-18　Global 型三坐标测量机外围电气控制电路原理图

电断路器安装在空调器附近，并且要用带接地的三芯插头及插座，以保证空调器外壳与大地可靠连接。

根据测量机对压缩空气中含水率的要求，三坐标测量机需配压缩空气干燥机，选用 EAD-10 型冷冻式空气干燥机一台，功率 3kW，电流 6.2A，接在 220V 交流电源上，导线选用 $2 \times 2.5mm^2 + 1$ 铜质电缆，并选用 16A/2P 断路器 QF_3 作为停、送电开关。

3. 三坐标测量机的接线

三坐标测量机由三台 11.3N·m、3.4A 的直流伺服电动机作为三个坐标的驱动。加上控制系统及照明，总功率为 15kVA，电源为 220V、50Hz 单相交流电。需用 $2 \times 4mm^2 + 1$ 铜质电缆作为导线，并配 63A/2P 断路器 QF_4 作为电源开关。

综上所述，三坐标测量机总负荷为 30kVA，总电流为 58.6A。再考虑以后系统的扩展，所选电器应留有裕量，所以选用 250A/3P 断路器 QF_0 作为总开关，导线选用 $16mm^2$ BVR 铜芯线。

4. 控制系统接线

如图 4-2-2 所示，控制系统线路已经理顺，只是把主机线束与控制器插孔相接，控制系统与计算机主机、220V 交流电源接线束，注意要用三针插头的插座接在 220V 交流电源上，使控制系统外壳接大地，并使用 UPS，以保证测量机控制系统和计算机系统的安全。

（三）三坐标测量机外围设备的调试

1. 空气压缩机的通电及其压力调试

通电前首先检查图 4-2-19 所示的空气管路阀门 9，并保证其是开的，管路 4 与图 4-2-3 所示的前置空气过滤器 2、空气干燥机进气管接头 3、干燥机出气管接头 4 与图 4-2-2 所示的后置空气过滤器 5、再到图 4-2-2 所示的三坐标机自带空气过滤器 8 都连接良好，没有漏气等问题，为通气做好准备。之后接通图 4-2-18 所示的断路器 QF_0 后，再接通断路器 QF_1，则三相交流电动机带电旋转，产生压缩空气。

如图 4-2-19 所示，打开压力继电器 5 的盖，用一字槽螺钉旋具旋转压力继电器调节旋钮 7，出口压力即在压力表 8 上显示出来，调节继电器旋钮，使压力表压力在 0.6 ~ 0.8MPa 之间即可。

2. 空气干燥机的调试

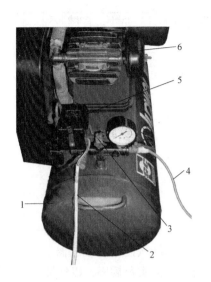

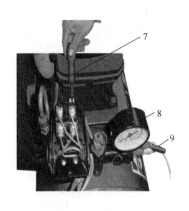

图 4-2-19　空气压缩机的压力调试

1—贮气罐　2—压力继电器接入线　3—安全阀　4—出气管进入干燥机　5—压力继电器

6—压缩机自带空气过滤器　7—人工调节压力继电器旋钮　8—压力表　9—空气管路阀门

空气干燥机安装时，一般不需要大量调试工作，只需把进气接头、出气接头、放水接头等正确连接，插好电源即可正常工作。

3. AFF37B-20 型前置空气过滤器的调试

前置空气过滤器使用时间长了内部会积水，应拧开放水螺母放水。内部过滤芯的精度为 0.04mm，堵塞之后会影响过滤效果，应及时更换过滤芯。

4. 三坐标测量机自带 SMC 空气过滤器的调试与维护

三坐标测量机自带 SMC 空气过滤器如图 4-2-20 所示，1 为来自图 4-2-2 所示前置空气过滤器 5 的出气管路接口，2 为调压旋钮，3 为过滤芯透明塑料外罩，该过滤器大多是自动放水的，每次通气压力未达到最大压力前，会自动放掉其中的存水；第一级内部过滤芯的精度为 0.04mm，第二级过滤芯的精度为 0.001mm，若堵塞则影响过滤效果，要更换内部滤芯。4 为出气管路进入空气悬浮导轨，5 为压力表，调试压力为测量机允许的压力。

过滤器内部滤芯的寿命与压缩空气质量有关，即使刚使用的过滤系统也最好在一年内更换滤芯一次。随着空气压缩机使用时间增长，滤芯更换的周期将会缩短，低质量的压缩空气将会大大降低过滤器的寿命，从而进一步影响测量机的使用寿命。

该过滤器具备自动排水功能，当过滤器内产生过多油水混合物时，滤杯底部的浮子浮起，打开底部开关，油水混合物在压力作用下，压

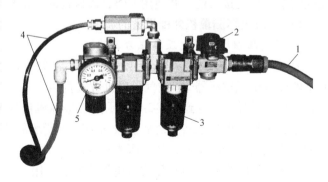

图 4-2-20　三坐标测量机自带 SMC 空气过滤器

1—进气管路　2—调压旋钮　3—过滤芯透明塑料外罩

4—出气管路进入空气悬浮导轨　5—压力表

射出过滤器。如果每天都有一定量的油水混合物的排出，建议每季度更换一次滤芯；若气源质量较好，建议每年更换一次滤芯；如果测量机在正常使用一阶段之后，油水混合物排除量不大，气源压力正常，但是过滤器显示压力降低，说明滤芯被杂质尘粒堵塞，造成压降，建议更换滤芯。

更换滤芯步骤如下：

1）在关闭控制柜、气源、进气管道后，将过滤器拆下。

2）按照过滤器指示的方向，拆下滤杯。

3）使用洗涤液清洗滤杯及浮子，清洗 O 形密封圈，检查 O 形密封圈是否完整。清水冲洗后，擦干水分，并在 O 形密封圈上涂少许滑石粉。

4）沿标志方向旋转滤芯，取出滤芯和导向片，用洗涤液浸泡除去油污和杂质。清洗后用清水冲洗，并用压缩空气吹干（滤芯只有陶瓷或金属的可以清洗，海绵状的只能更换）。

5）按与拆下时相反的顺序把滤芯和滤杯等安装好，重新安装到测量机上。

（四）三坐标测量机的日常维护及保养

三坐标测量机是精密测量设备，其工作环境和设备保养非常重要，要尽量作好以下几点，使测量机始终处于良好的工作状态。

1. 保持好室内温度环境，避免温度的剧烈变化

测量机是测量长度的仪器，长度是与温度有密切关系。温度的变化不但会使测量机产生结构变形，也会使测量零件的形状变化，影响测量精度。要管理好空调器，避免空调器的风直接吹向测量机。也不能白天开空调器，晚上关空调器，这会使房间和测量机的温度每天都处于变化当中。温度是影响测量机精度的最大的因素，只有控制好环境温度，才能保证测量精度。

2. 滤除掉压缩空气中的油和水

压缩空气中的油和水会严重影响空气轴承的正常浮起和导轨的精度，甚至会影响测量机的寿命。要充分利用贮气罐、输气管道、冷冻式空气干燥机、前置过滤器的功能，尽量滤除油和水。应尽量选择无油空气压缩机，把空气压缩机放置在室外通风处，避免放在厂房的室内。要建立管理制度，定时放出贮气罐、管道中、前置过滤器中的水。每天要清洁导轨。应定期清洗或更换过滤器滤芯。

3. 控制室内湿度

避免在关闭或即将关闭空调器时擦洗地板或用水清洁室内，室内湿度应控制在70%以下。但湿度也不能太低，低于30%将会有静电，影响控制系统正常工作。

4. 使用典型零件监测测量机精度的变化

找一个经常测量类型的零件，在机器校准后，编程反复测量指定元素获得均值并保存。在平时，可以经常进行复测与先前获得的测量值进行比对，以掌握机器环境对机器精度的影响。

（五）三坐标测量机的升级及改造

三坐标测量机是高精度、价格昂贵的机电设备，其硬件的运动部分（工作台、横梁、z 轴、滑架等）由于相互间没有摩擦，所以比较耐用，可以使用 30～50 年，甚至更长的时间。而其电气部分和计算机软件部分由于技术进步比较快，在 5～8 年的时间内就应升级换代，而且测量机的测头是易损件，触发式测头在频繁使用的情况下一般 2～3 年就需维修置换或更新。

测量机的控制系统在使用 8 年以后，电子部件就会出现老化、故障率高的情况。而计算机系统的发展更是日新月异，每 5 年就会升级一代。计算机技术的进步，会促使控制系统和测量机软件向更高性能、更新功能发展。如果及时升级控制系统和测量软件系统，就可以花少量的钱，使测量机达到功能更强大、效率更高的目的。这些升级项目具体表现为：

1）更新传动系统，可以更换电动机或传动组件。

2）升级或更换测头、测座系统。把手动测座更换为自动测座，触发式测头升级或更换为模拟式测头系统等。

3）升级或更换控制系统。

4）升级或更换计算机和测量软件系统。

5）测量机的翻新或以旧换新。

三、任务要点总结

三坐标测量机在安装前，要对周围的环境、地理位置、所用的机床设备、电力设施等进行考察，确定基础和外围设备及供电、供气的设计方案等。掌握测量机安装调试步骤及精度检测方法，了解测量机日常的维护和保养内容，使测量机能够正常地使用。

本任务以 Global 型三坐标测量机为例介绍了三坐标测量机及其安装、基础、隔振沟设计和调试方法。以此可以了解其他三坐标测量机的安装调试，达到举一反三、触类旁通的培训效果。

四、思考与实训题

1. 三坐标测量机基础设计应考虑哪些问题？

2. 三坐标测量机对工作环境有哪些要求？如何满足这些要求？

3. 简述三坐标测量机安装步骤及要注意事项。

4. 三坐标测量机精度指标有哪些？如何检测？

5. 影响三坐标测量机精度的环境因素有哪些？如何进行日常保养？

6. 三坐标测量机哪些部位寿命很长？哪些部分应定期升级？

任务 3　Global 型精密三坐标测量机典型测量应用

知识点：
- 精密三坐标测量机软件组成及功能。
- 精密三坐标测量机测量与测绘功能。

能力目标：
- 掌握三坐标测量机主机软件组成、安装与操作步骤。
- 掌握三坐标测量机四种主要的测量应用。

一、任务引入

Global 型精密三坐标测量机提供了多种探测技术选项，并有系统控制软件做支持，可实现强大的测量与测绘功能。以下介绍 Global 型精密三坐标测量机软件系统及其功能应用。

三坐标测量机提供了面向不同尺寸、不同形状、不同精度要求工件的测量应用，包括面向汽车、航空航天、模具制造、电子元器件、精密零部件、医疗器械、轨道交通、船舶、军工等领域，完成各种箱体类、复杂形状以及曲线曲面类零部件的测量与质量控制。

随着制造技术和测量技术的发展，三坐标测量机已经呈现出更加广泛的应用。如设计阶段的模型数字化、逆向工程，工艺装备阶段的各种模具设计、制造与试制，加工制造阶段的现场测量，不同测量系统的统筹以及数据统一管理与分析，实现对整个制造过程的调整与指导。

二、任务实施

（一）Global 型精密三坐标测量机功能简介

Global 型精密三坐标测量机主要有以下两个方面的功能。

1. 测量功能

测量零部件几何误差和尺寸，如测量零件上孔的中心距、测量孔的圆度、孔与某一平面的平行度等。

2. 测绘功能

对零部件的表面进行快速扫描测试，形成三坐标数据存入计算机，用专用软件进行数据处理，即可在计算机上显示出零部件的三维造型。图 4-2-21 所示为用大型龙门式三坐标测量机测绘车辆自由曲面，测绘后形成三维造型文件，用专用软件对该造型文件人为进行编辑和优化处理，形成新的零部件三维造型，再进行 CAD/CAM 处理，加工制造出新的零部件产品，该过程也称为反求工程。通过反求工程，能够极大地缩短产品研发周期，是当今制造业的重要发展方向之一。

（二）Global 型精密三坐标测量机测量功能简介

在本项目任务 1 中已经介绍过 PC-DMIS 软件的主要特点和功能。一般来说，对于通用测量软件，应具有以下基本功能模块，以完成相关的测量应用。

1. 测头系统管理

如图 4-2-22a 所示，测量软件对测量过程中要使用的各种类型、各种配置测针的等效直径和测针间的位置关系，根据操作者的定义进行自动校正。操作者在测量中使用测针的位置转换时，测头管理系统自动把正在使用的测针测量的点坐标，转换到参考测针所在位置，使所有校正过的测针测量的点都像是参考测针测量的点一样统一进行计算。

2. 元素测量和构造功能

如图 4-2-22b 所示，测量软件把复杂的零件分解成点、线、面、圆、圆柱、圆锥、球、椭圆、槽等基本测量元素。当测量机主机和控制系统把测头系统感应到的每一个测点送到软件

图 4-2-21　在大型龙门式三坐标测量机上测绘车辆自由曲面

系统后，软件系统根据功能选择拟合出要测量的元素特征，并根据设置进行测针半径的补偿。也可以根据操作者要求，通过元素之间存在的几何关系，利用已测量的元素，构造出新的元素或通过输入理论值生成新的理论元素。

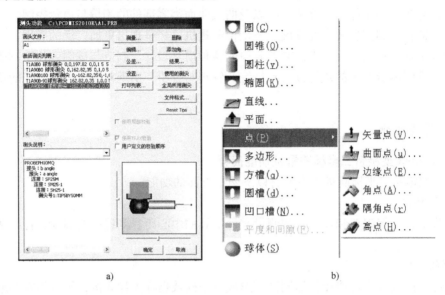

a)   b)

图 4-2-22 Globa107.10.07 型精密三坐标测量机测量功能

a）定义测头 b）选择测量要素

3. 坐标系建立、管理、转换功能

如图 4-2-23 所示，软件系统可以利用已测量基本元素，在被测零件上建立所需要的各种坐标系。利用这些坐标系可以评价图样中要求的按基准评价的距离、位置、位置度等，可以在零件坐标系基准上编制自动测量程序，还可以把零件坐标系与数模坐标系拟合在一起，自动在数模上获得测量点和测量元素的理论值和法向矢量，以获得较为准确的测头半径补偿方向。这些零件坐标系可以任意调用和转换。也可以将其坐标轴和坐标平面构造生成基本元素，便于计算和评价。

4. 评价生成测量结果

软件系统可以根据操作者要求，对基本元素的几何误差进行评价和计算，并自动根据公差要求评价是否超差及超差的大小和方向。可以用图形和不同的颜色标识

图 4-2-23 建立坐标系

出误差的大小程度和位置，便于操作者识别，如图 4-2-24 所示。

5. 多种结果输出方式和报告格式

在 PC-DMIS 软件系统中，可以有多种格式的报告格式，如图 4-2-25 所示。有主要显示

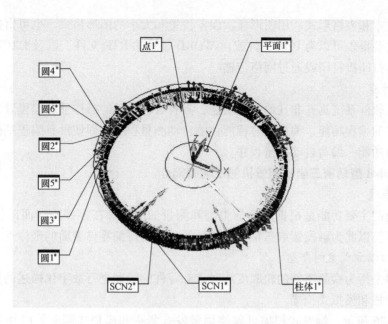

图 4-2-24 在软件中分析测量结果

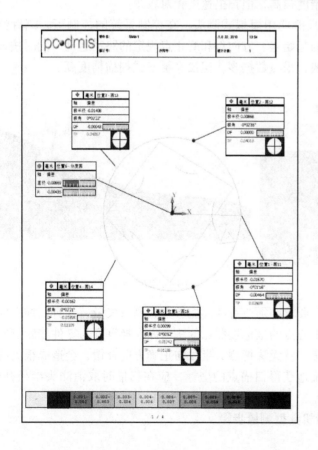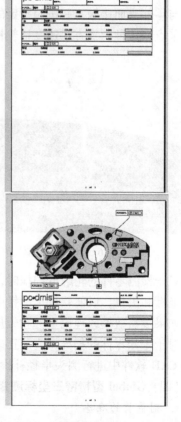

图 4-2-25 将测量评价结果以多种格式的评价报告的形式输出

测量数据的文本和表格形式、用图形显示误差位置和大小的图形格式，也可由操作者自定义报告格式。这些报告可以为 PDF 文件或由 WORD 显示的 RTF 文件，以及 EXCEL 格式文件。报告还可通过打印机打印或通过网络传输。

6. 编程功能

PC-DMIS 软件系统具有非凡的编程功能，具有编程基础的操作员和编程者，都可以利用软件系统提供的编程功能，编写具有智能化的自动测量程序，即使没有编程基础的操作员也可通过自学习功能，编写自动测量程序。

（三）Global 型精密三坐标测量机测绘功能简介

1. 测头系统

测头系统的主要功能是根据测头的类型和测量的需要，在零件的表面部位产生触发信号，使控制系统以此为触发读取三轴光栅的计数，从而得到零件表面的坐标点。

2. 工件扫描方式案例介绍

工件扫描是指为检测零件的轮廓度或对未知零件的轮廓进行数字化描述的过程。扫描又分为触发式扫描和模拟式扫描。

如图 4-2-26 所示，触发式扫描可以使用触发式测头和模拟式测头，以触发式测量点的方式连续逐点测量。这种扫描方式精度很高，但扫描速度相对较慢。

如图 4-2-27 所示，模拟式扫描只能使用模拟式测头，在控制系统的控制下，测针始终保持与零件表面接触，并按照指定的起始点、方向点和终止点规定的路径运动，同时按设置自动采点。这种扫描方式速度比较快，采点数据多，但没有触发式扫描精度高。

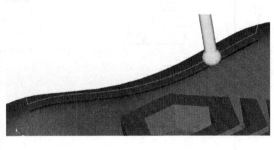

| 图 4-2-26　触发式扫描轨迹 | 图 4-2-27　模拟式扫描轨迹 |

对于检测零件的轮廓度扫描时，要求必须要有数模能够查找测点矢量，或有扫描点的理论点坐标和矢量，以便软件把测针中心点的坐标按照点的法向方向换算到与零件接触点的坐标。如果没有数模或理论坐标和矢量，就无法把测头半径向正确方向补偿，会造成很大的误差。对于未知零件的扫描，为了正确地获得扫描点的坐标，应在扫描时取消测头半径补偿，而在 CAD 软件中进行测头半径补偿。

（四）Global 型精密三坐标测量机典型测量步骤

1. 测量前的准备

在使用三坐标测量机进行测量前，要识别和理解对零件的测量要求和内容，找出零件的测量、评价基准，确定零件的摆放位置并固定，定义测头的测量角度和测针的长度及配置，在标准球上把要使用的各测头位置进行校正，必要时还要检查校正的效果和精度。

2. 建立零件坐标系

按零件的基准要求建立零件坐标系是建立测量程序和评价几何误差的基础，只有正确地建立零件坐标系，才能使评价的数据准确。在零件坐标系基础上编制的程序，才能实现重复和批量测量零件的目的。

在使用数模的情况下，要把零件坐标系与数模坐标系拟合在一起才能从数模上获取正确的理论点和理论矢量。

3. 测量和构造需要评价误差的元素

按测量要求，用手动或编程的方式测量所有被测元素，可以使用自动测量元素的功能，也可以使用手动方法在零件上测点，生成测量元素和测量程序。在测量和构造过程中，软件会自动记录测量和构造的过程，生成测量程序。利用测量程序可以重复和批量测量零件。

4. 评价几何公差

按图样和测量的要求，可以输入各种几何公差要求，软件会自动生成几何误差的评价。

5. 产生报告输出和相关的统计分析

根据要求，输出通用与专用格式的测量报告与相关统计分析，可以是纸质或者是电子格式的。必要时可根据使用者的需要设计报告和输出方式。

（五）Global 型精密三坐标测量机典型测量应用

根据被测零件的分类，Global 型精密三坐标测量机主要可应用于以下四类零件的测量。

1. 箱体类零件

如图 4-2-28 所示，箱体类零件是以组合平面和孔或轴为主要元素的，主要测量空间尺寸与元素的几何误差。相对来讲，这是最基本、最简单的一类测量任务。对测量软件的要求主要包括计算方法的正确性、功能的完整性及操作的便利性三个方面。

几何公差的测量虽然是所有测量软件包的基本功能，但以 CAD 为引擎的新一代测量软件包，通过数模编程、图形环境、图形报告功能，却使操作方式和工作效率有了革命性的改变。箱体类零件的 CAD 编程技术，仍需发展的是如何从数模上提取公差值，而不仅仅是几何尺寸的理论值，这项技术涉及三维数模上的公差标注方法，还有待于新的技术规范的形成和 CAD 设计软件的同步发展。具有 CAD 功能的测量软件包已不仅限于对单个零件的测量，还在继续向装配组件发展，即可以由单个零件的测量数据进行装配模拟，以预测实际的组件状况。

图 4-2-28　箱体类零件

2. 自由曲面类零件

自由曲面（包括自由曲线）类零件，以测量轮廓度为特点，从简单的凸轮到飞机机翼和汽车覆盖件。传统测量软件包将这部分归类为"曲线/曲面"测量。实际上在测量方式和软件内部处理上均是以测点方式实现的，即先确定一系列理论点，再测量这些实际点，在结果评价时再按照轮廓度要求进行。

这种传统的测量方案主要受两方面技术条件的限制：一方面是测量机只能作分离点的测量，另一方面是测量软件不能处理曲线和曲面的数学模型。这种测量方式对测量机的空间定位精度也非常敏感。由于控制系统的跟随误差引起的测头空间运动不到位或过定位误差都直接引入到测量点的位置误差，造成实测点本身的偏离。值得一提的是，测量机的空间定位精度差别是很大的，但却不在验收检验范围之内，主要取决于各个厂家的出厂控制要求。

自由曲面的轮廓测量，进一步发展是点云测量，使用扫描测头快速采集高密度的面形数据，与理论数模比较，给出误差的面分布图。

薄壁件的测量是自由曲面测量的另一大类型，它以汽车和摩托车覆盖件、家电外壳为主要代表。薄壁件除了面形轮廓外，具有许多种特殊的测量元素，例如，槽、缝、孔、边缘点、曲面交点，局部最高点/最低点、定位销、螺柱等。具有薄壁件测量功能的软件包对这些元素都有现成的测量功能，不需要额外编程处理。

薄壁件测量中的另一重要方面是坐标找正。因为这类零件不像箱体类零件，有基准平面、基准线等定位元素，所以，不能使用图 4-2-23 所示的方法。而行之有效的方法是具有优化功能的最佳匹配算法。根据边界条件和误差控制方式的不同，针对各种典型情况，最佳匹配的坐标找正又有多个变种，例如，有 CAD 数模和无 CAD 数模条件下的坐标找正，6 点找正是最少变量情况下的一个特例。但大多数最佳匹配意义下的坐标找正都是针对已测元素的一种事后数据处理，对测量点本身的准确性没有控制，所以，找正的精度也无法保证。在基准元素中含有曲面点的情况下，这个问题尤为突出，甚至无法完成，因为在建坐标之前，无法准确测得曲面上的指定点。例如，叶片的形面找正、冲压类零件的找正等。

特别值得一提的是一种称为"迭代法"的坐标找正方法，它能够适应各种应用情况，且具有很高的精度。它是通过联机重复测量不断逼近基准元素，进行多次最佳匹配，直至达到规定的精度要求。这种找正精度是可控的，对各基准元素还可以设置权重。

3. 特定型面类零件

如图 4-2-29 所示，特定型面零件包括齿轮、叶片、蜗轮蜗杆、螺纹等，其形状是通过一组标准参数来控制的。对这类零件的检查有两部分内容：一是控制参数，二是轮廓型线或型面。轮廓型线和型面的测量实际上就是曲线曲面的测量，较为简单，通用测量软件包就可以实现。但特定的控制参数的评价需要完

图 4-2-29　特定型面类零件

全专业的算法，且要符合行业的标准和规范。通用测量软件包均不包含这些内容，仅能作几何尺寸测量和型线型面轮廓测量。

在这一领域，德国 Leitz 的 QUINDOS 一直是公认的专业软件包。它对各类零件都有完全现成的功能模块来实现参数输入、自动测量、计算评价及报告输出。而且它的评价算法都是在行业专业人士的参与下完成的，权威性已得到普遍认可。

4. 反求测量

反求测量通常也称为逆向工程，是近年来飞速发展的一项技术，三坐标测量机作为这一系统中的一个重要环节，已得到了大量应用。但相当一部分人将测量软件与反求设计软件混为一谈，认为测量机测出的结果应当是三维 CAD 数模，甚至就是加工程序。这是一个极大的误会。测量机在逆向工程中的角色是三维数据的采集，也就是反求测量。测量软件的表现

水平就在于采点的自动化程度、效率以及与 CAD 软件的接口能力上。

逆向工程基本上可以分为以下两种：

第一种是简单复制，也称为 CAM 反求，传统上称为仿形，要求百分之百地复制零件。这种反求方法较简单，用测量机实现的方式是使用连续扫描测头，逐行连续采集数据，并直接转换为加工刀具路径。在有的测量机上还可以装上铣削头，直接完成加工。因为零件本身的表面缺陷和测量点的误差都会完全复制到新的产品上，所以 CAM 反求只适用于精度要求不高和简单的低端产品，如图 4-2-30 所示。

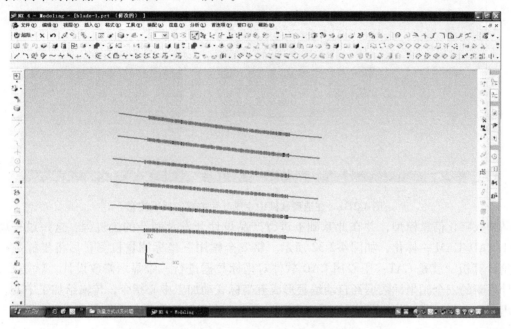

图 4-2-30　在实际零件上扫描叶片截面点数据的反求测量

第二种是技术含量较高的 CAD 反求，它要将测量点造型生成 CAD 数模，通过修饰和修改过的数模生成全新的产品。其关键技术是将测量数据转化为数模，这是典型的 CAD 设计造型工作，而不是测量软件的范畴，如图 4-2-31 所示。

由测量数据实现数模重建也有两种不同的方法：第一种是由关键点重建，按 CAD 的传统造型模式，按点—线—面的方法完成；第二种是由点云直接生成曲面数模。

总之，由测量点重建 CAD 数模的功能要靠 CAD 软件包来实现，人们梦想的由测量机直接产生出 CAD 数模的功能还远没有实现。现在有越来越多的针对测量数据进行造型的专用软件包出现，例如 Delcam、Geomagic Studio、Rhino 等，成为一个十分活跃的领域。从发展上看，这种专用软件包作为测量机的后处理工具是非常合理的，因为造型过程是需要时间的，往往比测量采点的时间长得多，不可能包含在联机测量软件包中占用测量机的使用时间。

5. 反求工程的应用案例——安全帽 CAT/CAD/CAM 一体化

反求工程也称逆向工程、反向工程，是指用一定的测量手段对实物或模型进行测量，根据测量数据通过三维几何建模方法用计算机专用软件修改重构实物的 CAD 模型的过程，把 CAD 数据传输给加工中心，即可加工出修改重构后的实物或模型。模型是一个从样品生成

图 4-2-31　在造型软件中生成叶片数模的反求测量

产品的数字化信息模型，并在此基础上进行产品设计开发及制造的全过程，这一过程就是 CAT/CAD/CAM 一体化，如图 4-2-32 所示。将安全帽用三坐标测量机测量后将坐标数据传输给计算机，就是 CAT；用专用 CAD 软件对坐标数据进行三维显示修改设计，就是 CAD；设计后新的安全帽坐标数据经自动编程形成五坐标联动加工中心指令，传输给加工中心，加工出新安全帽模具，将模具安装到注塑机上生产出新的安全帽，这就是 CAM。

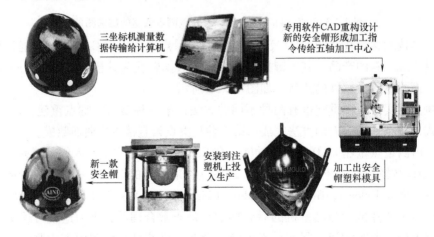

图 4-2-32　反求工程的应用案例安全帽 CAT/CAD/CAM 一体化

三、任务要点总结

本任务详细介绍了三坐标测量机重要的数据采集装置——探测系统，以及重要的数据处理部分——软件系统，并在此基础上可完成四种主要的测量应用，并介绍了三坐标测量机典型测量应用。

四、思考与实训题

1. 简述测量的主要步骤。
2. 简述测量系统的四种典型测量应用与注意事项。

项 目 小 结

项目二论述了以三坐标测量机技术为代表的现代测量技术的优势、三坐标测量机的主要组成部分、辅助组成部分、工作恒温恒湿度工作环境要求、安装隔振基础、安装调试、维护保养、功能、典型测量应用案例、升级改造和测量步骤。

模块归纳总结

模块四以 TGX4145B 型精密坐标镗床和 Global 型精密三坐标测量机为案例，论述了两种精密机电设备带隔振沟基础设计、施工、安装支承特点、安装步骤、机电联合调试方法、测试项目的分类及其特点、测试调试方法。现将知识点和能力目标总结如下：

1. 机械传动结构及其安装特点

1）这些精密机电设备的机械传动部件均使用低摩擦因数的精密滚珠丝杠、高精度伺服电动机驱动、精密滚动导轨（TGX4145B 型精密坐标镗床）和空气导轨（Global 型精密三坐标测量机），机械传动部件传动效率高，驱动力矩小，摩擦因数小，传动精度高，传动灵敏，使微进量进给成为可能，不会出现爬行现象，能保证实现精确的微进给，无侧隙，使高速进给成为可能，滚珠丝杠、滚动导轨和空气导轨运动效率高、发热小，可实现高速进给运动。

2）精密坐标镗床是用于精加工的精密机床，切削力小；精密三坐标测量机不受切削力，所以这类精密机电设备不再用地脚螺栓固定安装，而用设备自带的专用支承安装。

3）这两种精密机电设备都有精密光栅尺，分辨率为 0.0001mm，怕振动、设备变形损坏精密光栅尺，其安装遵循"不共线三点确定一个平面"的原理，采用三个支承安装，调水平度时只调整两个螺旋支承即可，这样不易引起设备变形，调整水平后再加两个辅助支承，增加了支承的刚性。

4）为防止精密机电设备变形，不再用铲车及撬杠等装卸、安装设备，而用吊装方法装卸、起吊设备，防止设备变形。

5）精密机电设备怕振动，为防止其他设备的振动通过地基传播影响这些精密机电设备，其基础都带有隔振沟。

6）这些精密机电设备都要安放在恒温室内工作，甚至要求恒湿度，设备安装存放条件要求比较高，要安装在避免日光直接照射和避开其他热源辐射的场所，以防止设备受热变形；并避免与振动或产生粉尘多的机械靠近，以防止设备产生振动和被粉尘侵入；设备的地基应有足够的强度、刚度和稳定性。

7）这些精密机电设备往往都采用全闭环控制，以保证工作精度。

2. 加工零件精度及操作特点

1）这些精密机电设备操作前都要开机预热一定时间，保证相关部件处于热平衡状态，保证工作精度。

2）精密加工与精密测量是互为前提的，精密加工的零件需要精密测量，而精密测量的对象必须是精密加工的零件。

3）像精密坐标镗床这类机床，加工余量要小，切削力小，工件变形小，以保证加工精度。如对 $\Phi20mm$ 以上的孔，要经过细钻头钻孔、粗钻头扩孔、镗孔工序加工而成。

3. 精密机电设备安装精度测试项目

精密坐标镗床的精度分为安装调整精度、几何精度和工作精度，与模块二、模块三一样，把精密坐标镗床安装后的精度测试项目作了相同的分类，内容详见模块二项目一。

关于车床与镗床的归纳总结

1. 车床和镗床概念上的区别

在加工轴套类零件、孔类零件表面时，可以工件的回转运动作为主运动，也可以刀具的回转运动作为主运动，前者所用机床为车床，刀具做进给运动；后者所用机床为镗床，刀具或工件做进给运动。

如图 2-1-23 所示轴外圆和图 1-1-22 中的底座 3 螺纹孔及螺纹底孔，都是规则的以轴心线对称的零件，工件回转离心力平衡，就用车床加工轴和孔，装夹方便，有利于保证加工精度；而如图 4-1-1b 所示的不规则工件，回转离心力很大易引起振动，也不便于装夹，则改为用刀具做回转主运动的镗床加工。在车床上加工孔习惯叫镗孔，严格说叫车孔。

2. 车床和镗床的工艺特点比较

1）车床主轴与工件一起做同步回转运动，刀具只做进给运动，刀具作用在工件上的径向力方向是固定的，而工件与主轴轴承内环一起回转，所以主轴轴承外环内滚道的形状误差不复映给工件，而主轴轴承内环外滚道的形状误差复映给工件。

2）镗床刀具与镗杆同步回转，刀具作用在工件上的径向力方向不断变化，刀具与镗杆轴承内环同步回转，所以镗杆轴承内环外滚道的形状误差不复映给工件，而外环内滚道的形状误差复映给工件。

3）镗床加工直径比较大的孔（如毛坯上有孔），随着孔加工精度提高采用粗镗、半精镗、精镗工艺；当孔直径比较小时，如毛坯上没有孔，则用钻床钻孔，随着孔加工精度提高常分为钻孔、扩孔、铰孔工艺。

3. 车刀和镗刀比较

1）车刀和镗刀在外形上没有严格区别，加工外圆的车刀后角较小且耐磨损；而镗刀的后角要稍大，工件内孔圆弧表面与镗刀后刀面摩擦力小、加工平稳；反之摩擦力大易引起振动，使已加工内孔表面粗糙，刀具也易磨损甚至崩刃。

2）车刀的刃倾角可以是正值，也可以是负值，正负值主要引起排屑方式不同；但镗刀要求刃倾角为正值，否则容易增大镗削力，易引起振动，使已加工内孔表面粗糙，刀具也易磨损甚至崩刃。

3）车刀和镗刀刀片都可以通过焊接或以机械方式固定在刀杆上，如在镗床上要精确地径向移动刀具改变镗刀直径，则用螺栓把刀杆固定在主轴上，通常还要有与刀杆方向一致的微调螺栓调整镗刀径向尺寸。

模块五 XHK715 加工中心的安装与调试

加工中心是一类特殊的机床，分类比较复杂，加工工艺范围宽，主轴变速范围大，需要变频调速控制，主轴轴承通常不再是传统的滚动轴承，而是高性能转速的滚动轴承、滑动轴承、金属陶瓷轴承，甚至是磁悬浮轴承，进给伺服系统采用半闭环或全闭环控制。该模块介绍了加工中心的分类、工艺范围、特点，并比较详细地介绍了 XHK715 加工中心的安装规范、安装过程及其调试与验收，同时也介绍了常用安装工具、典型调试仪器（激光干涉仪）、安装调试过程中的基本知识点和应掌握的基本技能，以及 XHK715 加工中心的加工精度和使用性能，与普通机电设备相比，安装调试要考虑这些特殊规范要求。

项目一 XHK715 加工中心机械电气安装

项目描述

本项目介绍加工中心的分类、特点和工艺范围，主要介绍 XHK715 加工中心开箱检查验收和保管工作、基础要求、起吊并正确安放机床、正确使用安装工具和调试仪器对 XHK715 加工中心进行机械和电气安装，安装过程中应注意的问题等内容，以及与普通机床相比，其安装调试的不同点。

学习目标

1. 掌握加工中心的分类、特点和工艺范围。
2. 能够完成 XHK715 加工中心安装前的验收工作，制订正确吊装、安装方案。
3. 能够对 XHK715 加工中心基础进行施工检查，正确放置并安装机床。
4. 能够读懂 XHK715 加工中心的电气原理图与电气安装图。
5. 能够根据电气安装图对 XHK715 加工中心进行正确布线。

任务 1 认识加工中心

> **知识点：**
> - 加工中心的概念、分类、工艺范围及其特点。
> - 五轴联动加工中心的分类、特点和应用。
>
> **能力目标：**
> - 掌握加工中心的概念，能正确根据工件特点选择加工中心机床。
> - 掌握加工中心的工艺范围、生产效率，并能正确使用和维护。
> - 掌握五轴联动加工中心的分类、特点及其工艺范围。

一、任务引入

能够自动换刀和转位，完成零件多个表面粗精加工的工艺装备叫加工中心。加工中心是一类比较特殊的机床，其理论基础、机床结构、电气控制、安装基础、安装调试方法、加工工艺范围和加工精度有其独自的特点。为了比较全面认识加工中心，有必要先梳理加工中心的分类、工艺范围、结构特点和加工精度等内容，使得涉及加工中心的多门学科、多项技术和多种技能有机融合，相关知识点纵观横穿、条理清晰，能力目标得以提升，使读者对本项目的知识点和能力目标有比较全面深刻的理解。

二、任务实施

（一）加工中心的分类及其工艺范围

加工中心主要优势是工件一次定位，数控系统控制工作台移动、转位、更换刀具，从而加工出零件的多个表面，符合统一基准的原则，有利于保证零件各个加工表面之间的形状、位置和尺寸精度。加工中心的种类很多，按控制轴数不同可分为三轴加工中心、四轴加工中心和五轴加工中心；按主轴与工作台相对位置不同分为立式加工中心、卧式加工中心、龙门式加工中心和万能加工中心（又称多轴联动型加工中心）。

1. 立式加工中心

如图 5-1-1 所示，立式加工中心是指加工工件时主轴轴线呈垂直状态，即主轴与水平工作台面垂直设计的加工中心。与立式镗床的原理一样，立式加工中心主要适用于加工板类、盘盖类零件，可以加工这类零件上的粗孔、细孔、平面、螺纹、倒角等多种表面，加工工艺可以是镗削、钻削、扩孔、铰孔、铣削、攻螺纹等。图 5-1-1a 所示的立式加工中心没有回转工作台附件只有简单的三个直线运动坐标轴 X、Y、Z，三轴中至少有两轴是联动的，一般可实现三轴三联动。三轴立式加工中心的有效加工面仅为工件的顶面，加上附件如图 5-1-1 所示回转分度头就成为四轴立式加工中心，加工工艺范围大有扩展，有的可进行五轴、六轴控制。立式加工中心高度有限，不宜设置前导向装置，所以不宜加工箱体类工件。但立式加工中心工件装夹、定位方便；刀具运动轨迹易观察，调试程序检查测量方便，可及时发现问题，进行停机处理或修改；切削液能直接到达刀具和加工表面；三个坐标轴与笛卡儿坐标系

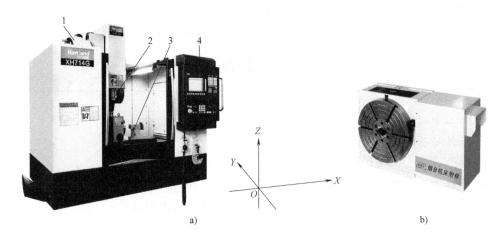

图 5-1-1　立式加工中心

a）三坐标 X、Y、Z 立式加工中心　b）回转工作台附件

1—刀库　2—主轴（Z 坐标轴）　3—工作台 X、Y 两个坐标运动　4—数控系统

吻合，感觉直观，与图样视角一致，易于自动排屑，避免划伤加工过的表面。与卧式加工中心相比，其结构简单，占地面积较小，价格较低。

2. 卧式加工中心

如图 5-1-2 所示，卧式加工中心指加工工件时主轴轴线保持水平状态，与工作台平行设计的加工中心。同前述卧式镗床的原理一样，卧式加工中心主要适用于加工箱体类零件。卧式镗床加工箱体上的深孔需要前导向，而卧式加工中心只需工件转位两面加工孔即可，不需要前导向，可以加工箱体类零件上的粗孔、细孔、平面、螺纹、倒角等多种表面，加工工艺可以是镗削、钻削、扩孔、铰孔、铣削、攻螺纹等。它的工作原理是工件在加工中心上经一次装夹后，数控系统执行加工程序自动选择不同的刀具，自动转换零件加工表面，改变机床主轴转速，依次完成工件多个加工表面的粗精加工。

图 5-1-2　卧式加工中心
1—刀库　2—主轴　3—工件　4—绕 Z 轴回转（即 C 轴）的转台
5—X、Y 坐标工作台　6—数控系统

卧式加工中心通常带有可进行回转分度运动的正方形回转工作台，一般具有 3～5 个运动坐标，常见的是三个直线运动坐标加一个回转分度运动坐标，它能够使工件在一次装夹后完成箱体类零件除安装底面和顶面以外的其余四个面的加工。卧式加工中心一般具有分度工作台或数控转换工作台，可加工工件的各个侧面，也可作多个坐标的联合运动，以便加工复杂的空间曲面。

3. 龙门式加工中心

对一些面积较大的零件，立式加工中心工作台面积小不能加工，可由结构刚度好的龙门式加工中心加工，龙门式加工中心如图 5-1-3 所示，其主轴轴线与工作台垂直，有两立柱和一条横梁。从刀具与工作台位置关系的角度看，龙门式加工中心属于立式加工中心，因其结构有特殊性，有

图 5-1-3　山东五征集团 LP3021 型
龙门式加工中心

时单独归一类。

4. 五轴联动加工中心

（1）按工作台自由度数不同分类

1）图 5-1-4 所示为工作台回转的立式五轴加工中心，这类加工中心的回转坐标工作台如图 5-1-4c 所示。将该工作台安装到具有 X、Y、Z 三个直线运动坐标的加工中心上，即增加了可以环绕 Z 轴回转的 C 轴和绕 Y 轴回转的 B 轴。C 轴工作范围一般为 $360°$，B 轴回转范围一般为 $+30° \sim -120°$，B 轴和 C 轴最小分度值为 $0.001°$，可把工件细分成任意角度，这样通过 B 轴与 C 轴的组合，固定在工作台上的工件除了底面之外，其余的五个面都可以由立式主轴进行加工，从而可加工出倾斜面、倾斜孔等。B 轴和 C 轴如与 X、Y、Z 三直线轴实现联动，就可加工出复杂的空间曲面，这需要高档的数控系统、伺服系统以及软件的支持。这种设置方式的优点是主轴的结构比较简单，主轴刚性非常好，制造成本比较低。但一般工作台不能设计太大，承重也较小，特别是当 B 轴回转大于或等于 $90°$ 时，切削工件时会对工作台带来很大的承载力矩。

图 5-1-4　工作台回转的立式五轴加工中心

a）五轴联动加工中心加工特殊叶轮　b）特殊叶轮　c）两回转坐标工作台

1—刀库　2—主轴（Z 坐标轴）　3—特殊叶轮　4—两回转坐标工作台

5—机床 X、Y 工作台　6—高性能数控系统

2）图 5-1-5 所示为主轴回转的立式五轴加工中心，主轴前端是一个回转头，能自行环绕 X 轴 $360°$ 旋转，成为 A 轴。回转头本身沿 Z 坐标直线运动，机床工作台可在 X、Y 平面内

运动，工作台上再安装可绕 Z 轴回转的单坐标回转工作台，即实现前述立式五轴加工中心的功能。这种设置方式的优点是主轴加工非常灵活，工作台也可以设计得非常大，飞机庞大的机身、巨大的发动机壳都可以在这类加工中心上加工。这种设计还有一大优点：在使用球面铣刀加工曲面中，当刀具中心线垂直于加工面时，由于球面铣刀的顶点线速度为零，顶点切出的工件表面质量会很差，采用主轴回转的设计，令主轴相对工件转过一个角度，使球面铣刀避开顶点切削，保证有一定的线速度，可提高表面加工质量。这种结构非常受模具高精度曲面加工的欢迎，这是工作台回转式加工中心难以做到的。为了达到回转的高精度，高档的回转轴还配置了圆光栅尺反馈，分度、精度都在几秒以内。当然，这类主轴的回转结构比较复杂，制造成本也较高。

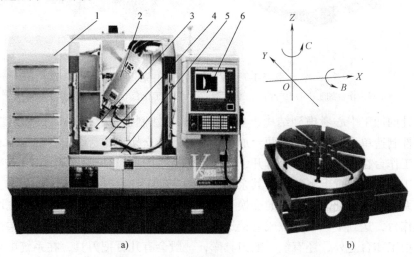

图 5-1-5　主轴回转的立式五轴加工中心

a）五轴联动加工中心加工特殊叶轮　b）单坐标回转工作台

1—箱内有刀库　2—主轴回转头　3—特殊叶轮　4—单坐标回转工作台

5—机床 X、Y 工作台　6—高性能数控系统

（2）按主轴垂直还是水平位置分类

1）立式五轴联动加工中心。图 5-1-4 所示为主轴呈垂直方向的立式五轴联动加工中心，图 5-1-5 所示的五轴联动加工中心与图 5-1-4 相比，主轴也主要呈垂直方向，这就是立式五轴联动加工中心。

2）卧式五轴联动加工中心。加工时主轴呈水平方向的五轴联动加工中心，称为卧式五轴联动加工中心（图 5-1-6）。

5. 双工作台加工中心、柔性制造单元和柔性制造系统

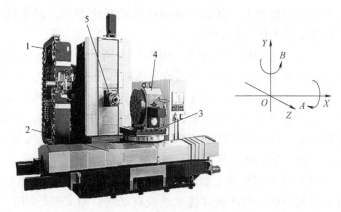

图 5-1-6　卧式五轴联动加工中心

1—刀库　2—X、Z 坐标工作台　3—B 轴旋转工作台

4—A 轴旋转工作台　5—Y 坐标运动的卧式位置的主轴

图 5-1-7 所示的加工中心有两个工作台，当一个工作台在加工区内加工时，另一工作台则在加工区外更换工件，为下一个工件的加工做准备，两个工作台的工件可以不一样，从而提高了加工中心的柔性。工作台交换的时间视工作台大小不同，从几秒到几十秒即可完成。

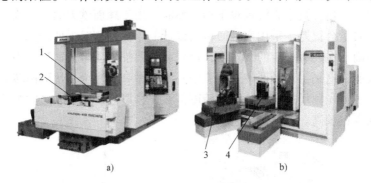

图 5-1-7　双工作台加工中心

a) 双工作台加工中心上的两个工作台 1、2　b) 双工作台上各有不同的工件 3、4

　　最新设计的加工中心考虑到结构上要适合组成柔性制造单元（FMC）和柔性制造系统（FMS）。柔性制造单元一般至少由两台加工中心和四个交换工作台组成，加工中心全部并排放置，交换工作台在机床前一字形排开，交换工作台多的可以排成两行，甚至双层设计。两边各有一个工位用来放置上下工件，其余工位上的交换工作台安装着工件等待加工，有一辆小车会按照系统指令，把装着工件的交换工作台送进加工中心，或从加工中心上取出完成加工的交换工作台，送到下一个工位或直接送到下料工位，完成整个加工操作。柔性生产线除了小车、交换工作台之外，还有统一的刀具库，一般会有几百把刀具，在系统中存入刀具的身份编码信息，再通过刀具输送系统送进加工中心，并把用完的刀具取回。柔性制造系统还需要一台 FMS 的控制器来控制运行。

（二）正确认识加工中心的几个问题

1. 加工中心的效率问题

　　加工中心具有至少十几把刀具，有的具有 120 把刀具，能够自动换刀和转位，完成零件多个表面粗精加工，其加工效率比普通机床要高，但要比专用机床低。现以图 4-1-1b 所示的箱体零件为例进行分析。

　　（1）在通用机床上加工　图 4-1-1b 所示的车辆新研制产品箱体零件，为单件生产零件，若在通用机床上加工，平面可在牛头刨床上刨削加工，或在立式铣床上用直径较大的铣刀盘加工，粗孔在图 4-1-1a 所示的卧式镗床上加工，细孔在立式钻床上加工，用手用丝锥攻螺纹，由于定位基准不断变换，不符合基准统一的原则，在各台机床上用找正划线法定位，效率非常低，且不能保证加工精度。实践证明用通用机床加工一个箱体零件至少需要 6 个工作日，一般不采用通用机床研制新产品。

　　（2）在专用机床上加工　图 4-1-1b 所示箱体由于是单件生产，考虑到成本，不可能设计专用组合机床生产线（流水线或自动线）对其进行加工。

　　（3）在卧式加工中心上加工　图 4-1-1b 所示箱体零件的平底面可先在立式铣床粗铣、半精铣、精铣，一般需要 0.5 个工作日；然后在卧式加工中心上一次底面定位，把四周平面、粗孔、细孔、螺纹等加工面全部加工完毕，需要 1.5 个工作日，合计用 2 个工作日即可完成箱体零件的加工，且能够保证加工精度，因此加工中心的生产效率大大高于通用机床。

（4）产品定型后在专用组合机床流水线（自动线）上大批量生产　图 4-1-1b 所示箱体零件新产品研制成功，生产纲领为 30 000 台投入生产，用专用组合机床生产线（流水线或自动线）加工，该生产线采用专用夹具、刀具、工装量具，能够保证加工精度。按每年 12 个月，每个月 23 个工作日，每个工作日 7h 计算，加工一件产品所用时间不多于 4min，由此可见专用组合机床生产线（流水线或自动线）的加工效率大大高于加工中心，更是极大地高于通用机床。

（5）主要优势在于研发新产品　若用加工中心大批量生产产品，加工效率太低，成本太高，所以，加工中心的主要优势是研制新产品。因开发新产品是单件小批量生产，用加工中心加工基准统一，有利于保证零件各个加工表面的形状、位置和尺寸精度。若用通用机床加工，因基准不统一就难以保证加工精度，并且加工效率低；若用专用机床加工，则产量太少会使成本过高。

对加工精度要求高、价格昂贵、单件生产的机械零件，如车辆模具等，虽不是新产品零件，也应用加工中心加工。

2. 加工中心坐标轴联动的问题

数控机床坐标轴联动是指坐标轴在数控系统的控制下其位移（直线位移或角位移）能够做具有某种函数关系的运动。数控机床坐标轴个数和几轴联动是两码事，能够联动的轴数越多，则机床功能越强。五轴联动加工中心指的是加工过程中总共有五个轴可以参与运动，但不一定五个轴可以联动。如果五个轴可以联动，便称之为五轴五联动加工中心。常见联动形式有如下几种：

（1）两轴联动　CK6140 数控车床 X、Z 两个坐标轴是联动的，能加工出圆弧面和锥面，而 CDE6140 卧式车床两个坐标轴不能联动，则不能加工圆弧面和锥面（小刀架倾斜手工加工锥面例外）。

（2）两轴半联动　在 X、Y 两轴联动的基础上增加了 Z 轴的移动，当机床坐标系的 X、Y 轴联动加工完某段具有函数关系的曲线后固定不动时，Z 轴可以作进给运动，X、Y 两轴再联动加工，这样循环几次，就能加工出阶梯状的或分层状的零件表面，即两轴半联动。

（3）三轴联动　数控机床能同时控制三个坐标轴的联动，一般曲面的加工和型腔模具均可以用三轴加工完成。

（4）多坐标联动　能同时控制四个坐标轴联动的数控机床叫多坐标数控机床，其结构复杂，精度要求高，程序编制复杂，适于加工形状复杂的零件，如叶轮、叶片类零件。通常三轴机床可以实现两轴、两轴半、三轴联动加工；五轴机床也只能实现三轴联动加工，而其他两轴不联动。

理论上最多是五轴联动，不少产品可以简化加工轴数，联动轴数越多，编程、加工难度越大。如空间形状复杂的叶轮零件，则必须五轴五联动加工中心加工。

不少多坐标加工中心为了简化设计，使用方便，可以以附件的形式设计制造某个坐标轴，如图 5-1-8 所示，XHK715 四轴数控加工中心附件 3 为一个旋转坐标轴附件。

（三）带第四回转轴附件的加工中心

图 5-1-8 所示为 XHK715 加工中心，是精心设计制造的高质量、高精度、高性能的高档技术产品，该加工中心具有三轴数控加工中心的功能，再加上回转坐标轴附件，加工中心的

工艺范围大大拓宽，这种配置的加工中心是一种中高档次的配置，比起图 5-1-4 和图 5-1-5 要经济得多，是大型企业、高等学校和职业技术学校优选的配置。此加工中心的各项精度稳定，性能可靠，操作方便灵活。此加工中心配备 FANUC 0i-Mate 数控系统，四轴联动，立柱固定式布局，全封闭防护，斗笠式刀库（无换刀手），铸铁淬硬导轨，主传动采用全无级调速。主轴单元为进口部件总成，具有回转精度高、刚性好、动平衡精度高的特点。由于主轴上带有角位移闭环反馈装置，并采用了高性能的交流伺服主轴电动机，机床可以实现高速刚性攻螺纹功能；采用进口气液增力式打刀缸，卸刀为浮动反扣式，避免了打刀力向主轴轴承上的传递，有效提高了主轴的寿命；工作台沿 X、Y 轴水平面移动，主轴箱垂直运动，具有结构紧凑、外观整洁、占地面积小的特点；主轴箱 Z 向运动采用机械重锤式平衡机构，运动灵活、平稳；床座、立柱、滑板等基础构件采用热对称和箱型密筋格筋板设计，树脂砂造型，具有精度稳定、高刚性的突出特点。

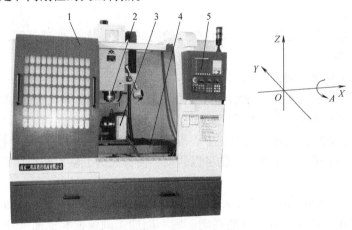

图 5-1-8　XHK715 数控加工中心
1—内有刀库（可装 24 把刀具）　2—电主轴　3—旋转坐标附件
4—X、Y 坐标工作台　5—西门子高档数控系统

X、Y、Z 三个方向的滚珠丝杠均采用预拉伸结构，并采用日本 NSK 公司高精度专用丝杠轴承，保证了进给轴的刚性和精度；采用进口斗笠式刀库，可实现任意选刀，换刀准确、可靠，刀库容量为 24 把；机床 X、Y、Z 最大行程分别为 800mm、550mm、500mm，可满足模具制造行业对加大行程的特殊需求。机床的润滑系统均采用定时、定量自动集中供油润滑系统，可确保任一润滑部位得到充分润滑。

XHK715 加工中心整机刚性好，操作方便灵活。可进行立铣、钻、扩、镗、攻螺纹等加工工序，特别适用于加工形状复杂的二、三维模具及复杂的型腔和表面，更适用于企业生产车间批量加工零件。

三、任务要点总结

本任务论述了加工中心的分类、概念、特点和工艺范围，并对一些容易混淆的概念进行了梳理，如加工中心的加工效率比通用机床高，而比专用机床低等问题，使读者对加工中心有比较全面的认识。卧式加工中心一般具有分度转台或数控转台，方便完成工件四个表面的加工；也可做多个坐标的联合运动，以便加工复杂的空间曲面。立式加工中心主要适用于加工板类、盘类等壳体类复杂零件，一般不带转台，仅做顶面加工。龙门式加工中心属于立式加工中心，其结构特别适用于面积比较大的零件的加工。万能加工中心是指通过加工主轴轴线与工作台回转轴线的角度可控制联动变化，完成复杂空间曲面加工的加工中心。适用于具有复杂空间曲面的叶轮转子、复杂模具、复杂刃具等工件的加工。

四、思考与实训题

1. 什么是加工中心？

2. 加工中心的加工效率如何？就企业加工中心的类型、生产效率、加工对象、加工精度等问题做比较深入的实训性质的调研，写出一篇调研报告，比较与前述问题的异同点。

3. 分析加工中心坐标轴数与坐标轴联动的概念、关系。

4. 简述立式和卧式加工中心的工艺范围。

任务 2　XHK715 加工中心的机械安装与初平

知识点：
- XHK715 加工中心开箱检查、零部件管理。
- XHK715 加工中心的安装图、安装施工方案。
- 激光干涉仪的使用方法及 XHK715 加工中心的安装步骤。

能力目标：
- 掌握正确的设备开箱方法，细心清点检查，妥善保管设备零部件及附件。
- 能够根据安装图、说明书和有关资料正确拟定安装工艺程序。
- 能够正确安装 XHK715 加工中心，并能正确使用激光干涉仪找正机床工作安装精度。

一、任务引入

XHK715 数控加工中心如图 5-1-8 所示，配有回转坐标轴附件，工艺范围有比较大的扩展，可进行立铣、钻、扩、镗、攻螺纹等加工工艺，特别适用于加工形状复杂的二、三维模具及复杂的型腔和表面。XHK715 加工中心整机到位后的安装与调试质量的好坏，直接影响到设备以后的使用质量和使用寿命，必须制订正确的安装施工方案、安装步骤、齐全的调试项目和验收标准，应遵循一般设备的安装基本工艺流程，并要求使用精度高的检测仪器（如激光干涉仪）来找正安装精度。

二、任务实施

（一）XHK715 加工中心的安装

1. XHK715 加工中心安装前的准备工作

XHK715 加工中心运抵现场后，进行开箱检查，对照供货清单清点附件，做好开箱验收记录，若有缺件和附件不合格的情况，应立即与供货厂家联系供货，做好安装前的准备工作。

2. XHK715 加工中心安装基础的处理与机床的车间布置

（1）XHK715 加工中心安装基础的处理　XHK715 加工中心生产厂家提供基础图样如图

5-1-9 所示，基础用以承受设备的自重和设备运转时产生的外载和振动，施工后的基础如图 5-1-10 所示。因 XHK715 加工中心（净重 5 500kg）比较重，安装时须用固定式机床垫铁。与移动式机床垫铁相比，固定式机床垫铁调整更加方便和精确。地基基础为混凝土，厚度由机床重量和承重面积计算决定，一般基础厚度不少于 400mm。基础由土建部门负责施工，机床安装人员应根据机床说明书等有关资料协助指导基础施工，确定机床的具体摆放位置、管线预埋走向等有关技术要求。安装人员和施工部门根据技术文件和技术规范，对基础工程进行全面检查与验收，具体检查内容如下：

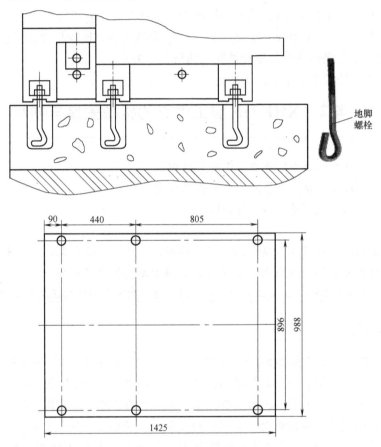

图 5-1-9　数控加工中心地基尺寸图

1）基础的几何尺寸必须符合上述要求。

2）基础混凝土的强度应符合机床的安装和使用要求。

基础验收合格后，XHK715 加工中心安装基础的处理完毕。

（2）XHK715 加工中心在车间的布置方案　由于 XHK715 加工中心是高精度刀具回转类机床，加工时刀具回转，工件在工作台上沿规定的轨迹移动或回转，切屑不飞溅，所以，XHK715 加工

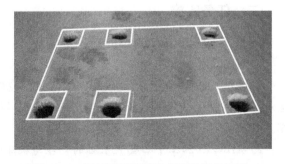

图 5-1-10　打好地脚螺栓孔并画好线的基础

中心在车间可采取机群式平行布置方案，使车间整齐和美观。

3. 移动 XHK715 加工中心并正确就位

（1）吊起加工中心，底下放置滚筒和枕木　XHK715 加工中心设计有 4 个如图 5-1-11 所示的吊装用的吊耳，吊装前把主轴箱降至最低处，工作台移至滑鞍中部，滑鞍向 Y 轴正方向移动至床身中后部，用 5t 的液压铲车作为搬运工具。如图 5-1-12 所示将 XHK715 加工中心每两个吊耳吊在铲车一条托臂上，轻轻吊离地面后按图 5-1-13 所示在加工中心机床底下放入几根滚筒，滚筒上放枕木，再把加工中心机床轻轻放到枕木上。

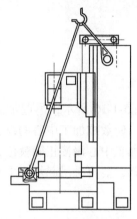

图 5-1-11　加工中心机床吊装用的吊耳　　　图 5-1-12　用液压铲车吊起 4 个吊耳的绳索

（2）将加工中心向基础方向移动并安装地脚螺栓　如图 5-1-14 所示，向基础方向滚动加工中心，也可用撬杠撬动加工中心的一侧垫枕木，用铲车推动枕木，使加工中心向基础方向滚动。当如图 5-1-15 所示加工中心底座的螺栓孔对齐基础上的螺栓孔时，放置地脚螺栓并拧上螺母。

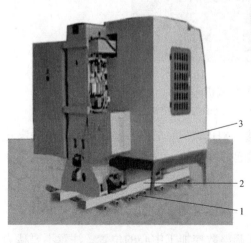
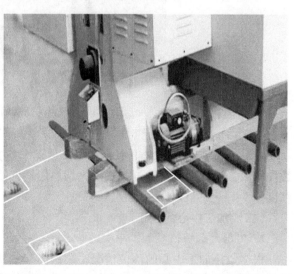

图 5-1-13　铲车吊装后人工在设备底下放置
滚筒和枕木

1—滚筒　2—枕木　3—加工中心　　　　图 5-1-14　向基础方向滚动加工中心

图 5-1-15　安放地脚螺栓
1—放置地脚螺栓　2—待放地脚螺栓的孔

（3）起吊加工中心并放置可调垫铁，正确就位　如图 5-1-16 所示，吊起加工中心，抽出枕木和滚筒，放置固定式机床垫铁，慢慢下放液压铲车，使数控加工中心的纵、横向中心线与安装基础上的纵、横向安装基础线重合，从而使数控加工中心慢慢正确就位，让机床上的所有螺栓进入预留孔中。注意，如果加工中心就位不正确，要再次吊起加工中心，人力轻轻推动，或开动铲车，使加工中心正确就位。

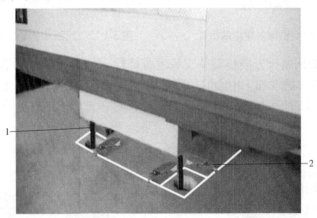

图 5-1-16　放置等高度的固定式机床垫铁
1—地脚螺栓已经挂在机床上　2—找正等高度机床垫铁

（4）移动 XHK715 加工中心就位禁忌操作方法　XHK715 加工中心是半闭环控制的高档数控机床，精度高，若就位不正确，切忌用撬杠撬起移动就位，否则会产生振动，影响机床精度。

（二）加工中心的找正

1. 用框式水平仪对加工中心进行初平

根据数控加工中心的落位情况，用滚筒和撬杠调整数控加工中心的位置，注意不要猛力撬动，要让机床慢慢移动，对数控加工中心进行粗调水平，然后把搅拌好的混凝土浇灌到螺栓孔中，如图 5-3-1 和图 5-3-2 所示对加工中心进行初平后进行二次灌浆。至此，XHK715 加工中心的初步就位完成。

2. 用激光干涉仪或其他高精度仪器精调

XHK715加工中心二次灌浆7～10天后，浇灌的混凝土已完全凝固，要进行设备的精调。由于XHK715加工中心是高精度机床，安装精度要求高，所以，要用高精度检测仪器（如激光干涉仪）找正加工中心的安装精度。

激光干涉仪（见图1-1-31）的工作原理：激光干涉仪以激光波长为已知长度，是利用迈克尔逊干涉系统测量位移的通用长度测量工具。激光干涉仪有单频和双频两种。它是利用干涉原理测量光程差，从而测定有关物理量的光学仪器。两束相干光间光程差的任何变化会非常灵敏地导致干涉条纹的移动，而某一束相干光的光程变化由它所通过的几何路程或介质折射率的变化引起，所以，通过干涉条纹的移动变化可测量几何长度或折射率的微小改变量，从而测得与此有关的其他物理量。测量精度决定于测量光程差的精度，干涉条纹每移动一个条纹间距，光程差就改变一个波长，所以，激光干涉仪的测量精度是任何其他测量方法无法比拟的。

三、任务要点总结

本任务要求安装人员具备安装钳工的基本知识，要求调试人员会测量工具特别是激光干涉仪的使用方法。要求能够正确确定设备安装位置，协助做好基础施工与验收，配合起重工进行设备就位，掌握XHK715加工中心的安装方法及用激光干涉仪检测精度的原理、方法。

四、思考与实训题

1. XHK715加工中心开箱、清点、检查与验收需要做好哪些工作？
2. 怎样调整XHK715加工中心的工作台？
3. XHK715加工中心的二次灌浆应注意哪些方面？
4. 简述激光干涉仪检测精度的操作过程。
5. 现有一台J1VMC400B型号立式加工中心，请按照XHK715加工中心的安装与调试步骤进行安装和精度调试。

任务3　XHK715加工中心的电气安装

知识点：
- Z轴和Y轴伺服电动机的安装、接线。
- 加工中心超程保护作用、原理与检测方法。
- 加工中心坐标零点的作用与检测方法。

能力目标：
- 掌握加工中心三坐标加工测试、超程保护方法。
- 掌握加工中心超程保护的检测方法。
- 熟悉加工中心坐标零点的检测方法。

一、任务引入

XHK715加工中心是四轴（即X轴、Y轴、Z轴和一个与Y轴平行的附加旋转轴B轴）

联动机床，以实现空间复杂曲面的加工。为保证加工中心的安全使用，在试运行前要进行 X 轴、Y 轴、Z 轴加工运行调试；X 轴、Y 轴、Z 轴三个方向的超程保护开关的灵敏度测试；X 轴、Y 轴、Z 轴三个方向的坐标轴回零点测试。由于 XHK715 加工中心在运输时 Z 轴伺服电动机和 Y 轴伺服电动机是与机床整体分开运输的，因此超程保护和机械零点开关也需要在安装后接线。

二、任务实施

（一）Z 轴和 Y 轴伺服电动机的安装

由于 Z 轴伺服电动机是垂直安装的，在运输中高度太大，所以与机床整体分开运输；而 Y 轴伺服电动机是横向安装的，在运输中宽度太大，所以与机床整体也分开运输。伺服电动机各部分的名称如图 5-1-17 所示。Z 轴伺服电动机的安装过程如图 5-1-18 所示，Y 轴伺服电动机的安装过程如图 5-1-19 所示。伺服电动机安装的注意事项如下：

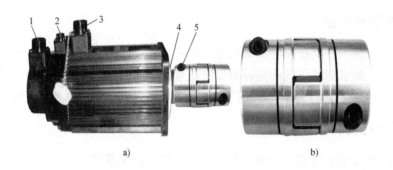

a)   b)

图 5-1-17　伺服电动机与梅花联轴器的结构

a）安装上梅花联轴器的伺服电动机组成　b）带两个内六角螺栓的梅花联轴器

1—旋转编码器接线插头　2—计算机控制接线插头　3—驱动器接线插头

4—电动机机体上安装的凸台　5—内六角螺栓

图 5-1-18　Z 轴伺服电动机的安装过程　　　　图 5-1-19　Y 轴伺服电动机的安装过程

1）不要直接将伺服电动机连接在工业电源上，否则会损坏伺服电动机。如图 5-1-20 所示，如果没有专用的伺服单元，不得运行伺服电动机。

2）在安装电动机前，用浸过稀释剂的布将轴端部的防锈剂（图 5-1-21）擦拭干净。在擦拭防锈剂时，不要让稀释剂接触伺服电动机的其他部分。

3）安装伺服电动机时要符合说明书安装定心精度的要求：在一圈的 4 个位置进行测定，最大与最小的差值在 0.03mm 以下（与联轴器一起旋转），定心不充分会引起振动，损伤轴承。

4）安装联轴器时，不要直接对轴产生冲击（见图 5-1-22），否则会损坏安装在负载相反侧轴端上的编码器。

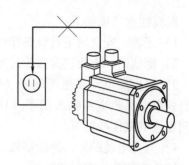

图 5-1-20　伺服电动机的错误接线

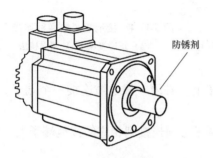

图 5-1-21　伺服电动机轴端防锈剂

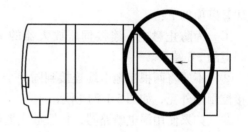

图 5-1-22　伺服电动机安装的错误操作

（二）Z 轴和 Y 轴伺服电动机的接线

机床所需电源包括：

1）三相 380V、50Hz 交流电，用于伺服变压器以及刀库电动机的电源输入。

2）伺服变压器提供的三相 220V、50Hz 的交流电，用于伺服驱动器的电源输入以及主轴模块的电源输入。

3）单相 220V 交流电，用于冷却泵、排风扇及润滑泵的电源输入。

4）控制变压器提供的 28V 交流电经整流后变成直流 24V，作为 Z 轴的制动电源。

5）24V 单相交流电，用于照明灯。

6）控制变压器提供的 28V 交流电经整流后变成直流 24V，作为电磁阀的控制电源。

7）开关电源提供的直流 24V，用于 NC 系统的电源输入及 I/O 的电源。

8）控制变压器的 110V 交流电源，用于控制回路的电源输入。

电源开关（QF_1）位于机床电柜上方。插入电源钥匙后旋转电源开关于 ON 位置，机床通电，电柜风扇旋转。注意：本机床对电源相序有要求，电源由机床电柜圆孔引入，如图 5-1-23 所示，并连接好 PE 线，保证机床可靠接地，以防造成系统损坏。

校准电源相序或用相序表检查相序，以防接错。由于机床主电动机功率为 7.5kW，机床的电源入线应不低于 6mm^2。

图 5-1-23　数控加工中心电源入线图

配线注意事项如下：

1）正确、安全地进行设备接线。否则，可能导致伺服电动机不能运行。

2）配线时，不要使其张拉过紧。

3）将伺服电动机电源端子（U，V，W）直接连接到伺服电动机电源输入端子（U，V，W）。不要在中间连接电磁接触器等。

4）避免电缆的外部绝缘层被锐利物品划伤、被机械的棱角擦伤及人或车的踩压。

5）伺服电动机如果安装在移动的机械上，应尽可能使电缆弯曲半径大些。

6）24V电源正负极性（+、-）必须正确，接地注意事项如下：

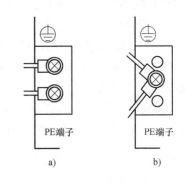

图 5-1-24　接地端子的两种连接方式
a）正确接法　b）错误接法

① 为防止触电，连接伺服放大器的 PE 端子与控制柜的 PE 端子。

② 不要将两根接地电缆连接到同一个 PE 端子上。必须一根电缆连接一个端子，另一根接控制柜外壳，如图 5-1-24 所示。

③ 如果使用漏电断路器，伺服放大器的 PE 端子必须连接到相应的接地端子上。

（三）机床超程保护作用、原理与检测方法

由于各坐标轴运动超出了设定范围（超程）而造成的错误报警，一般分为硬件超程（由限位开关动作引起）和软件超程（超出预期设定的坐标最大范围）。

图 5-1-25a 所示为用行程开关的限位输入信号的典型接法，行程开关的原理如图 5-1-26 所示；图 5-1-25b 所示为用接近开关的限位输入信号的典型接法，接近开关的原理如图 5-1-27 所示。

软限位由系统控制，在工件坐标或机床坐标运动到超过某一范围时发出报警信号并停止运动，切换到手动模式。

软件超程由参数设定。

超程发生后，系统执行以下动作过程：

1）各坐标轴降速到零停止。

2）切换到手动进给模式。

3）关主轴，关切削液。

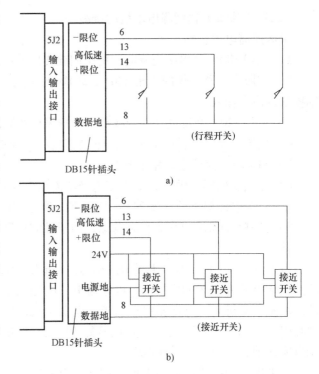

图 5-1-25　加工中心超程保护接线图
a）接行程开关　b）接接近开关

4）提示错误报警。

超程发生后该轴不能再沿该方向运动，允许反向运动，以退出超程状态。数控系统只能定义正向/负向限位，即各轴共同使用一个正方向限位输入，共同使用一个负方向的输入，一旦某轴的正向（或负向）限位发生后，其他各轴在该方向也不能运动，直到退出限位为止。

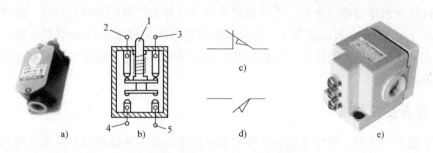

图 5-1-26　加工中心超程保护用行程开关

a）止动式行程开关　b）止动式行程开关内部接线图　c）常闭触点
d）常开触点　e）组合行程开关
1—止动杆触点　2、3—常闭触点　4、5—常开触点

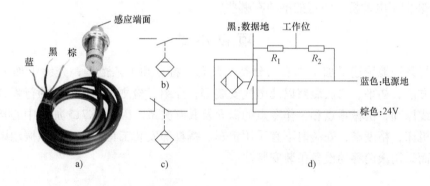

图 5-1-27　常见 LJ18A3-8-Z/BY 型电磁式接近开关

a）LJ18A3-8-Z/BY 型电磁式接近开关实物　b）、c）接近开关常开常闭触点符号
d）接近开关四个接线引脚，$R_1 = 400\Omega$，$R_2 = 1520\Omega$，工作时 R_2 上电压为 5V

（四）机床坐标零点的作用与检测方法

1. 机械零点与工件零点

机械零点又称机床零点或参考点，用于通电时在机床上的固定位置恢复工件坐标系，并统一内部刀具、坐标、保护等重要数据体系。

工件零点（或称工件原点）是编写零件程序时选择的度量原点，可以由编程者自由选择，它相对于机床零点的值由零点偏值设置。

2. 机床零点的信号接入

机床零点的信号接入方式分为单信号回零和双信号回零两种方式。

1）每轴采用一个接近开关作为零点信号，简称单信号回零。

2）初定位开关与伺服电动机 Z 信号找零的方式，简称双信号回零。

系统推荐采用通电必须回零模式及第二种零点信号接入方式。

3. 回零的操作方式

（1）机床回零　选择机床回零方式后，手动方向进给键，该轴找零，不必连续按方向进给键。

（2）程序回零　在通电必须回零模式下按手动方向键回零。

当执行机床回零功能指令后，系统直到找到零点开关位置后才停止运动，并将系统的机床坐标 X_P、Y_P、Z_P、A_P 自动置为 0，表示当前位置点即为机床坐标系零点位置，机床坐标系由此建立。此功能用来消除开、关机引起的机械漂移、坐标显示间的误差和连续多次加工的积累误差。

三、任务要点总结

通过本任务的练习，使学生能够正确安装伺服电动机，正确进行系统连线及接地，会正确连接超程保护开关，能深刻理解机床零点的作用及回零的操作方法。

四、思考与实训题

1. 数控机床设置机床零点的意义是什么？

2. 安装伺服电动机需注意的事项有哪些？

项 目 小 结

本项目系统地论述了加工中心的分类、概念、特点和工艺范围；介绍了加工中心的基础、安装方法、初平、二次灌浆以及电气安装等；介绍了检测工作台超程的行程开关和接近开关的接线原理，机械零点和工作零点的概念及其互关系。因 XHK715 加工中心是半闭环控制的数控机床，精度高，安装时不宜采用铲车、撬杠等安装工具，防止剧烈振动影响加工中心精度，而采用滚筒移动设备吊装安装法。

项目二　XHK715 加工中心外围设备安装与调试

项目描述

本项目介绍 XHK715 加工中心空气压缩机供气系统的作用、供气系统相关功能的安装与调试、加工中心回转工作台的设置，正确使用安装工具和调试仪器对 XHK715 加工中心进行机械和电气安装和安装过程中应注意的问题等内容以及与普通机床相比其安装调试的不同点。

学习目标

1. 掌握加工中心配套空气压缩机的用途、接线调试方法。

2. 掌握与空气压缩机相关的换刀、吹气、夹紧功能的调试方法。

3. 掌握润滑功能的组成、工作原理和调试方法。

4. 掌握加工中心回转工作台的安装设置、用途和调试方法。

5. 掌握加工中心对刀仪的安装设置、用途和调试方法。

任务 1　XHK715 加工中心气源、自动换刀、润滑系统的安装测试与运行

> **知识点：**
> - XHK715 加工中心气源系统的安装与运行方面的知识。
> - XHK715 加工中心润滑系统的功用与润滑测试方法。
> - XHK715 加工中心自动换刀的工作原理与运行测试步骤。
>
> **能力目标：**
> - 掌握 XHK715 加工中心气源的连接。
> - 掌握 XHK715 加工中心润滑系统的位置及润滑的方式。
> - 熟悉 XHK715 加工中心自动换刀的方式及故障处理。

一、任务引入

XHK715 加工中心自动换刀装置、气源系统、润滑系统是加工中心正常工作的重要保证，在加工中心进行正常工作前，要对以上几部分进行安装运行调试，以达到工作要求。

二、任务实施

（一）XHK715 加工中心气源系统的安装与运行调试

XHK715 加工中心具有刀库自动换刀、刀具气动夹紧与松开、自动吹气排除主轴锥孔内灰尘杂物等功能，图 5-2-1 所示为空气压缩机及其供气支路图。由于空气压缩机噪声大，安装时应放在车间远离加工中心的角落里，固定好空气压缩机，然后把压缩机出气管连接到空气过滤器上，相关元件连接无误后把三相电源插头 1 通电，开启管路开关阀 15 和接通管路 14，接通电源开关 2 则电动机旋转，两管路均喷出气体。关闭管路 14，则只是开关阀 15 的管路喷出气体，打开气体管路 14，关闭开关阀 15，则只是管路 14 喷出气体。现关闭电源开关 2，管路 14 也关闭，开启开关阀 15，准备进行压力调试。

1. 空气压缩机出气口压力的调试

空气压缩机出气口压力的调试参考图 4-2-19 所示方法，关闭管路 14，打开开关阀 15，拆下空气压缩机压力继电器 17 的护罩，用一字螺钉旋具人工调节压力继电器旋钮，使压力表 16 的读数约为 0.39MPa~0.59MPa，再安上护罩。

2. 空气过滤器压力的测试与调整

空气压缩机出气口的气体通过空气过滤器 3 过滤后，气体经气动电磁换向阀进入各个部位。空气过滤器 3 需要合适的压力，手动旋转调压旋钮 4，使空气过滤器压力约为 0.78MPa。

（二）XHK715 加工中心刀具气动控制系统功能调试

在加工中心使用之前要进行自动换刀运行调试，XHK715 加工中心采用图 5-2-2 所示的斗笠式刀库，刀库容量为 24 把刀，使用图 5-2-1 所示的空气压缩机，气源压缩气体经过空气过滤器后进入气管，数控系统通过控制电磁阀改变气体流向，控制执行元件气缸的动作，达到主轴换刀、清洁主轴锥孔、刀库转位送刀、冷却等作用。具体步骤如下：

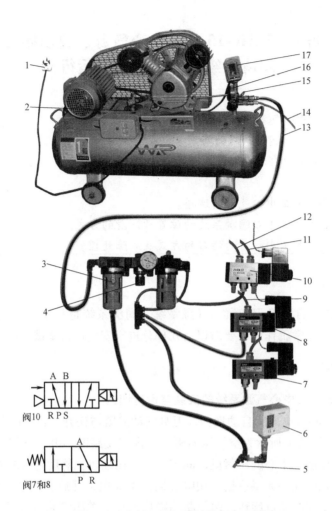

图 5-2-1　空气压缩机及其供气支路图

1—三相电源插头　2—电源开关　3—空气过滤器　4—调压旋钮　5—进入加工区吹去铁屑
6—压力自动恢复装置　7、8—两位三通电磁换向阀　9、11、12—出气管
10—两位五通电磁换向阀　13—供气管　14—管路　15—开关阀
16—压力表　17—压力继电器

1. 夹刀运动

加工中心主传动示意图如图 5-2-3 所示，刀具装于主轴前，图 5-2-1 所示的电磁换向阀
10 接收由控制系统发出的控制信号，气体经过管路 14 进入图 5-2-3 所示气缸 4 的上部，压缩空气使气缸 4 活塞向下运动压缩碟形弹簧 6，使同步内齿带轮 7 下端的夹套处于放松状态。当刀具装入主轴后，数控系统控制电磁换向阀 10 换向，使气缸 4 活塞上移，碟形弹簧复位，拉杆被向上拉，从而使其端部夹套内的钢球拉紧刀柄尾部的拉钉，将刀柄夹紧在主轴锥孔内。

图 5-2-2　加工中心斗笠式刀库

2. 换刀运动

换刀运动主要由分度、卸刀、装刀等步骤组成，具体分解动作如下：

1）分度。如图5-2-3所示，数控系统控制低速力矩电动机9通过转动齿轮8实现刀库刀盘的分度运动，将刀盘上接受刀具的空刀座转到换刀所需的预定位置。刀盘的分度分为自动和手动两种形式。

2）接刀。图5-2-1中电磁换向阀8使图5-2-3中气缸11活塞杆推出，将刀盘上接受刀具的空刀座送至主轴下方并卡住刀柄定位槽。

3）卸刀。主轴松刀，铣头上移，刀具卸留空刀座内。

4）再分度。再次通过分度运动，将刀盘上被选定的刀具转到主轴正下方。

5）装刀。铣头下移，主轴夹刀，刀库气缸活塞杆缩回，刀盘复位，完成换刀动作。

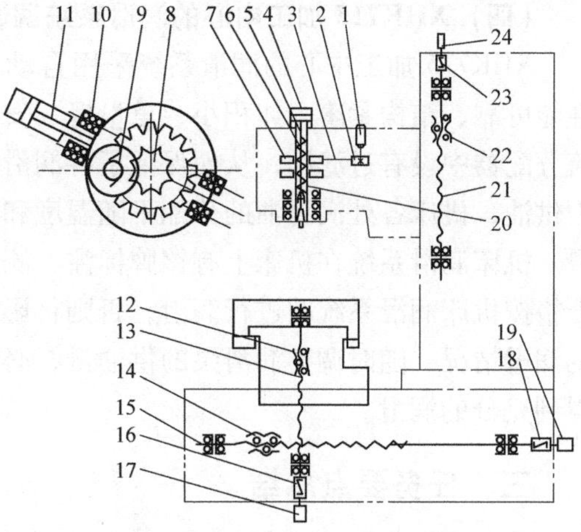

3. 主轴刀具孔吹气

主轴卸刀后、装刀前，图5-2-1中电磁换向阀7带电，气体经管路吹到主轴孔内，吹走灰尘等杂物，以保证装刀的精确度。

4. 刀库转位送刀运动原理

刀库部件主要由支架、支座、槽轮机构、圆盘等组成，如图5-2-4所示，圆盘8用于安放刀柄，圆盘上装有24套刀具座6、刀具键7、工具导向板5及工具导向柱4。刀具座6通过工具导向板5、工具导向柱4的作用夹持刀柄，刀具键7镶入刀柄键槽内，保证刀柄键在主轴准停后准确地卡在主轴轴端的驱动键上。圆盘由轴承9、10支承，在低速力矩电动机、槽轮12的作用下，绕轴11回转，实现分度运动。支座与圆盘等组件连接在气缸2作用下，沿直线滚动导轨副3作往复运动，完成刀库送刀、接刀运动。支架1安装在立柱左侧，用于支承刀库部件，确定刀库部件与主轴的相互位置。

图5-2-3　加工中心主传动示意图

1—主电动机　2、7—同步内齿带轮　3—同步内齿带
4、11—气缸　5—活塞杆　6—碟形弹簧　8—转动
齿轮　9—低速力矩电动机　10—直线滚动导轨
12、13、15、21—滚珠丝杠　14、22—丝杠螺母
16、18、23—弹性膜片联轴器　17、19、24—伺
服电动机　20—主轴

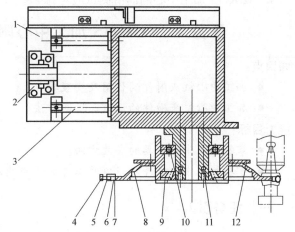

图5-2-4　加工中心刀库送刀运动原理图

1—支架　2—气缸　3—直线滚动导轨副　4—工具导向柱
5—工具导向板　6—刀具座　7—刀具键　8—圆盘
9、10—轴承　11—轴　12—槽轮

（三）XHK715加工中心空气冷却系统调试

空气压缩机产生的气体通过图5-2-1所示气管传送到加工部位，吹出的高压气体对工件起冷却的作用。

（四）XHK715 加工中心的润滑系统调试

XHK715 加工中心的润滑系统采用自动定时、定量集中供油润滑系统。系统设计先进、性能可靠、结构紧凑、体积小、重量轻、安装方便。该加工中心润滑系统在自动供油泵和节流分配器中设有过滤网，从而保证了各润滑点润滑油的质量和管路的畅通，整个系统使用压力供油，机床各处润滑油的分配不随温度和黏度的变化而变化，各润滑点均能得到充分的润滑。机床润滑系统在机床上有铭牌标注，测试时向各润滑泵中注入 60 号导轨油，开动油泵，严格按机床润滑系统图进行润滑，否则将影响机床的使用寿命和机械精度；检查各个润滑点的润滑情况，随时调整润滑泵的供油量，必须使机床导轨和滚珠丝杠等发生相对运动的部位得到充分的润滑。

三、任务要点总结

本任务要求调试人员熟悉加工中心空气压缩机及其相关设备、自动换刀系统和润滑系统等外围设备的组成、功能、原理和应用；掌握自动换刀装置的换刀过程以及加工中心润滑设备的特点和润滑方法。

四、思考与实训题

1. XHK715 加工中心的换刀运行应注意哪些事项？
2. XHK715 加工中心的润滑应注意哪些事项？
3. 简述 XHK715 加工中心气动系统的作用。
4. XHK715 加工中心的润滑测试应考虑哪些方面？

任务 2　XHK715 加工中心附件的安装与运行调试

> **知识点：**
> - 加工中心机床附件的作用及安装要点。
> - 加工中心机床附件的调试与检测方法。
>
> **能力目标：**
> - 掌握加工中心夹具的安装方法。
> - 掌握加工中心机外对刀仪的工作原理与使用方法。

一、任务引入

XHK715 加工中心有用于装夹工件的专用夹具、加工中心刀具磨床和机外对刀仪等附件，这些附件均需要安装调试，本任务介绍它们的安装与调试。

二、任务实施

（一）XHK715 加工中心夹具的安装与调试

1. 机用虎钳通用夹具的安装与调试

如图 5-2-5a 所示，机用虎钳是一种通用夹具，在安装前，应根据常加工零件的尺寸来选择机用虎钳的大小。具体安装调试过程如下：把选择好的机用虎钳放到机床工作台上，为便于操作装夹工件，钳口应平行于机床 X 轴安装，然后把机用虎钳的 T 形螺栓放到工作台的 T 形槽内，穿过机用虎钳的底座孔，垫上垫片后拧上螺母，注意，这时不要把螺母拧紧，如图 5-2-5b 所示，用百分表测量固定钳口与机床坐标轴的平行度。具体步骤如下：把百分表固定在机床主轴上，调整主轴位置让百分表压杆压在机用虎钳的固定钳口上，手动慢慢移动工作台 X 轴，观察百分表指针的变化，并用工具适时调整机用虎钳的位置；来回移动 X 坐标轴，直到百分表指针的变化在 0.02mm 之内为止。这时用扳手拧紧安装螺母，注意，应交替拧紧机用虎钳底座螺母，以防机用虎钳的底座受力不均匀而影响使用精度，至此机用虎钳夹具的安装与调试完毕。

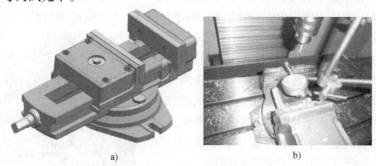

a)　　　　　　　　　　　　　　b)

图 5-2-5　机用虎钳的安装与调试

a）机用虎钳　b）调试机用虎钳口平面与加工中心 X 坐标的平行度

2. 第四回转轴附件的安装与调试

（1）加工中心第四坐标轴的特点　加工中心坐标轴的名称可以通过参数设置。对 FANUC 0i 系列，可通过 1020 号参数设定。如果一台加工中心不使用第二辅助功能，那么可以将坐标轴的名称随意设为 X、Y、Z 或者 A、B、C、U、V、W 等。但按照惯例，一般将 X、Y、Z 设为基本坐标轴名，而将 A、B、C 设为旋转坐标轴名，其中，旋转轴线与 X 轴平行的设为 A 轴，与 Y 轴平行的设为 B 轴，而与 Z 轴平行的则设为 C 轴。所以，立式加工中心的第四轴通常为 A 轴，卧式加工中心的第四轴为 B 轴，XHK715 数控加工中心附加轴平行于 X 轴，所以称 A 轴。

如图 5-2-6 所示，该加工中心采用"复节距蜗杆蜗轮组"进行传动，传动精确，经长时间的使用仍能维持高精度。主轴回转部分采用高级滚锥轴承，确保回转中心稳定。最小分割角度为 0.001°，主轴锁紧使用环抱式油压锁紧装置，作用点接近盘面，制动套环能大面积锁紧分度盘主轴的颈部位置，锁紧时圆周表面同时密合，减少盘面的压力与不稳定起伏，所以具有高刚性且耐重切削性。再加上扎实的密封结构，在大量切削液的使用场所，也不会让

图 5-2-6　数控分度头回转附件

粉屑和切削液渗入本体内，加工中心增加第四轴后，提高了机床的加工范围，可进行螺旋、凸轮等复杂零件的加工。常用于螺旋切削、刀具制造、凸轮及航天工业。

（2）加工中心第四坐标轴的安装　不用 A 轴时可以将其从工作台上卸下来，当加工需要分度、螺旋槽零件或在轴上加工环形槽时，再安装在工作台上（见图 5-2-6），调整使其回

转轴线平行于加工中心 X 轴，然后在机床工作台 T 形槽中穿入 T 形螺栓，用 4 个螺旋压板固定在加工中心工作台上，等待与顶尖一起测试安装精度。

（3）加工中心第四坐标轴的参数设置　在加工中心的第四轴安装之前，应确认本加工中心所配系统是否有第四轴控制功能，并选择相关的硬件。XHK715 数控加工中心使用 FANUC 0i-MD 系统，该系统可同时控制 4 个轴。

连接好硬件之后，打开加工中心电源和系统，按以下步骤设定参数值：将 CNC 受控轴数设为 4；将机床总控制轴数设为 4，将控制轴扩张设为 1，重新起动电源，电气设置完毕。

（4）加工中心第四坐标轴的调试　启动第四轴 PMC（编程机床控制器），分析 PLC 程序，按 SYSTEM→PMC→PMCPRM→KEEPRL 顺序，使 K8.5（保持继电器）=1 即可。

上述工作完成后，接通工作气源，重新起动电源。将 X、Y、Z 轴回零，在 MDI 模式中，解除急停，输入 M11→INPUT，手动旋转第四轴，检查线路是否接错。若无问题，将第四轴回零，进行加工试验，检查第四轴加工精度。机床增加第四轴后，一套夹具可同时用于工件四面的加工，提高了机床加工能力，保证了加工精度，降低了操作人员的劳动强度。

图 5-2-7　加工中心附加坐标轴与顶尖附件

3. 第四回转轴附件与顶尖的安装与调试

顶尖附件如图 5-2-7 所示，通常顶尖附件与第四轴附件联合使用，两个附件要调试同轴度，在第四回转轴附件和顶尖之间装上标准圆柱心棒，把百分表底座固定在 XHK715 数控加工中心主轴上，手动使工作台沿 X 坐标移动，心棒与床身 X 导轨在水平面内平行，若不平行，则调整第四轴的位置，直到平行度为 0.02/600 为止。

（二）XHK715 加工中心刀具磨床及对刀仪附件的安装与调试

1. 加工中心刀具磨床的安装与调试

加工中心刀具磨床属于小型机床，如图 5-2-8 所示，采用整体式安装，磨床安装前应先按机床使用说明书提供的机床基础图打好机床地基，刀具磨床的位置应靠近加工中心并远离振源，避免阳光照射，放置在干燥的地方。若机床附近有振源，在地基四周必须设置防振沟。防止机床振动影响磨刀精度，磨床安装方法类似于卧式车床的安装调试。刀具磨床安装调试完毕后，要求整机在带一定负载条件下自动运行一段时间，全面检查机床功能及工件可靠性。运行时间为每天运行 8h，连续运行 2～3 天，或者连续运行 26h，这个过程称为安装后的试运行。在试运行中，除操作失误引起的故障外，不允许机床出现其他故障，否则表示机床的安装调试存在问题。通电试运行结束后，加工中心机床的刀具磨床安装与调试结束，可投入使用。

图 5-2-8　刀具磨床工作图

2. 加工中心对刀仪附件的安装、调试与使用

由于加工中心需要使用多把刀具，并能实现自动换刀，因此需要测量所用刀具的基本尺寸，并存入数控系统，以便加工中调用，即进行加工中心的对刀操作。加工中心通常采用机外对刀仪实现对刀。图5-2-9所示为机外对刀仪的基本结构。其工作原理如下：对刀仪平台7上装有刀柄夹持轴2，用于安装被测刀具，钻削刀具如图5-2-10所示。通过快速移动单键按钮4和微调旋钮5或6，可调整刀柄夹持轴2在对刀仪平台7上的位置。当光源发射器8发光，将刀具切削刃放大投影到显示屏幕1上时，即可测得刀具在 X（径向尺寸）、Z（刀柄基准面到刀尖的长度尺寸）方向的尺寸。

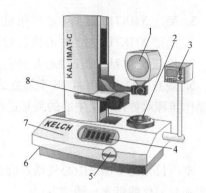

图5-2-9　机外对刀仪的基本结构

1—显示屏幕　2—刀柄夹持轴　3—显示器
4—快速移动单键按钮　5、6—微调旋钮
7—对刀仪平台　8—光源发射器

使用对刀仪对刀的操作过程如下：（以钻头为例）将被测刀具与刀柄连接为一体；将刀柄插入图5-2-9所示对刀仪上的刀柄夹持轴2中，并紧固；打开光源发射器8，观察切削刃在显示屏幕1上的投影；通过快速移动单键按钮4和微调旋钮5或6，可调整切削刃在显示屏幕1上的投影位置，使刀具的刀尖对准显示屏幕1上的十字线中心，如图5-2-11所示。

图5-2-10　钻削刀具

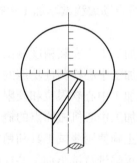

图5-2-11　切削刃在显示屏幕1上的投影图

例如测得 X 为20，即刀具直径为 $\phi20mm$，该尺寸可用作刀具半径补偿；测得 Z 为180.002，即刀具长度尺寸为180.002mm，该尺寸可用作刀具长度补偿；将测得尺寸输入加工中心的刀具补偿页面；将被测刀具从对刀仪上取下后，即可装到加工中心中使用。机外对刀仪不需要安装，应放置在干净没有污染的环境里并水平放置。

三、任务要点总结

本任务论述了XHK715加工中心上常用的虎钳、数控分度头（第四回转轴）、顶尖和刀具磨床及其对刀仪的工作原理、安装调试技术，使操作者正确掌握其使用方法。

四、思考与实训题

1. XHK715加工中心的机用虎钳安装应注意哪些方面？
2. 简述XHK715加工中心附件刀具磨床的安装与调试的步骤。

3. 简述 XHK715 加工中心使用机外对刀仪对刀的操作过程。

4. 简述 XHK715 加工中心机外对刀仪的工作原理。

5. 比较 XHK715 加工中心几种夹具附件的安装区别及各自的适用范围。

6. 现有一台 J1VMC400B 型号立式加工中心，请按照 XHK715 加工中心的夹具安装与对刀操作步骤对数控加工中心的夹具进行安装和对刀操作训练。

<h2 style="text-align:center">项 目 小 结</h2>

本项目论述了加工中心气动系统的组成、用途及其调试，并介绍了加工中心夹具、刀具磨床和对刀仪的概念、调试方法。

项目三　加工中心安装精度、检测性操作功能测试与试车

项目描述

本项目介绍 XHK715 加工中心安装后精度测试与调整、检测性操作功能调试、软限位和硬限位的概念及其实现手段以及机械原点的功能运行及其调试，使用测试工具和精密仪器对 XHK715 加工中心进行机械和电气测试与调整等内容，对加工中心生产厂家给出的加工精度测试零件进行自动编程试车加工运行。

学习目标

1. 掌握加工中心安装精度测试项目及其测试方法。

2. 掌握加工中心检测性功能的意义及其测试与调整方法。

3. 掌握加工中心软限位和硬限位的概念及其实现手段。

4. 掌握加工中心机械原点的概念、用途及其调试方法。

5. 能够正确使用测试工具和精密仪器对加工中心进行机电联合调试。

6. 能够正确进行试车加工零件的编程、加工运行，对加工中心进行验收。

任务1　XHK715 加工中心安装精度测试与调整

知识点：

- XHK715 加工中心安装精度测试项目及其分类。
- XHK715 加工中心安装精度测试方法。

能力目标：

- 掌握 XHK715 加工中心安装精度测试的规范，四类精度测试项目的组成。
- 掌握 XHK715 加工中心安装精度测试及其调整方法。

一、任务引入

XHK715 加工中心机械安装初平、电气安装通电初步调试完毕无误后，为保证其达到应有的工作精度，需要对其进行机电联合精度测试、运行调试和切削加工测试，合格后出具检验报告并存档，作为以后维修参考依据，然后移交给生产部门投入生产。XHK715 加工中心

与数控车床有不同的精度测试项目和调试方法，需对其进行专门介绍。

二、任务实施

（一）XHK715 加工中心机械安装精度调试

按照《金属切削机床安装工程施工及其验收规范》，XHK715 加工中心二次灌浆约 7～10 天后，浇灌的混凝土已完全凝固，要对设备进行精密调整。该加工中心出厂合格证明书上共有 19 项精度测试项目，各个项目的特点同 CK6140 数控车床相似，XHK715 加工中心安装后精度测试项目见表 5-3-1（与表 2-1-4 相似），表中标注"＊＊"是必须进行检测的项目、原则上需要进行检测的项目和工作精度检测项目，其他多个项目（如主轴径向圆跳动等）属于原则上不需要进行检测的项目，在表 5-3-1 中略，现介绍其测试调整方法。

表 5-3-1　XHK715 加工中心安装后精度测试项目

序号	测试项目	公差	实测误差值
1	工作台纵向水平度测试调整＊	在不大于 500mm 长度内：0.02mm	0.018mm
2	工作台横向水平度测试调整＊	在不大于 300mm 长度内：0.015mm	0.01mm
3	X 坐标工作台运动直线度＊＊	在 Z-X 垂直平面内：0.015mm	0.013/800
		在 X-Y 水平面内：0.015mm	0.012/800
4	Y 坐标工作台运动直线度＊＊	在 Y-Z 垂直平面内：0.012mm	0.01mm
		在 X-Y 水平面内：0.015mm	0.01mm
5	Z 坐标工作台运动直线度＊＊	在 Z-X 垂直平面内：0.012mm	0.008mm
		在 Y-Z 垂直平面内：0.010mm	0.009mm
6	X 坐标运动的角度偏差＊＊	在平行于移动方向的 Z-X 垂直面内：0.010mm	0.007mm
		在平行于移动方向的 X-Y 水平面内：0.012mm	0.009mm
7	Y 坐标运动的角度偏差＊＊	在平行于移动方向的 Y-Z 垂直面内：0.010mm	0.0028mm
		在平行于移动方向的 X-Y 水平面内：0.012mm	0.005mm
8	Z 坐标运动的角度偏差＊＊	在平行于移动方向的 Y-Z 垂直面内：0.010mm	0.029mm
		在平行于移动方向的 Z-X 垂直平面内：0.012mm	0.027mm
9	Z 坐标直线运动和 X 坐标直线运动之间的垂直度＊＊	0.03/500	0.018/500
10	Z 坐标直线运动和 Y 坐标直线运动之间的垂直度＊＊	0.025/500	0.017/500
11	Y 坐标直线运动和 X 坐标直线运动之间的垂直度＊＊	0.020/500	0.019/500
12	编程加工图 5-3-12 零件★	加工精度符合图样要求	满足零件图样精度

1. 床身工作台纵向水平度测试与精密调整

工作台纵向水平度是必须进行测试的项目，水平仪放置如图 5-3-1 所示，调整加工中心水平度的方法如图 3-1-6 所示，用扳手拧动机床垫铁的螺栓，注意，调整可调垫铁时，要拧松地脚螺栓的锁紧螺母，并分析框式水平仪两个方向的气泡的偏移情况，仔细进行调试。

2. 床身工作台横向水平度测试与精密调整

工作台横向水平度是必须进行测试的项目，水平仪放置如图 5-3-2 所示，调整加工中心水平度的方法同床身工作台纵向水平度测试与精密调整。

图 5-3-1　用水平仪测试加工中心
工作台纵向水平度

图 5-3-2　用水平仪测试加工中心
工作台横向水平度

3. X 坐标工作台运动直线度测试与调整

图 5-3-3 所示为用激光干涉仪测试加工中心工作台在 $Z-X$、$X-Y$ 平面内的直线度，如果直线度超差，可能是 X 向导轨镶条在运输、搬运、安装过程中发生了松动，调整镶条两头的螺母即可恢复直线度。

4. Y 坐标工作台运动直线度测试与调整

图 5-3-4 所示为用激光干涉仪测试加工中心工作台在 $Y-Z$、$Y-X$ 平面内的直线度，如果直线度超差，可能是 Y 向导轨镶条在运输、搬运、安装过程中发生了松动，调整镶条两头的螺母即可恢复直线度。

图 5-3-3　用激光干涉仪测试加工
中心工作台 X 向直线度

图 5-3-4　用激光干涉仪测试加工
中心工作台 Y 向直线度

5. Z 坐标工作台运动直线度测试与调整

Z 坐标直线度测试与调整方法与 X 或 Y 坐标相似。

6. X、Y、Z 坐标运动的角度偏差测试与调整

测试方法如图 2-1-18 和图 2-1-19 所示，调整方法见相应介绍。

三、任务要点总结

本任务介绍了 XHK715 加工中心安装精度项目组成、项目的测试与调整方法，使学生初步掌握 XHK715 加工中心安装后精度测试规范。

四、思考与实训题

1. 简述 XHK715 加工中心安装精度项目组成、项目的测试与调整方法。
2. 简述 XHK715 加工中心安装测试技术规范。

任务 2　XHK715 加工中心检测性操作功能测试与调整

知识点：
- XHK715 加工中心操作面板上各个按钮的功能。
- XHK715 加工中心检测性操作功能及其用途。

能力目标：
- 掌握 XHK715 加工中心操作面板上检测性操作按键的操作方法，加工中心相应的运动功能。
- 掌握 XHK715 加工中心检测性操作故障的检查、测试、调整与维修。

一、任务引入

XHK715 加工中心安装精度测试调整完毕后，需要熟悉检测性操作功能，并对检测性操作功能进行操作、调试，发现故障进行调整维修。检测性操作功能调试完毕后，再进行加工中心的编程加工运行。所以，检测性操作功能的调试是加工中心重要的调试组成部分。

二、任务实施

（一）XHK715 加工中心电气安装后通电测试

1. 加工中心通电前检查

XHK715 加工中心采用的是第二种形式的三相四线制电源，即三相 380V 的动力线和一接地线（接地方法见图 3-1-14 和图 3-1-15）。加工中心通电前，必须对加工中心全部电气设备进行检查，仔细检查数控系统的接线是否正确；起动机床前必须仔细了解机床的结构、操纵方法及润滑说明。

2. 加工中心通电初步测试

加工中心通电调试的步骤如下：接通加工中心电源总开关→接通系统电源→主电动机通电→进入数控系统通电测试→冷却电动机通电测试→Z 轴伺服电动机通电测试→X 轴伺服电动机通电测试，在每项单独通电调试的过程中，遇到问题要仔细检查原因并妥善解决。如刀架不转可能是输入电源相序的问题，应及时调整电源相序，确保加工中心通电调试成功。

3. 空气压缩机出气压力、空气过滤器压力的调试

见本模块项目二任务1。

（二）加工中心检测性操作功能调试

1. 数控系统通电状况检测性操作调试

XHK715 加工中心外围通电调试后，要进行数控系统控制部分按钮与机床功能调试，即机电联合调试。数控系统控制面板如图 5-3-5 所示，数控系统编程数字符号区如图 5-3-6 所示，手动操作区按钮如图 5-3-7 所示，手动操作区按钮功能及其操作见表 5-3-2。

图 5-3-5　XHK715 加工中心数控系统操作面板组成

1—液晶显示屏　2—操作功能栏区　3—编程数字符号区　4—手动操作区

图 5-3-6　XHK715 加工中心数控系统编程数字符号区放大图

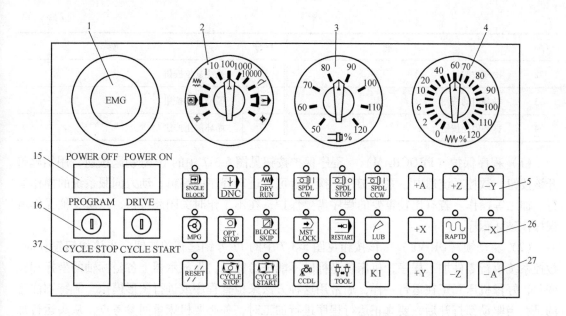

图 5-3-7　XHK715 加工中心机床手动操作区按钮分布及排序号

注：中间键的排号不再写上，如第二行自右向左依次为 5、6、7、…、15 等。

表 5-3-2　XHK715 加工中心手动操作区按钮功能及其操作

序号	功　　能	序号	功　　能
1	急停功能按钮	16	程序保护
2	操作方式选择旋钮	17	驱动锁
3	主轴转速倍率开关	18	外挂手摇脉冲发生器按钮
4	进给倍率选择开关	19	选择暂停有效按钮
5	$-Y$ 方向手动运行控制按钮	20	程序跳转按钮
6	$+Z$ 方向手动运行控制按钮	21	辅助功能锁
7	$+A$ 方向手动运行控制铵钮	22	程序再启动按钮
8	主轴反转按钮	23	自动润滑按钮
9	主轴停转按钮	24	$+X$ 方向手动运行控制按钮
10	主轴正转按钮	25	加速运行按钮
11	空运行按钮	26	$-X$ 方向手动运行控制按钮
12	在线加工按钮	27	$-A$ 方向手动运行控制按钮
13	单段执行按钮	28	$-Z$ 方向手动运行控制按钮
14	起动按钮	29	$+Y$ 方向手动运行控制按钮
15	停止按钮	31	刀库换刀按钮

（续）

序号	功 能	序号	功 能
32	冷却按钮	35	系统复位按钮
33	循环启动按钮	36	循环启动按钮
34	循环停止按钮	37	循环停止按钮

（1）程序保护（PROGRAM） 程序保护按钮见图 5-3-7 中的 16 号钥匙按钮，用钥匙打开该按钮，数控系统通电，系统工作，操作者可以进行程序的编辑，动力伺服系统的操作运行、加工等操作。若有比较重要的程序需要保护，在不工作时关闭此按钮，以防其他操作者误操作破坏程序。

（2）驱动锁（DRIVE） 该按钮见图 5-3-7 中的 17 号钥匙开关按钮，当该按钮锁住时，数控系统执行零件加工程序，机床各坐标轴不能进给移动，而显示器上各坐标轴的坐标却在变化，好像机床真正在运行一样，通常用这种方法来检查程序或进行图形模拟。需特别注意的是，当驱动锁打开后，要真正运行程序进行加工时，务必要机床重回参考点，从头运行加工零件程序。

（3）急停功能（EMG） 该按钮见图 5-3-7 中的 1 号按钮，同图 3-2-4 所示 1 号按钮的功能。

（4）起动按钮（POWER ON） 该按钮见图 5-3-7 中的 14 号按钮，按下此按钮，数控系统通电，按钮内的指示灯亮。

（5）停止按钮（POWER OFF） 该按钮见图 5-3-7 中的 15 号按钮，按下此按钮，则数控系统断电，按钮内的指示灯灭。

（6）辅助功能锁（MST LOCK） 该按钮见图 5-3-7 中的 21 号按钮，按一下此按钮，按钮内的指示灯亮，可执行辅助功能，程序里的 M、S、T 指令生效；再按一下，指示灯灭，辅助功能被取消。

2. 数控系统动力伺服系统检测性操作调试

（1）主轴正转按钮（SPDL CW） 该按钮见图 5-3-7 中的 10 号按钮，在手动方式下按此按钮，按钮内的指示灯亮，主轴正转；主轴正转的速度由主轴转速倍率开关 3 直接控制。

（2）主轴停转按钮（SPDL STOP） 该按钮见图 5-3-7 中的 9 号按钮，在手动方式下按此按钮，按钮内的指示灯亮，主轴停转。

（3）主轴反转按钮（SPDL CCW） 该按钮见图 5-3-7 中的 8 号按钮，在手动方式下按此按钮，按钮内的指示灯亮，主轴反转。

（4）自动润滑按钮（LUB） 该按钮见图 5-3-7 中的 23 号按钮，开机时该按钮指示灯亮，自动润滑；按一下此按钮，灯灭，液压泵停止工作。当润滑油不足时指示灯闪烁。

（5）刀库换刀按钮（TOOL） 该按钮见图 5-3-7 中的 31 号按钮，短按一下此按钮，刀库转过一把刀具，长按此按钮，则刀库连续换刀。此按钮在手动方式下生效。

（6）冷却按钮（CCDL） 该按钮见图 5-3-7 中的 32 号按钮，按一下该按钮，按钮内的指示灯亮，冷却泵通电，抽出切削液冷却；再按一下，指示灯灭，冷却泵断电，停止冷却。在自动方式下，执行 M08 冷却泵通电，执行 M09 冷却泵断电。

（7）程序再启动按钮（RESTART）　该按钮见图5-3-7中的22号按钮，按一下该按钮，指示灯亮，程序再启动生效；再按一下该按钮，指示灯灭，程序再启动取消。

（8）系统复位按钮（RESET）　该按钮见图5-3-7中的35号按钮，当系统因超程、操作不当、编程出错等原因报警时，按该按钮解除报警，报警故障解决之后才能真正解除报警。

3. 数控系统倍率设置按钮检测性操作调试

（1）进给倍率选择开关　该按钮见图5-3-7中的4号按钮，转动按钮可调整进给速度的倍率，手动方式、MDI方式和自动方式均生效，进给倍率选择范围为0%~120%。

（2）主轴转速倍率开关　该按钮见图5-3-7中的3号按钮，可调整主轴运转的倍率，在手动方式、MDI方式和自动方式均生效，主轴转速倍率选择范围为50%~120%。

（3）操作方式选择旋钮　该按钮见图5-3-7中的2号按钮，共有7种功能：回零功能、自动加工、手动操作、手轮倍率、手轮方式、手动数据输入（也叫MDI）功能、编辑功能，该旋钮同图3-2-4中的MODE旋钮的功能相似。

1）回零功能。也叫REF方式、回参考点方式，在此方式下，机床各轴回参考点，具体操作如下：按下各轴的正方向键，+X、+Y、+Z、+A一直按下，直到机床停止移动，回参考点的指示灯亮为止（参考点指示灯位于各轴的方向键内）。机床可以各轴依次回参考点，也可以一起回参考点。机床在开机后务必要回参考点。

2）自动加工。也叫自动运行方式，在此方式下可以进行程序的自动运行。

3）手动操作。也叫JOG方式，即手动运行方式，在此方式下可进行各种手动操作，举例如下：

各轴的手动操作：-Y、+Z、+A、+X、-X、-A、-Z、+Y为方向操作键，分别按下各键，机床工作台向相应的方向移动。

主轴的正反转：按下CW或CCW键，主轴按指定的方向运转，按下STOP键，主轴便停止运行，主轴的转速由调整主轴倍率开关来实现。

手动冷却：按一下CCDL键，冷却开，同时指示灯亮；再按一下，冷却关，指示灯灭。

4）手轮倍率。调整进给速度的倍率或快速进给的倍率，在手动方式、自动方式下均生效。主轴倍率开关用于调整主轴转速，在MDI方式和自动方式下倍率生效，在手动方式下直接对应转速。

5）手轮方式。在此方式下，按一下MPG键，键内指示灯亮，外挂手摇脉冲发生器功能生效；再按一下MPG键，指示灯灭，外挂手摇脉冲发生器功能取消。

6）手动数据输入方式。也叫MDI方式，机床的工作方式分为手动运行方式和自动运行方式，在手动运行方式下，手工输入代码后按循环启动键就执行代码的功能。

7）编辑功能。也叫EDIT功能，在此方式下，可以对已经输入的加工程序进行插入、删除、复制、修改等操作。

4. 数控系统进给伺服系统检测性操作调试

（1）点动（手动）运行按钮　该按钮见图5-3-7中的5、6、7、24、26、27、28、29号按钮，各标记-Y、+Z、+A、+X、-X、-A、-Z、+Y，按下相应的手动方向运行按钮，加工中心工作台朝相应的方向移动。当4号按钮设置倍率低时，运行速度慢，称为点动运行；当4号按钮设置倍率高时，运行速度快，称为手动运行。注意A坐标就是附加旋转坐标轴的运动。

（2）加速运行按钮（RAPID） 该按钮见图 5-3-7 中的 25 号按钮，此按钮在手动状态下生效。在进行各个轴的手动操作时，同时按下点动运行按钮和加速运行按钮，加工中心以设定好的速度进行转移。松开此按钮，加工中心以点动速度移动。

（3）单段执行按钮（SNGLE BLOCK） 该按钮见图 5-3-7 中的 13 号按钮，此按钮在 MDI 方式和自动方式下生效，按一下该按钮，按钮内的指示灯亮，单步执行生效。再按一下，指示灯熄灭，单段执行取消。该按钮生效后，程序每执行一行指令都会停止等待，当再次按下循环启动按钮时，程序再执行下一行指令，以此类推。

（4）在线加工按钮（DNC） 该按钮见图 5-3-7 中的 12 号按钮，此按钮在自动方式下生效，按一下该按钮，按钮内的指示灯亮，可以执行在线加工；再按一下，指示灯灭，在线加工取消。具体含义与图 3-2-4 中的 MODE 旋钮中的 DNC 功能一样。

（5）空运行（DRY RUN） 该按钮见图 5-3-7 中的 11 号按钮，所谓空运行，就是指加工的程序以系统设定的速度运行，而不是以程序给定的速度进行。此按钮在 MDI 方式及自动方式下生效，按一下该按钮，按钮内的指示灯亮，空运行失效；再按一下，指示灯灭，空运行取消。在进行空运行时，要检查好程序，以防撞刀。

（6）程序跳转按钮（BLOCK SKIP） 该按钮见图 5-3-7 中的 20 号按钮，按一下该按钮，按钮内的指示灯亮，程序跳转生效；再按一下，指示灯灭，跳转无效。

（7）选择暂停有效按钮（OPT STOP） 该按钮见图 5-3-7 中的 19 号按钮，按一下该按钮，按钮内指示灯亮，M01 生效；再按一下，指示灯灭，功能取消。

（8）外挂手摇脉冲发生器按钮（MPG） 该按钮见图 5-3-7 中的 18 号按钮，此按钮在手动和增量方式状态下有效，按一下该按钮，按钮内指示灯亮，手脉生效；再按一下，指示灯灭，手脉取消。

（9）循环启动按钮（CYCLE START） 该按钮见图 5-3-7 中的 36 或 33 号按钮，此按钮在 MDI 方式及自动方式下生效。按一下循环启动按钮后，按钮内的指示灯亮，加工程序才开始执行。

（10）循环停止按钮（CYCLE STOP） 该按钮见图 5-3-7 中的 37 号或 34 号按钮，此按钮在 MDI 方式及自动方式下生效。按一下该按钮，按钮内的指示灯亮，程序停止执行；再按一下循环启动按钮，程序继续加工。

（11）备用按钮（K1） 该按钮暂没设计功能，系统开发设计人员可以设计成需要的功能。

（三）XHK715 加工中心行程开关、机床零点检测性功能操作与调试

1. 行程开关超程保护功能测试与调试

超程保护功能是加工中心工作台运动到坐标轴极限位置时避免撞击机床部件，工作台自动停止运动，起到保护作用的功能，分软限位和硬限位两种方式。

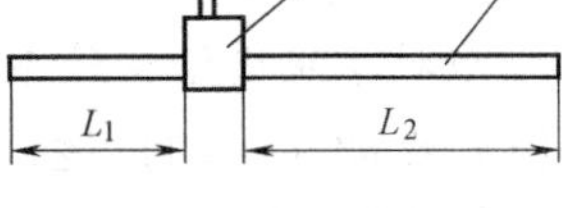

（1）软限位 软限位可以看成一个虚拟的限位开关，其基本原理如图 5-3-8 所示，在数控系统软限位参数项设置 Z 坐标负方向初始值 L_1、Z 坐标正方向初始值 L_2，工作台在 $+Z$ 坐标方向运行多少长度，就在 $-Z$ 方向增加多少长

图 5-3-8　数控车床 Z 坐标
软限位原理图
1—床鞍　2—Z 坐标导轨

度，反之亦然。当 L_1 值为两个初始值之和时，则 $+Z$ 坐标软限位超程；当 L_2 值为两个初始值之和时，则 $-Z$ 坐标软限位超程。

（2）硬限位　硬限位是在导轨极限位置加行程开关（接触式或非接触式），工作台运动到达行程开关位置时数控系统检测行程开关的信号，自动控制停止运行，从而起到保护作用。本加工中心有 X 轴、Y 轴和 Z 轴三个极限位置开关，第四坐标轴 A 轴不需要限位开关，当加工中心向左或向右、向前或向后、向上或向下移动到极限位置时，对加工中心起到保护作用。所以，安装调试加工中心时应对加工中心行程保护开关进行测试和调试，具体调试方法如下：打开加工中心电源，系统通电松开急停，按复位按钮消除急停报警，打到手动或手摇脉冲方式，让加工中心 X 轴、Y 轴和 Z 轴三坐标轴移动到极限位置，看是否出现急停报警并停止移动。若出现急停报警并停止移动，说明硬限位保护开关工作正常；如果三坐标轴没有出现急停报警并不停止移动，说明硬限位保护开关工作不正常，需要查找原因进行修复；如果硬限位保护开关坏了，必须更换，否则加工中心工作时将出现危险。

2. 机床零点功能测试与调试

经济型数控机床机床零点的获得通常用行程开关，高档型数控机床要用光栅尺实现机床各运动坐标位移量的精确测量。数控机床的机床零点是指机床机械坐标系的原点，是机床上由数控系统通过位置传感器检测到的一个固定点，它不仅是在机床上建立工件坐标系的基准点，而且还是机床调试和加工时的基准点。机床零点通常设定在每一个坐标靠近最大位置处，也可以根据机床通常加工工件的尺寸情况改变传感器的位置，从而改变机床零点的位置。

如图 3-1-1 所示，以 X 坐标为例，CK6140 数控车床最大加工工件直径为 400mm，当加工一批工件的最大直径为 300mm 时，调整 X 坐标机床零点行程开关的位置（能使刀具在直径 320mm 的位置），加工完一批工件就把刀架退至机床零点处。或操作人员维修、调试车床改变了刀架 X 坐标的位置，加工前按 X 坐标回零键，刀架回到机床零点（能使刀具在直径 320mm 的位置），这样编程人员对刀具相对工件的位置心中有数，调试编程就更方便了，向 $-X$ 方向进给多大作为 X 坐标编程起始点（也叫对刀起始点）就容易确定了。若没有 X 坐标机床零点，刀具在 X 坐标没有固定停止位置，需要对刀测试确定 X 坐标位置，比较麻烦；其他坐标道理类似。超程保护功能是碰到行程开关就立即停止，而机床零点功能的运行如图 5-3-9 所示，分 4 个运行过程：

1）刀具以机械回零点的速度（系统设置）快速向右靠近机床零点的开关。

2）当刀具碰到行程开关时因有惯性不能立即停止，而以尽可能快的降速率使其停止，保证不超步。

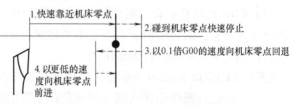

图 5-3-9　X 坐标机床零点运行过程示意图

3）刀具以 0.1 倍 G00 的速度反向运行，碰到行程开关时因有惯性不能立即停止，而以尽可能快的降速率使其停止，保证不超步。

4）刀具以更低的速度再反向运行，碰到行程开关时立即停止，由于速度低，停止的位置准确，所以机床零点位置比超程位置准确。

（四）XHK715 加工中心通电调试步骤

机械部分精度调试完毕，对加工中心的按键等功能认识清楚后，即可做下列准备工作：操作前应仔细阅读加工中心使用说明书和数控系统的使用手册，按照操作步骤进行操作；检查主轴箱和配重锤的连接链条是否牢固可靠；在运行前，要求 X、Y、Z 三坐标方向上主轴箱和配重锤固定架的锁紧螺钉要松开；检查电网电压，当电网电压超过规定电压的 10% 时，不得起动加工中心；首次起动加工中心或停用较长时间后，再次起动加工中心时，打开电源后，应等待 15min，待加工中心充分润滑后再操作；加工中心投入使用首次起动前，气路系统中的油雾器需加注约 1/2 油杯容量（气缸活塞用）润滑油，建议用 ISOVG32 或同级油；在加工中心首次使用前，必须将主轴打刀用增压缸的油杯注满液压油，并排除缸体中的气体，以确保打刀的可靠性及打刀力，避免伤加工中心及操作人员，完成以上检查后对机床通电进行机电联合试运行调试。

（1）急停　当出现异常情况时，按下急停按钮，数控系统停止一切输出，排除异常情况后，释放急停铵钮。再加工前，需重回参考点。

（2）具体机电联合调试过程如下：

1）首先确保加工中心所接电源准确无误。

2）打开加工中心右侧电柜上的电源开关，此时加工中心通电，电柜风扇旋转。

3）按下控制面板"ON"按钮，系统通电，松开急停按钮。

4）手动回加工中心 X、Y、Z 三个方向的参考点。

5）系统急停。在出现异常情况（如撞刀、进给方向相反等）时按下"EMERGENCY"按钮，机床停止运动，排除异常情况后，释放"EMERGENCY"按钮，再加工前需重新回参考点。

6）为了保护机床，机床三个轴的正、负极限处装有限位开关，当机床溜板上的限位挡块碰到硬限位时，机床发出超程报警。此时需要在手动方式下，按复位键，然后按与刚才运动相反的键，使限位挡块脱离限位开关，报警解除。

7）自动换刀。该功能只能在 MDI 方式下或自动方式下生效，指令格式为 M06 T××，××代表刀具号。本加工中心的有效刀具号为 1~24 号。

8）加工中心系统参数包括 CNC 系统参数、伺服驱动参数及 PLC 程序，未经机床厂家同意，不得随意修改。

（3）CNC 系统具有自诊断功能　当编程错误、操作不当、NC 系统故障、伺服故障时，系统会自动报警，请对照说明书附录中的错误代码表检查报警原因，并排除故障。以上过程结束后，加工中心基本运行测试结束。

（五）XHK715 加工中心非检测性功能认识与调试

加工中心的检测性操作功能一般在数控系统的操作界面上体现，是认识、操作、调试和维修数控机床的基础；非检测性功能并不在操作界面上体现，主要是数控机床操作工需掌握的功能，与前述 CK6140 数控车床的功能相似，在此不再分类梳理。

（六）XHK715 加工中心故障报警与排除

XHK715 加工中心数控系统具有自诊断功能，在测试检测性操作功能、输入程序或加工过程中，凡是数控系统能检测到的故障，在液晶显示屏上都能显示故障报警号，当编程错误、操作不当、NC 系统故障、伺服故障时，系统会自动报警，操作者根据报警号查说明书上的故障代码即可有针对性进行维修，报警号对应的故障见表 5-3-3。上述过程结束后，加工中心基本运行测试结束。

表 5-3-3　XHK715 加工中心故障提示或报警信息

报警号	故　障	报警号	故　障
1000	警告	2011	驱动被锁住
1001	电池电压不足	2012	程序被锁住
1002	冷却电动机过载	2014	没有回零
1003	刀盘电动机过载	2015	刀盘定位失败
1004	机械手电动机过载	2016	刀座没有返回到位
1005	液压电动机过载	2017	K9 生效而 Z 轴过低
1006	排屑电动机过载	2018	刀座没有完全放下
1007	主轴没有夹紧	2019	机械手抓刀失败
2006	气压不足	2020	机械手换刀失败
2008	润滑油不足	2021	机械手回零失败
2009	刀号错误	2022	主轴工作中禁止松刀，需要复位
2010	Z 轴高度太低		

三、任务要点总结

本任务论述了 XHK715 加工中心检测性操作，介绍了用减振垫铁安装的方法和顺序。该加工中心属于非生产性机电设备，这类机电设备要求降低安装成本，设备出厂要易于搬迁移动，安装后要进行初平检测项目。

四、思考与实训题

1. 简述金属切削机床安装调试的步骤。

2. 某企业根据生产的需要，购进一批小型车床 C6132，现在需要根据工艺要求将其安装到正确的位置，请为其制订安装方案。

3. 什么是机床零点？机床零点与坐标原点有什么区别？

4. 简述 XHK715 加工中心机床零点与坐标原点功能测试步骤。

5. 简述 XHK715 加工中心通电测试的范围与测试步骤。

6. 简述 XHK715 加工中心的基本操作过程。

任务 3　XHK715 加工中心编程加工运行测试

知识点：
- 加工中心与自动编程计算机的信息传输。
- 加工中心程序的调入与自动运行加工方法。

能力目标：
- 掌握加工中心工件坐标系设置与自动编程坐标系的统一。
- 掌握加工中心的在线自动加工方法。

一、任务引入

在加工中心试运行结束以后，需要对加工中心进行编程运行调试。根据加工中心的使用说明书，选择了大、小两种规格试件进行编程加工，先进行小规格试件的加工，后进行大规格试件的加工。

二、任务实施

图 5-3-10 所示为小规格试件的零件图样，该零件通过自动编程软件生成数控程序，程序通过微机与系统之间的数据线传送到系统中，把测量数据后的所用刀具放入刀库中，装夹好工件毛坯，对工件进行对刀，建立工件坐标系。对工件进行工艺分析，以确定加工步骤，通过分析可知，应先进行下端面的加工，后进行上端面的加工。下端面加工程序如下：

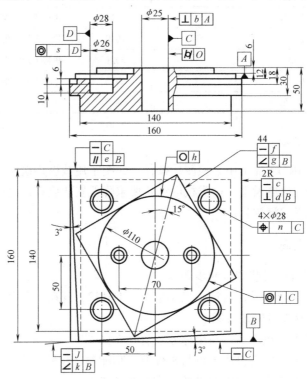

图 5-3-10 加工小规格试件图

PO0001

N0010　G40　G17　G90

N0020　G91　G28　Z0.0

N0030　T01　M06

N0040　G0　G90　X−80.09　Y30.2804　S1000　M03

N0050　G43　Z3.H01

N0060　G1　Y.424　Z−5.F250.M08

N0070　Y−68.1883

N0080　G3　X−80.0896　Y−68.1948　I.06　J0.0

N0090　G1　X－80.0596　Y－68.4676

N0100　G3　X－80.　Y－68.521　I.0596　J.0066

N0110　G1　Y69.3313

N0120　G3　X－80.09　Y69.2793　I－.03　J－.052

N0130　G1　Y.424

N0140　G0　Z－2.

N0150　Z3.

N0160　X－76.7377　Y－80.0592

N0170　G1　X－71.4613　Y－80.0578　Z1.5862

N0180　X－71.4602　Z1.5859

N0190　X－71.4591　Y－80.0577　Z1.5856

N0200　X－70.745　Y－80.0319　Z1.3942

N0210　X－70.6923　Y－80.03　Z1.38

N0220　X－70.6875　Y－79.9775　Z1.3659

N0230　X－71.461　Y－79.9238　Z1.1581

N0240　X－73.5262　Y－79.3898　Z.5865

N0250　X－75.4318　Y－78.4314　Z.015

N0260　X－77.0919　Y－77.0919　Z－.5566

N0270　X－78.4314　Y－75.4318　Z－1.1281

N0280　X－79.3898　Y－73.5262　Z－1.6997

N0290　X－79.9238　Y－71.461　Z－2.2712

N0300　X－79.9775　Y－70.6875　Z－2.479

N0310　X－80.03　Y－70.6923　Z－2.4931

N0320　X－80.0319　Y－70.745　Z－2.5073

N0330　X－80.0577　Y－71.4592　Z－2.6988

N0340　X－80.0578　Y－71.4602　Z－2.699

N0350　Y－71.4613　Z－2.6993

N0360　X－80.0593　Y－79.9956　Z－4.9861

N0370　Y－80.0215　Z－4.993

N0380　X－80.0404　Y－80.0393　Z－5.

N0390　G3　X－79.9999　Y－80.0556　I.0411　J.0437

N0400　G1　X－79.5494　Y－80.06

N0410　G3　X－79.5488　I.0005　J.06

N0420　G1　X－71.4613　Y－80.0578

N0430　G3　X－71.4591　Y－80.0577　I0.0　J.06

N0440　G1　X－70.745　Y－80.0319

N0450　G3　X－70.6875　Y－79.9775　I－.0022　J.0599

N0460　G2　X－79.9775　Y－70.6875　I.6924　J9.9824

N0470　G3　X－80.0319　Y－70.745　I.0055　J－.0597

N0480　G1　X－80.0577　Y－71.4592

N0490　G3　X－80.0578　Y－71.4613　I.0599　J－.0021

N0500　G1　X－80.0593　Y－79.9956

N0510　G3　X－80.0404　Y－80.0393　I.06　J0.0

N0520　G0　Z－2.

N0530　Z3.

N0540　X－30.2636　Y－80.0669

N0550　G1　X－.4072　Y－80.0739　Z－5.

N0560　X68.1883　Y－80.09

N0570　G3　X68.1949　Y－80.0896　I0.0　J.06

N0580　G1　X68.4676　Y－80.0596

N0590　G3　X68.5211　Y－80.I－.0065　J.0596

N0600　G1　X－69.3392

N0610　G3　X－69.2793　Y－80.0578　I.0599　J.0022

N0620　G1　X－.4072　Y－80.0739

N0630　G0　Z－2.

N0640　Z3.

N0650　X79.9705　Y83.059

N0660　Z－2.

N0670　G1　Z－5.

N0680　Y80.059

N0690　X－79.9956　Y80.0593

N0700　G3　X－80.0556　Y79.9999　I0.0　J－.06

N0710　G1　X－80.06　Y79.5495

N0720　Y79.5494

N0730　Y79.549

N0740　Y79.5489

N0750　Y70.6154

N0760　G3　X－79.9857　Y70.5572　I.06　J0.0

N0770　G2　X－69.8248　Y80.I9.9906　J－.5621

N0780　G1　X69.8249

N0790　G2　X80.Y69.8248　I.1703　J－10.0048

N0800　G1　Y－69.8248

N0810　G2　X70.6875　Y－79.9775　I－10.0048　J－.1704

N0820　G3　X70.7451　Y－80.0319　I.0598　J.0055

N0830　G1　X71.4592　Y－80.0577

N0840　G3　X71.4614　Y－80.0578　I.0022　J.0599

N0850　G1　X79.9957　Y－80.0593

N0860　G3　X80.0557　Y－79.9999　I0.0　J.06

N0870　G1　X80.06　Y−79.5494

N0880　Y−79.5489

N0890　X80.0591　Y79.999

N0900　G3　X79.9991　Y80.059　I−.06　J0.0

N0910　G1　X79.9705

N0920　G0　Z−2.

N0930　Y83.059

N0940　Z−7.

N0950　G1　Z−10.

N0960　Y80.059

N0970　X−79.9956　Y80.0593

N0980　G3　X−80.0556　Y79.9999　I0.0　J−.06

N0990　G1　X−80.06　Y79.5495

N1000　Y79.5494

N1010　Y79.549

N1020　Y79.5489

N1030　Y70.6154

N1040　G3　X−79.9857　Y70.5571　I.06　J0.0

N1050　G2　X−69.8248　Y80.I9.9895　J−.5609

N1060　G1　X69.8249

N1070　G2　X80.Y69.8248　I.1714　J−10.0037

N1080　G1　Y−69.8248

N1090　G2　X70.6875　Y−79.9776　I−10.0038　J−.1714

N1100　G3　X70.7451　Y−80.0319　I.0598　J.0056

N1110　G1　X71.4592　Y−80.0577

N1120　G3　X71.4614　Y−80.0578　I.0022　J.0599

N1130　G1　X79.9957　Y−80.0593

N1140　G3　X80.0557　Y−79.9999　I0.0　J.06

N1150　G1　X80.06　Y−79.5494

N1160　Y−79.5489

N1170　X80.0591　Y79.999

N1180　G3　X79.9991　Y80.059　I−.06　J0.0

N1190　G1　X79.9705

N1200　G0　Z−7.

N1210　Z3.

N1220　X−30.2636　Y−80.0669

N1230　Z1.

N1240　G1　Z−2.

N1250　X−.4072　Y−80.0739　Z−10.

N1260　　X68. 1883　　Y – 80. 09

N1270　　G3　　X68. 1949　　Y – 80. 0896　　I0. 0　　J. 06

N1280　　G1　　X68. 4676　　Y – 80. 0596

N1290　　G3　　X68. 5211　　Y – 80. I – . 0065　　J. 0596

N1300　　G1　　X – 69. 3392

N1310　　G3　　X – 69. 2793　　Y – 80. 0578　　I. 0599　　J. 0022

N1320　　G1　　X – . 4072　　Y – 80. 0739

N1330　　G0　　Z – 7.

N1340　　Z – 2.

N1350　　X – 76. 7375　　Y – 80. 0592

N1360　　G1　　X – 71. 4602　　Y – 80. 0578　　Z – 3. 414

N1370　　X – 71. 4591　　Y – 80. 0577　　Z – 3. 4143

N1380　　X – 70. 745　　Y – 80. 0319　　Z – 3. 6058

N1390　　X – 70. 6924　　Y – 80. 03　　Z – 3. 6199

N1400　　X – 70. 6875　　Y – 79. 9776　　Z – 3. 634

N1410　　X – 71. 461　　Y – 79. 924　　Z – 3. 8418

N1420　　X – 73. 5263　　Y – 79. 3901　　Z – 4. 4134

N1430　　X – 75. 432　　Y – 78. 4317　　Z – 4. 985

N1440　　X – 77. 0922　　Y – 77. 0922　　Z – 5. 5565

N1450　　X – 78. 4317　　Y – 75. 432　　Z – 6. 1281

N1460　　X – 79. 3901　　Y – 73. 5263　　Z – 6. 6997

N1470　　X – 79. 924　　Y – 71. 461　　Z – 7. 2713

N1480　　X – 79. 9776　　Y – 70. 6875　　Z – 7. 4791

N1490　　X – 80. 03　　Y – 70. 6924　　Z – 7. 4932

N1500　　X – 80. 0319　　Y – 70. 745　　Z – 7. 5073

N1510　　X – 80. 0577　　Y – 71. 4592　　Z – 7. 6988

N1520　　X – 80. 0578　　Y – 71. 4602　　Z – 7. 699

N1530　　X – 80. 0593　　Y – 79. 9956　　Z – 9. 9861

N1540　　Y – 80. 0215　　Z – 9. 993

N1550　　X – 80. 0404　　Y – 80. 0393　　Z – 10.

N1560　　G3　　X – 79. 9999　　Y – 80. 0556　　I. 0411　　J. 0437

N1570　　G1　　X – 79. 5494　　Y – 80. 06

N1580　　G3　　X – 79. 5488　　I. 0005　　J. 06

N1590　　G1　　X – 71. 4613　　Y – 80. 0578

N1600　　G3　　X – 71. 4591　　Y – 80. 0577　　I0. 0　　J. 06

N1610　　G1　　X – 70. 745　　Y – 80. 0319

N1620　　G3　　X – 70. 6875　　Y – 79. 9776　　I – . 0022　　J. 0599

N1630　　G2　　X – 79. 9776　　Y – 70. 6875　　I. 6913　　J9. 9814

N1640　　G3　　X – 80. 0319　　Y – 70. 745　　I. 0056　　J – . 0597

N1650　G1　X - 80.0577　Y - 71.4592
N1660　G3　X - 80.0578　Y - 71.4613　I.0599　J - .0021
N1670　G1　X - 80.0593　Y - 79.9956
N1680　G3　X - 80.0404　Y - 80.0393　I.06　J0.0
N1690　G0　Z - 7.
N1700　Z - 2.
N1710　X - 80.09　Y30.2804
N1720　G1　Y.424　Z - 10.
N1730　Y - 68.1883
N1740　G3　X - 80.0896　Y - 68.1948　I.06　J0.0
N1750　G1　X - 80.0596　Y - 68.4676
N1760　G3　X - 80.　Y - 68.521　I.0596　J.0066
N1770　G1　Y69.3313
N1780　G3　X - 80.09　Y69.2793　I - .03　J - .052
N1790　G1　Y.424
N1800　G0　Z - 7.
N1810　Y30.2804
N1820　G1　Y.424　Z - 15.
N1830　Y - 68.1883
N1840　G3　X - 80.0896　Y - 68.1948　I.06　J0.0
N1850　G1　X - 80.0596　Y - 68.4676
N1860　G3　X - 80.　Y - 68.521　I.0596　J.0066
N1870　G1　Y69.3313
N1880　G3　X - 80.09　Y69.2793　I - .03　J - .052
N1890　G1　Y.424
N1900　G0　Z - 12.
N1910　Z3.
N1920　X - 76.7373　Y - 80.0592
N1930　Z - 4.
N1940　G1　Z - 7.
N1950　X - 71.4602　Y - 80.0578　Z - 8.414
N1960　X - 71.4591　Y - 80.0577　Z - 8.4143
N1970　X - 70.745　Y - 80.0319　Z - 8.6057
N1980　X - 70.6925　Y - 80.03　Z - 8.6198
N1990　X - 70.6875　Y - 79.9777　Z - 8.6339
N2000　X - 71.461　Y - 79.9242　Z - 8.8417
N2010　X - 73.5264　Y - 79.3905　Z - 9.4133
N2020　X - 75.4324　Y - 78.4322　Z - 9.9849
N2030　X - 77.0926　Y - 77.0926　Z - 10.5565

```
N2040    X – 78. 4322    Y – 75. 4324    Z – 11. 1281
N2050    X – 79. 3905    Y – 73. 5264    Z – 11. 6997
N2060    X – 79. 9242    Y – 71. 461    Z – 12. 2714
N2070    X – 79. 9777    Y – 70. 6875    Z – 12. 4791
N2080    X – 80. 03    Y – 70. 6925    Z – 12. 4932
N2090    X – 80. 0319    Y – 70. 745    Z – 12. 5073
N2100    X – 80. 0577    Y – 71. 4592    Z – 12. 6988
N2110    X – 80. 0578    Y – 71. 4602    Z – 12. 699
N2120    X – 80. 0593    Y – 79. 9956    Z – 14. 9861
N2130    Y – 80. 0215    Z – 14. 993
N2140    X – 80. 0404    Y – 80. 0393    Z – 15.
N2150    G3    X – 79. 9999    Y – 80. 0556    I. 0411    J. 0437
N2160    G1    X – 79. 5494    Y – 80. 06
N2170    G3    X – 79. 5488    I. 0005    J. 06
N2180    G1    X – 71. 4613    Y – 80. 0578
N2190    G3    X – 71. 4591    Y – 80. 0577    I0. 0    J. 06
N2200    G1    X – 70. 745    Y – 80. 0319
N2210    G3    X – 70. 6875    Y – 79. 9777    I – . 0022    J. 0599
N2220    G2    X – 79. 9777    Y – 70. 6875    I. 6899    J9. 9801
N2230    G3    X – 80. 0319    Y – 70. 745    I. 0057    J – . 0597
N2240    G1    X – 80. 0577    Y – 71. 4592
N2250    G3    X – 80. 0578    Y – 71. 4613    I. 0599    J – . 0021
N2260    G1    X – 80. 0593    Y – 79. 9956
N2270    G3    X – 80. 0404    Y – 80. 0393    I. 06    J0. 0
N2280    G0    Z – 12.
N2290    Z – 7.
N2300    X – 30. 2636    Y – 80. 0669
N2310    G1    X – . 4072    Y – 80. 0739    Z – 15.
N2320    X68. 1883    Y – 80. 09
N2330    G3    X68. 1949    Y – 80. 0896    I0. 0    J. 06
N2340    G1    X68. 4676    Y – 80. 0596
N2350    G3    X68. 5211    Y – 80. I – . 0065    J. 0596
N2360    G1    X – 69. 3392
N2370    G3    X – 69. 2793    Y – 80. 0578    I. 0599    J. 0022
N2380    G1    X – . 4072    Y – 80. 0739
N2390    G0    Z – 12.
N2400    Z3.
N2410    X79. 9705    Y83. 059
N2420    Z – 12.
```

N2430 G1 Z – 15.

N2440 Y80. 059

N2450 X – 79. 9956 Y80. 0593

N2460 G3 X – 80. 0556 Y79. 9999 I0. 0 J – . 06

N2470 G1 X – 80. 06 Y79. 5495

N2480 Y79. 5494

N2490 Y79. 549

N2500 Y79. 5489

N2510 Y70. 6154

N2520 G3 X – 79. 9858 Y70. 5571 I. 06 J0. 0

N2530 G2 X – 69. 8248 Y80. I9. 9881 J – . 5594

N2540 G1 X69. 8249

N2550 G2 X80. Y69. 8248 I. 1729 J – 10. 0022

N2560 G1 Y – 69. 8248

N2570 G2 X70. 6875 Y – 79. 9777 I – 10. 0023 J – . 1729

N2580 G3 X70. 7451 Y – 80. 0319 I. 0598 J. 0057

N2590 G1 X71. 4592 Y – 80. 0577

N2600 G3 X71. 4614 Y – 80. 0578 I. 0022 J. 0599

N2610 G1 X79. 9957 Y – 80. 0593

N2620 G3 X80. 0557 Y – 79. 9999 I0. 0 J. 06

N2630 G1 X80. 06 Y – 79. 5494

N2640 Y – 79. 5489

N2650 X80. 0591 Y79. 999

N2660 G3 X79. 9991 Y80. 059 I – . 06 J0. 0

N2670 G1 X79. 9705

N2680 G0 Z – 12.

N2690 Y83. 059

N2700 Z – 17.

N2710 G1 Z – 20.

N2720 Y80. 059

N2730 X – 79. 9956 Y80. 0593

N2740 G3 X – 80. 0556 Y79. 9999 I0. 0 J – . 06

N2750 G1 X – 80. 06 Y79. 5495

N2760 Y79. 5494

N2770 Y79. 549

N2780 Y79. 5489

N2790 Y70. 6154

N2800 G3 X – 79. 9859 Y70. 5571 I. 06 J0. 0

N2810 G2 X – 69. 8248 Y80. I9. 9867 J – . 5579

N2820   G1   X69. 8249

N2830   G2   X80. Y69. 8248   I. 1744   J – 10. 0007

N2840   G1   Y – 69. 8248

N2850   G2   X70. 6875   Y – 79. 9778   I – 10. 0008   J – . 1744

N2860   G3   X70. 7451   Y – 80. 0319   I. 0598   J. 0058

N2870   G1   X71. 4592   Y – 80. 0577

N2880   G3   X71. 4614   Y – 80. 0578   I. 0022   J. 0599

N2890   G1   X79. 9957   Y – 80. 0593

N2900   G3   X80. 0557   Y – 79. 9999   I0. 0   J. 06

N2910   G1   X80. 06   Y – 79. 5494

N2920   Y – 79. 5489

N2930   X80. 0591   Y79. 999

N2940   G3   X79. 9991   Y80. 059   I – . 06   J0. 0

N2950   G1   X79. 9705

N2960   G0   Z – 17.

N2970   Z3.

N2980   X – 30. 2636   Y – 80. 0669

N2990   Z – 9.

N3000   G1   Z – 12.

N3010   X – . 4072   Y – 80. 0739   Z – 20.

N3020   X68. 1883   Y – 80. 09

N3030   G3   X68. 1949   Y – 80. 0896   I0. 0   J. 06

N3040   G1   X68. 4676   Y – 80. 0596

N3050   G3   X68. 5211   Y – 80. I – . 0065   J. 0596

N3060   G1   X – 69. 3392

N3070   G3   X – 69. 2793   Y – 80. 0578   I. 0599   J. 0022

N3080   G1   X – . 4072   Y – 80. 0739

N3090   G0   Z – 17.

N3100   Z – 12.

N3110   X – 76. 7371   Y – 80. 0592

N3120   G1   X – 71. 4602   Y – 80. 0578   Z – 13. 4139

N3130   X – 71. 4591   Y – 80. 0577   Z – 13. 4142

N3140   X – 70. 745   Y – 80. 0319   Z – 13. 6057

N3150   X – 70. 6926   Y – 80. 03   Z – 13. 6197

N3160   X – 70. 6875   Y – 79. 9778   Z – 13. 6338

N3170   X – 71. 4609   Y – 79. 9245   Z – 13. 8415

N3180   X – 73. 5266   Y – 79. 3909   Z – 14. 4132

N3190   X – 75. 4327   Y – 78. 4327   Z – 14. 9848

N3200   X – 77. 0931   Y – 77. 0931   Z – 15. 5565

N3210　　X - 78. 4327　Y - 75. 4327　Z - 16. 1281

N3220　　X - 79. 3909　Y - 73. 5266　Z - 16. 6998

N3230　　X - 79. 9245　Y - 71. 4609　Z - 17. 2714

N3240　　X - 79. 9778　Y - 70. 6875　Z - 17. 4792

N3250　　X - 80. 03　Y - 70. 6926　Z - 17. 4932

N3260　　X - 80. 0577　Y - 71. 4592　Z - 17. 6988

N3270　　X - 80. 0578　Y - 71. 4602　Z - 17. 699

N3280　　X - 80. 0593　Y - 79. 9956　Z - 19. 9861

N3290　　Y - 80. 0215　Z - 19. 993

N3300　　X - 80. 0404　Y - 80. 0393　Z - 20.

N3310　　G3　X - 79. 9999　Y - 80. 0556　I. 0411　J. 0437

N3320　　G1　X - 79. 5494　Y - 80. 06

N3330　　G3　X - 79. 5488　I. 0005　J. 06

N3340　　G1　X - 71. 4613　Y - 80. 0578

N3350　　G3　X - 71. 4591　Y - 80. 0577　I0. 0　J. 06

N3360　　G1　X - 70. 745　Y - 80. 0319

N3370　　G3　X - 70. 6875　Y - 79. 9778　I - . 0022　J. 0599

N3380　　G2　X - 79. 9778　Y - 70. 6875　I. 6884　J9. 9787

N3390　　G3　X - 80. 0319　Y - 70. 745　I. 0058　J - . 0597

N3400　　G1　X - 80. 0577　Y - 71. 4592

N3410　　G3　X - 80. 0578　Y - 71. 4613　I. 0599　J - . 0021

N3420　　G1　X - 80. 0593　Y - 79. 9956

N3430　　G3　X - 80. 0404　Y - 80. 0393　I. 06　J0. 0

N3440　　G0　Z - 17.

N3450　　Z - 12.

N3460　　X - 80. 09　Y30. 2804

N3470　　G1　Y. 424　Z - 20.

N3480　　Y - 68. 1883

N3490　　G3　X - 80. 0896　Y - 68. 1948　I. 06　J0. 0

N3500　　G1　X - 80. 0596　Y - 68. 4676

N3510　　G3　X - 80.　Y - 68. 521　I. 0596　J. 0066

N3520　　G1　Y69. 3313

N3530　　G3　X - 80. 09　Y69. 2793　I - . 03　J - . 052

N3540　　G1　Y. 424

N3550　　M05

N3560　　M30

上端面加工程序，包括孔的加工程序，此处从略。

加工完毕后，根据试件要求精度进行测试。精度合格后按以上步骤对图 5-3-11 所示的大规格试件进行编程加工，完毕后根据要求检测试件精度，精度合格后说明加工中心编程运行调试合格，可投入使用。

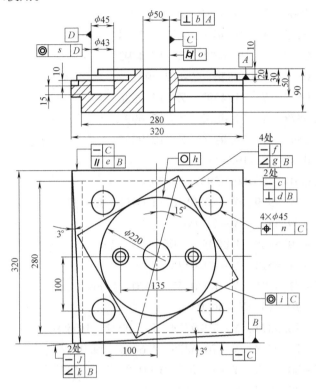

图 5-3-11　加工大规格试件图

三、任务要点总结

本任务要求调试人员要熟悉加工中心联机通信的知识，要求调试人员会正确使用自动编程软件和正确传输程序，其次要掌握工件坐标系的建立，能够正确操作加工中心。

四、思考与实训题

1. 简述 XHK715 加工中心的通信方法与步骤。
2. XHK715 加工中心怎样建立与自动编程软件坐标系一致的工件坐标系？
3. XHK715 加工中心对刀时应注意哪些问题？
4. 用微机直接传输与用读写卡传输有什么不同？怎样修改机床参数？

项 目 小 结

本项目论述了加工中心安装精度的测试调整、检测性操作功能及其测试调整、软限位和硬限位的概念、编程加工。具体知识点和能力目标如下：

1. 关于加工中心的安装精度测试项目

加工中心安装精度测试项目与 CK6140 数控车床一样，仍然分为安装调整精度、几何精度和工作精度，相应地把机床安装后的测试项目分为第一类测试项目（必须进行测试的项目）、第二类测试项目（原则上需要进行测试的项目）、第三类测试项目（原则上不需要进行检测的项目）和第四类测试项目（工作精度测试项目）。只是这些项目的具体内容比 CK6140 数控车床更加宽泛。

2. 关于加工中心的检测性操作功能的调试

加工中心的检测性操作功能比 CK6140 数控车床更加广泛，为了保证加工中心不能超程损坏设备，采取软限位和硬限位两重超程保护措施，而且软限位在硬限位之前。因加工中心运行速度比较高，硬限位也常用图 5-1-27 所示的接近开关。

3. 关于加工中心的编程加工

加工中心的工艺范围广，加工零件表面复杂，手工编程比较困难，所以增加了自动编程和通信功能、在线加工（DNC）功能等。当零件加工程序的容量大于 CNC 的容量时，可将零件程序存储在 PC 机中，利用传输电缆，一边传输程序一边进行加工。当零件程序执行完毕后，传送到 CNC 中程序自动消失。

4. 关于加工中心的机床零点功能

普通精度的数控机床可以不加机床零点功能，但加工中心工艺范围比较广，为便于调整，需要加机床零点功能，这样对刀操作比较方便。

模块归纳总结

本模块论述了 XHK715 加工中心机械及电气安装调试、辅助设备及其功能的安装与调试、加工中心安装精度测试、检测性功能测试调整与试车加工等方面的知识点。对比卧式车床、数控机床、精密坐标镗床和三坐标测量机，加工中心的知识点和能力目标总结如下：

1. 关于加工中心的概念、分类、工艺范围及其特点

对加工中心的概念、分类、特点和工艺范围做了论述，并对一些容易混淆的概念进行了梳理，如加工中心的加工效率比通用机床高而比专用机床低、加工中心坐标轴的概念等问题。

2. 关于加工中心的安装方式

虽然加工中心的基础、地脚螺栓安装、初平、二次灌浆等问题与 CDE6140 卧式车床、CK6140 数控车床类似，但因 XHK715 加工中心是半闭环控制的数控机床，精度高，安装时采用滚筒移动设备吊装安装法，以防止剧烈振动影响加工中心精度；而不宜采用铲车、撬杠等安装工具。滚筒移动设备吊装安装法适用于半闭环控制（不带光栅位移传感器）的精密机电设备安装；而全闭环（带光栅位移传感器）数控机床要用起吊法安装。

3. 关于加工中心的支撑形式

加工中心是一种通用化程度比较高的机床，工作台面积、机床重量、机床底面都比较大，不再用不共线三点确定一个平面的三个支撑安装方式，而采用六个或多个固定式机床垫铁支撑的安装方式，此方式能够承受比较大的切削力和惯性力。

4. 关于加工中心的辅助外围设备的安装与调试

加工中心工艺范围广，功能宽泛，需要气动系统、附加第四坐标轴、刀具磨床和对刀仪、自动定时润滑系统等辅助设备做支撑，而这些辅助设备都需要安装调试，所以调试内容比其他机床复杂。

5. 关于加工中心安装精度测试项目及其测试工具

加工中心安装精度测试项目同 CK6140 数控车床一样，仍然是四类测试项目，只是这些

项目的内容更加宽泛。由于数控加工中心是精密加工设备，所用测试设备也是高精度、高档次的精密工具和先进仪器，如激光干涉仪、杠杆式千分表等。

6. 关于加工中心的检测性操作功能及其调试

加工中心的检测性操作功能比其他机床更广泛，机床故障自诊断功能强并且可靠性高，如采取软限位和硬限位两种超程保护措施，而且软限位在硬限位之前。因加工中心运行速度比较高，硬限位也常用电磁式接近开关，而不用接触式行程开关。

关于精密坐标镗床与加工中心的归纳总结

精密坐标镗床上具有精密坐标定位的光栅位移传感器装置，是用于加工高精度孔或孔系的一种镗床，在坐标镗床上还可进行钻孔、扩孔、铰孔、铣削、精密刻线和精密划线等工作，也可做孔距和轮廓尺寸的精密测量。坐标镗床适于在工具车间加工钻模、镗模和量具等，也用于生产车间加工精密工件，是一种用途较广泛的高精度机床。

加工中心是能够自动换刀和转位，完成零件多个表面粗精加工的工艺装备。它的工艺范围比精密坐标镗床宽得多，直线运动坐标的分辨率与精密坐标镗床一样均能达到0.0001mm，凡是精密坐标镗床能加工的零件，加工中心都能加工。加工中心是具有点位控制、点位直线控制和轮廓控制的数控机床，精密坐标镗床只具有加工中心的点位控制功能。

既然加工中心的工艺范围包含精密坐标镗床，坐标分辨率也能一样，为什么还要使用精密坐标镗床呢？除了上述原因之外，还有如下原因：

1）精密坐标镗床只是具有加工中心点位控制功能，所以不用计算机数控系统控制，而用光栅测量装置计量直线位移和角度位移，这样加工高精度孔或孔系调整操作要比加工中心方便得多。

2）精密坐标镗床的价格比加工中心低得多，这样企业能用精密坐标镗床加工的就不必用加工中心加工，加工成本低。

3）精密坐标镗床加工过程中工件静止不动而刀具运动；而加工中心既可以工件静止不动刀具运动，也可以工件与刀具同时作联合运动。所以加工中心无论机械结构还是控制系统都比精密坐标镗床复杂，所以加工中心价格高，加工成本也高。

4）根据调研可知，精密坐标镗床在装备制造业的用户群更加广泛。

综上所述，虽然加工中心的工艺范围包括了精密坐标镗床的工艺范围，但在加工一些工装、夹具、模具、组合机床主轴箱等零件上的精密孔系用到钻孔、扩孔、铰孔、铣削、精密刻线和精密划线等加工时，精密坐标镗床比加工中心更方便，加工成本更低。

* 模块六　常用机电设备的振动与噪声控制

本模块以案例的形式论述常用机电设备振动与噪声控制理论、测试与工业控制，介绍机电设备常用振动噪声的特点、控制方法，减振器的选用原则，阻尼材料及其减振技术，机械冲击振动噪声、空气动力性噪声产生的原因，常用机电设备振动噪声治理安装程序、安装规范以及噪声控制途径。

项目一　机电设备的振动控制

项目描述

本项目首先介绍机电设备常用减振器材与减振器的特点及选用原则，阻尼减振材料及其选用，讲述重型机电设备振动治理安装程序、安装规范、安装过程及其调试程序，同时介绍减振器材与减振器安装调试过程中的基本知识点和应掌握的基本技能。

学习目标

1. 了解减振器材的分类及性能。
2. 了解不同减振器的特点及应用范围。
3. 掌握一般的减振技术原理及共振状态的判断。
4. 能够完成常用机电设备的金属弹簧减振器计算。

任务1　常用机电设备金属弹簧减振器的设计与应用

> **知识点：**
> - 不同减振器的分类、组成、应用要求。
> - 金属弹簧减振器的技术原理。
>
> **能力目标：**
> - 能够根据机电设备不同的工作状况，选择合适的工作频率。
> - 能够根据机电设备不同的工作状况，合理选择金属弹簧减振器。

一、任务引入

机电设备有未被平衡的惯性力及力矩，不可避免地会引起振动，振动传递给基础及相连接的装置，造成基础的破坏和振动，进而影响机电设备的正常工作。减振装置的基本原理就是在机器与基础之间安装减振器，通过合理地设计，即减小振动。

二、任务实施

（一）常用减振器的分类及其应用

从理论上说，凡是具有弹性的材料均能作为减振器材来使用，但在实际工程应用上会受到一些限制。减振器的材料要求如下：

1）弹性性能优良，刚度低。

2）承载力大，强度高，阻尼适当。

3）耐久性好，性能稳定，不因外界温度、湿度等条件变化而导致性能发生较大变化。

4）抗酸、碱、油的侵蚀能力较强。

5）取材容易，价格稳定。

6）加工制作和维修、更换方便。

7）无毒，无放射性，阻燃性能好。

减振器可按材料种类或结构进行分类。

1. 金属弹簧减振器

金属弹簧减振器是目前应用较广的减振器，包括螺旋弹簧式减振器和板条钢板式减振器两种，如图 6-1-1 所示。螺旋弹簧式减振器应用最广，多用在各类轻载三轮车、风机、破碎机、压力机、锻锤的振动控制上，其设计合理，减振效果良好。板条钢板式减振器由多根钢板构成，具有良好的弹性，变形时钢板间产生摩擦阻尼，由于它只在一个方向上具有减振作用，多用于火车、汽车的车体减振。

（1）金属弹簧减振器的优点

1）可以达到较低的固有频率，如 5Hz 以下。

2）可以达到比较大的静态压缩量，通常压缩量达 20mm。

3）承载能力高，可以承受比较大的荷载。

4）耐高温、耐油污、性能稳定不老化。

5）弹簧的工作方式可以是压缩式，也可以是拉伸式，使用灵活。

（2）金属弹簧减振器的缺点

1）存在自振动现象，容易传递中频振动。

a)   b)   c)

图 6-1-1　各种金属弹簧减振器及其在车辆上的应用

a）汽车板簧减振器　b）三轮车前轮用螺旋弹簧减振器，后轮用板簧减振器　c）螺旋弹簧减振器

1—螺旋弹簧减振器　2—板簧减振器

2）阻尼太小，对共振频率附近的振动隔离能力较差。

3）高频区域减振效果差。

4）金属弹簧的水平刚度较小，通常采用附加黏滞阻尼器的方法或在弹簧钢丝外敷设一层橡胶，以增加减振器的阻尼。

2. 弹性吊架

弹性吊架也称弹性吊钩，其基本结构可分为外壳、弹性体和连接部分三部分。弹性吊架实际上也是一种减振器，只不过支承方式是悬挂式的，如图 6-1-2 所示，用于管道及隔声结构悬吊，可以防止管道的振动传给建筑结构，也可以防止固体噪声相互传播。在高层建筑或声学要求较高的场所应用较多，如给水管道用弹性吊架悬挂在楼板下或混凝土梁下，流速大的风管也用弹性吊架悬吊。

（二）金属弹簧减振器的设计原则和案例

1. 金属弹簧减振器的设计原则

金属弹簧减振器的设计是根据机器设备的特性、振动强弱、扰动频率以及环境要求等因素，尽量选用振动较小的工艺流程和设备，确定减振装置的安放部位，并合理地使用减振器。主要应遵循以下原则：

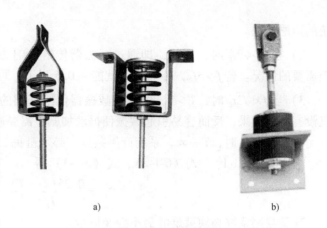

a)   b)

图 6-1-2　弹性吊架

a) 弹簧减振垫吊架　b) 橡胶减振垫吊架

1）设计减振器时，必须了解机器设备的振动特性以及可能产生的后果。

2）合理采用减振元件、弹性吊架和非刚性连接等减振措施。机器设备的机座刚性和自重应保证设备的正常运行和减轻磨损。

3）机器基础应独立，并与其他机器基础、房屋基础之间分开或留缝。

4）尽量选用振动较小的设备或驱动频率较高的设备，以提高减振效果。

5）减振器在平面上的布置，力求使其刚度中心与减振体系的重心在同一垂直线上。

2. 金属弹簧减振器设计的适用情况

1）控制设备引起的基础或楼板的振动，且引起的噪声或振动直接产生危害。

2）在机器设备内部，振动部件通过结构件向非振动部件传递振动。

3）敏感的仪器或设备受基础传递的环境振动而无法正常工作。

一般来说，对固体产生的噪声和基础振动比较敏感的地点需要进行减振，机座自重比较小的设备需要进行减振，或增加惰性块后再进行减振。

3. 金属弹簧减振器的设计步骤

（1）由减振系统的传导率 T 求得系统的静变形量 δ_0　需要减振的机器总质量 m，机器工作最低激振频率 f，减振程度即传导率 T。传导率 T 表示机器的振动传递给基础的程度，T 的值小表示机器的振动经过减振器减振后传递给基础的振动小，即达到了好的减振效果。金属弹簧减振器因其阻尼很小，传导率 T 的表达式为

$$T = \left| \frac{1}{1 - \left(\frac{f}{f_0}\right)^2} \right| \tag{6-1-1}$$

式中，f 为机器工作频率；f_0 为机器与金属弹簧减振器组成的系统的固有频率，即

$$f_0 = \frac{1}{2\pi} \sqrt{\frac{K}{m}} \tag{6-1-2}$$

因为机器静载荷作用在金属弹簧减振器上引起的静变形量 $\delta_0 = \frac{mg}{K}$，取 $g = 9.8 \mathrm{m/s^2}$，则

$$f_0 = \frac{1}{2\pi} \sqrt{\frac{K}{m}} = \frac{0.5}{\sqrt{\delta_0}} \tag{6-1-3}$$

1）当 $f = \sqrt{2} f_0$ 时，$T = 1$，即通过减振器传给基础的力和机器振动的作用力相等，与系

统的阻尼无关。

2）当 $f > \sqrt{2}f_0$ 时，$T < 1$，即通过减振器传给基础的力小于机器振动的作用力，这是减振需要的情况。若 $f > 3f_0$，传导率 T 就能在 0.5 以下，可获得较好的减振效果。

3）当 $f < \sqrt{2}f_0$ 时，$T > 1$，即通过减振器传给基础的力大于机器振动的作用力，这时不仅没有减振效果，反而容易引起共振使振动加剧，需要避免。

4）当 $f = f_0$ 时，$T \to \infty$，系统产生共振，必须避免。

通过式（6-1-1）、式（6-1-2）、式（6-1-3）得

$$\delta_0 = \frac{0.25(1 - T)}{Tf^2} \tag{6-1-4}$$

这是减振系统必须满足的最小静变形量。

（2）求减振器的刚度 K

$$K = \frac{mg}{\delta_0} \tag{6-1-5}$$

根据 K 和 δ_0 即可选择金属弹簧减振器。

4. 金属弹簧减振设计案例

案例 1： 一台水泵安装在一个混凝土基础上，以 2400r/min 的转速运转，水泵及基础总质量为 90kg，质量分布均匀，需要达到 90% 的减振效率，试设计该金属弹簧减振器。

解： 系统的激振频率 $f = (2400/60)$ Hz = 40Hz，为使机器横向振动消除，选 6 个金属弹簧减振器安装比较平稳，90% 的减振效率即传导率为 $T = 1 - 90\% = 0.1$，带入式（6-1-4）得

$$\delta_0 = \frac{0.25(1 - T)}{Tf^2} = \frac{0.25(1 - 0.1)}{0.1 \times 40^2}\text{m} = 0.14\text{cm}$$

每个弹簧减振器承载　　　$W = \frac{90 \times 9.8}{6}\text{N} = 147\text{N}$

每个弹簧减振器的刚度　　$K = \frac{147}{0.14}\text{N/cm} = 1050\text{N/cm}$

可选择 6 个相同的金属弹簧减振器，要求其刚度为 1050N/cm，静变形量不小于 0.14cm，安装如图 6-1-3 所示，基础辅助定位块防止基础横向摇摆，金属弹簧减振器如图 6-1-4 所示。

图 6-1-3　金属弹簧减振器治理水泵振动　　　　图 6-1-4　金属弹簧减振器

1—电动机　2—水泵　3—基础辅助定位块　4—基础　5—弹簧减振器

案例2：一台转速为1200r/min 的电动机驱动一台600r/min 的鼓风机，两者安装在同一底座上，负载的分布为在电动机下的两个支承点上各受181.4N 的重力，在鼓风机下的两个支承点上各受90.7N 的重力，选择一组金属弹簧减振器达到85%的减振效率。

解：最低激振力的频率是鼓风机的频率 f =（600/60）Hz = 10Hz，传导率为 $T = 1 - 85\% = 0.15$，带入式（6-1-4）得

$$\delta_0 = \frac{0.25(1 - T)}{Tf^2} = \frac{0.25(1 - 0.15)}{0.15 \times 10^2} \text{m} = 1.417\text{cm}$$

电动机下的弹簧刚度　　　$K_1 = \frac{181.4}{1.417}\text{N/cm} = 128\text{N/cm}$

鼓风机下的弹簧刚度　　　$K_2 = \frac{90.7}{1.417}\text{N/cm} = 64\text{N/cm}$

所以，选择两个刚度为120N/cm 的弹簧减振器安装在电动机底下，再选择两个刚度为60N/cm 的弹簧减振器安装在鼓风机底下即能满足减振要求，4 个弹簧变形相等，横向摇摆最小。注意，选择的弹簧减振器的长度能保证最小压缩量为1.417cm。

三、任务要点总结

本任务介绍了金属弹簧减振器的原理、特点、分类和设计步骤。金属弹簧减振器的显著特点：在弹性限度内，其阻尼和刚度可以认为是不变的。金属弹簧、减振器的传导率由式（6-1-1）表达，而固有频率由式（6-1-2）和式（6-1-3）表达，其减振效果通常用传导率表示，通过理论计算选择合适的减振器。本任务论述了金属弹簧减振器的设计选用原则和设计步骤，对减振基础加辅助定位块给出了案例。

四、思考实训题

1. 减振器的类型有哪些？
2. 简述金属弹簧减振器的特点有哪些？
3. 简述减振的设计原则。
4. 选择金属弹簧减振器时应注意哪些方面？

任务2　常用机电设备减振垫、阻尼器及其应用

> **知识点：**
> * 减振垫的分类、组成和应用要求。
> * 阻尼减振技术原理。
>
> **能力目标：**
> * 能够根据机电设备的不同工作状况选择减振垫。
> * 能够根据机电设备的不同工作状况选择阻尼器。

一、任务引入

机电设备工作过程中不可避免地会引起振动，影响机电设备的正常工作，除了选用金属弹簧减振器之外，还可选择减振垫来降低振动（非金属减振器和减振垫没有严格区别，一

般把较薄的成片状的叫减振垫）。减振垫的基本原理是在机器与基础之间安装减振装置，减弱机器的振动，即减小机器传给基础和其他设备的干扰力。

二、任务实施

（一）常用非金属减振器（垫）的分类及其应用

1. 橡胶减振器

橡胶减振器是利用橡胶材料制成的最简单的减振元件，也是工程中常用的减振装置。橡胶减振器分为压缩型、剪切型、压剪复合型，如图 6-1-5 所示。橡胶减振器一般由约束面和自由面构成，约束面和金属相接，自由面是指垂直加载于约束面时产生变形的表面。橡胶减振器的减振参数不仅与使用的橡胶材料成分有关，还与构成形状、受力方式等因素有关。

橡胶减振器与弹簧减振器相比有如下特点：

1）橡胶较易成型，与金属能牢固地粘接在一起，可做成各种任意复杂形状。

2）橡胶有内摩擦，临界阻尼较大，因此很少发生金属弹簧那样的强烈共振。另外，橡胶减振器是由橡胶和金属结合而成的，金属与橡胶复合后的声阻抗较大，能够有效地起到隔声作用。

3）橡胶减振器的弹性系数可以通过改变橡胶成分、结构等方法在较大范围内变更，以满足设计和使用的需要。

4）橡胶减振器对太低的固有频率

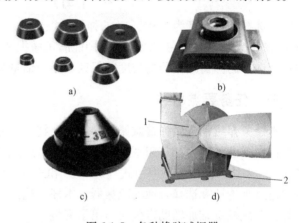

图 6-1-5　各种橡胶减振器

a）压缩型橡胶减振器　b）剪切型橡胶减振器　c）JSD 型压剪复合型橡胶减振器　d）离心风机用压剪复合型橡胶减振器

1—离心风机　2—压剪复合型橡胶减振器

不适用，静态压缩量也不能太大。因此，橡胶减振器不适用于具有较低的干扰频率的系统和重量特别大的设备的减振，较适用于中、小型设备的减振，适用频率范围为 5～15Hz。

5）橡胶减振器的性能受温度影响较大，不宜在高温下使用，在低温下使用弹性系数会改变。

2. 减振垫

减振垫是由具有一定弹性的软材料（如橡胶、软木、毛毡、海绵橡胶、玻璃纤维、矿渣棉及泡沫塑料等）构成的。由于弹性材料本身的自然特性，一般没有确定的形状尺寸，实际应用中可以根据具体要求来拼或裁切成一定外形尺寸。

（1）橡胶减振垫　橡胶减振垫选用橡胶为材料，天然橡胶由于变化小、拉力大、受破坏时延伸率长，价格低廉，所以应用较多，如图 6-1-6 所示。橡胶减振垫有五种类型：平板橡胶垫、肋形橡胶垫、三角槽橡胶垫、凸台橡胶垫和剪切形橡胶垫。

橡胶减振垫的性能与橡胶减振器相似，主要优点是具有持久的高弹性，以及良好的减振、隔冲击和隔声性能；造型和压制方便，能满足刚度和强度的要求；具有一定的阻尼性能，可以吸收机械能量，对高频振动量的吸收尤为突出；由于橡胶材料和金属表面间能牢固的粘接，因此，不但易于制造安装，而且还可以利用多层叠加减小刚度，改变其频率范围，

a)   b)   c)

图 6-1-6   橡胶减振垫

a）S78-8 系列机床减振垫铁底部有一圈橡胶减振垫   b）JDF 型橡胶减振垫

c）SD 型橡胶减振垫

价格低廉。其缺点是易受温度、油质、臭氧、曝光及化学溶剂侵蚀的影响，造成性能变化及老化，易松弛，寿命较短等。

（2）软木减振垫   软木是一种应用历史悠久的减振垫材料。软木具有质轻、耐蚀性好、保温性能好、施工方便等特点，并有一定的弹性和阻尼，适用于高频或冲击设备的减振，如图 6-1-7 所示。

（3）毛毡   毛毡的适用频率范围为 30Hz 左右，适用于对车间内中小型机器减振降噪处理。毛毡减振垫的固有频率主要取决于毛毡的厚度，而不是其面积和静荷载，毛毡压得越密实，毛毡的固有频率就越高。通常采用的毛毡厚度为 10～25mm，当承受 2～70N/cm² 的压力时，固有频率为 20～40Hz。毛毡的优点为价格便宜、容易安装，可以随意裁剪使用，与其他材料表面粘接性强。毛毡变形在 25% 以内时载荷特性为线性。各种形式的毛毡减振垫如图 6-1-8 所示。

图 6-1-7   软木减振垫   图 6-1-8   各种毛毡减振垫

（4）海绵橡胶和泡沫塑料   橡胶和塑料本身是不可压缩的，变形时体积几乎不变，如在橡胶和塑料内形成空气或气体的微孔，它便有了压缩性，经过发泡处理的具有空气微孔的橡胶和塑料称为海绵橡胶和泡沫塑料，如图 6-1-9 和图 6-1-10 所示。由海绵橡胶和泡沫塑料构成的弹性支承系统，优点主要表现在使用这种材料可获得很软的支承系统，裁切容易、安装方便，载荷特性表现为显著的非线性；其缺点是产品很难保证质地均匀。

（二）阻尼技术

1. 阻尼材料

阻尼减振降噪的技术基础是材料和结构的阻尼耗能特性。要充分发挥材料的阻尼作用，必须掌握材料的阻尼特性和机械特性，研究材料阻尼的形成机理和影响因素，开发新的、适用的阻尼材料和阻尼结构。阻尼材料分类如下：

图 6-1-9 海绵阻尼材料

图 6-1-10 包装计算机主机的泡沫塑料

（1）黏弹类阻尼材料 黏弹类阻尼材料是目前应用最为广泛的一种阻尼材料，可以在相当大的范围内调整材料的成分和结构，从而满足特定的温度和频率的要求，并有足够的阻尼耗损因子。黏弹类阻尼材料可分为橡胶类、沥青类、塑料类等。

（2）沥青型阻尼材料 沥青型阻尼材料以沥青为基材，配以大量无机填料混合而成，必要时加入适量塑料、树脂和橡胶等。在汽车、拖拉机、纺织机械和航天等行业使用较多，特别是在性能要求较高的车型中使用广泛。沥青型阻尼材料的结构耗损因子随厚度的增加而增加。沥青型阻尼材料大致分为以下四种类型：

1）熔融型。此种板材熔点低，加热后流动性好，能流遍整个汽车底部构件，在汽车烘漆加热时一并进行加热。

2）热熔型。在板材的表面有一层热熔胶，以便在汽车烘漆加热时热熔胶融化黏合，一般用做汽车底部内衬。

3）自黏型。在板材的表面涂上一层自黏型压敏胶，并覆盖隔离纸，一般用在汽车顶部和侧盖板部分。

4）磁性型。在板材的配方中填充大量的磁粉，经过充磁机充磁后具有磁性，可与金属壳体贴合，一般用在车门部位。

上述几种阻尼材料虽然具有很大的阻尼耗损因子和良好的减振效果，但它们最大缺点是本身的刚度小，因此不能作为机器本身的结构件，同时也不能应用在一些高温场合。

（3）阻尼合金 阻尼合金又称减振合金，俗称哑铁。阻尼合金具有良好的减振性能，既是结构材料又有高阻尼性能，如图 6-1-11 所示。噪声与振动控制工程中选用的减振合金具有阻尼性能好，兼有钢铁良好的硬度性能，易于机械加工，具有耐腐蚀、耐高温和成本低等多项综合指标。

（4）复合型阻尼金属板材 在两块钢板或铝板之间夹有非常薄的黏弹性高分子材料，构成复合阻尼金属板材。这种结构的强度由各基体金属材料保证，阻尼性能由黏弹性材料和约束结构加以保证。金属板弯曲振动时，通过高分子材料的剪切变形，发挥其阻尼特性，不仅损耗因子大，而且在常温或高温下均能保持良好的减振性能。

复合型阻尼金属板材的优点如下：

1）振动衰减特性好，耗损因子一般在 0.3 以上。

2）力学性能好，复合型阻尼金属板材的屈服强度、

图 6-1-11 阻尼合金

抗拉强度等力学性能与同厚度普通金属板大致相同。

3）耐热、耐久性好，板材夹层采用特殊的树脂，即使在14℃的空气中连续加热1000h，各种性能也不劣化。

4）焊接性能好，焊缝性能与普通钢相同。

5）具有阻燃、耐腐蚀、耐水、耐油、耐寒、耐冲击、耐高温等优点。

2. 影响阻尼材料性能的因素

衡量阻尼材料性能的参数是材料耗损因子，多数材料的耗损因子会因外界因素的影响而发生变化，如温度和频率对耗损因子就有重要的影响。

1）阻尼材料的性能随温度的变化而变化。温度较低时表现为玻璃态，模量高而耗损因子较小；温度较高时表现为橡胶态，模量低耗损因子也不高；在这两个区域中间有一个过渡区，过渡区内材料模量急剧下降，而耗损因子较大。

2）频率的影响。频率对阻尼材料性能的影响取决于材料的使用温度。在温度一定的情况下，阻尼材料的模量随频率的增高而增大。

对大多数阻尼材料来说，温度和频率两个参数之间存在着等效关系。对其性能的影响为：高温相当于低频，低温相当于高频。

（三）非金属减振垫的设计原则和案例

减振垫不同于金属弹簧减振器，它有比较大的阻尼，传导率 T 的表达式为

$$T = \left| \frac{\sqrt{1 + 4\left(\frac{c}{c_0}\right)^2\left(\frac{f}{f_0}\right)^2}}{\sqrt{\left[1 + \left(\frac{f}{f_0}\right)^2\right]^2 + 4\left(\frac{c}{c_0}\right)^2\left(\frac{f}{f_0}\right)^2}} \right| \qquad (6\text{-}1\text{-}6)$$

式中，c 是减振垫的阻尼系数；c_0 是减振垫的临界阻尼系数。

由于减振垫与金属弹簧减振器的力学性能不同，阻尼和刚度与变形量均不是线性关系，所以各个厂家生产的系列减振垫经过减振试验为用户提供了方便选用的表格，用户不需进行复杂的计算。

橡胶减振垫案例1：某企业生产的 JSD 型系列橡胶减振垫如图 6-1-5c 所示，采用优质橡胶为材料。JDF 型橡胶减振垫和 SD 型橡胶减振垫如图 6-1-6 所示，一般以剪切瓦楞形受力为主，它具有固有频率低、结构简单、使用方便的特点，适用于水泵、风机、压缩机、冷水机组、柴油机组等机械设备的减振。JSD 型橡胶减振垫的选用见表 6-1-1。

如图 6-1-5d 所示，离心式风机采用 JSD 型橡胶减振垫，该风机另一侧有电动机，与风机均用螺栓固定在用方钢焊接成的平台上，电动机与风机总质量为 1100kg，选用 6 个橡胶减振垫，角钢总重按设备原有支承数，参照表 6-1-1 中每个减振垫最大承载量选用所需型号。风机减振垫支承数为 6，则每个减振垫的承载量为 1100kg/6 = 183kg，则可选用 JSD-330 型减振垫。

机床减振垫铁选择案例2：图 6-1-6a 所示为某厂生产的 S78-8 系列机床减振垫铁，其参数见表 6-1-2，表中规格指有内螺纹的底座外直径。按设备原有支承数，参照表 6-1-2 中每个垫铁最大承载量选用所需型号。例如，CDE6140 卧式车床，机床重量为 2400kg，机床支承数为 8，则每个减振垫的承载量为 2400kg/8 = 300kg，若选用 S78-8-01 型减振垫铁，每个垫铁承重 2000N（约为 204kg），承载能力不够，故应选用 S78-8-02 型减振垫铁。

表 6-1-1　JSD 系列橡胶减振垫铁技术参数及外形尺寸

型　号	额定承载量/kg	静态变形/mm	固有频率/Hz	阻尼比 c/c_0	M/mm	D/mm	D_1/mm	H/mm	h/mm	d/mm	n/mm
JSD-30	15～30	6～15	5～7.5	>0.7	12	150	120	55	9	12	4
JSD-50	25～50	6～15	5～7.5	>0.7	12	150	120	55	9	12	4
JSD-85	50～85	6～15	5～7.5	>0.7	14	200	170	75	9	12	4
JSD-120	85～120	6～15	5～7.5	>0.7	14	200	170	75	9	12	4
JSD-150	110～150	6～15	5～7.5	>0.7	16	200	170	85	9	14	4
JSD-210	130～210	6～15	5～7.5	>0.7	16	200	170	85	9	14	4
JSD-330	210～330	6～15	5～7.5	>0.7	18	200	170	95	9	16	4
JSD-530	330～530	6～15	5～7.5	>0.7	18	200	170	95	9	16	4
JSD-650	530～650	6～15	5～7.5	>0.7	20	200	170	100	9	16	4
JSD-850	650～850	6～15	5～7.5	>0.7	20	200	170	100	9	16	4

表 6-1-2　S78-8 系列机床减振垫铁技术参数

序号	型　号	规格/mm	负荷/N	高度调整量/mm	螺　纹
1	S78-8-01	80	2000	10	M10
2	S78-8-02	100	4000	10	M12
3	S78-8-03	125	6000	12	M12
4	S78-8-04	140	7000	12	M16
5	S78-8-05	160	8000	16	M20
6	S78-8-06	180	8000	16	M20
7	S78-8-07	200	12000	16	M20
8	S78-8-08	240	15000	16	M30

三、任务要点总结

本任务介绍了非金属减振垫和阻尼器的特点、类型，这些非金属减振垫有显著特点，其阻尼和刚度随减振垫变形量的变化而变化，其传导率由式（6-1-6）表示，而固有频率也随变形量的变化而变化，所以，用户不便于套用理论公式计算选用减振垫和阻尼器。而减振垫和阻尼器生产厂家经过大量理论和试验研究，给出了相关物理参数表格，并进行系列化生产，用户只需根据机电设备的物理力学参数选用减振垫和阻尼器即可。

四、思考实训题

1. 橡胶减振器的特点是什么？

2. 简述阻尼材料的分类。

项 目 小 结

本项目理实一体化地介绍了机电设备金属弹簧减振器和几种非金属减振垫的性能、原理、分类和设计选用方法，现总结如下：

1）对金属弹簧减振器和非金属减振垫，减振程度均用传导率 T 表达，传导率 T 表示机器的振动传递给基础的程度，T 小表示机器的振动经过减振器或减振垫减振后传递给基础的振动小，即达到了好的减振效果，对金属弹簧减振器传导率近似用式（6-1-1）表示，其阻尼与变形量是线性关系，刚度不变；对非金属减振垫传导率 T 用式（6-1-6）表达，其阻尼与变形量不是线性关系，刚度也与变形有关，所以，金属弹簧减振器和非金属减振垫力学性质有所不同。

2）阻尼本身就是对振动产生阻力的意思，其大小用阻尼系数 c 表示，它是指任何振动系统在振动中，由于外界作用或系统本身固有的原因使振动幅度逐渐下降的特性。在机械工程学科中，阻尼的力学模型是一个与振动速度大小成正比，与振动速度方向相反的力，即

$$F_c = -c \frac{\mathrm{d}x}{\mathrm{d}t} \tag{6-1-7}$$

3）临界阻尼的大小用临界阻尼系数 c_0 表示，是指振动系统激振力消失后，振动消失需要的最小阻尼系数，用式（6-1-8）表示为

$$c_0 = 2\sqrt{Km} \tag{6-1-8}$$

4）对金属弹簧减振器按式（6-1-1）～式（6-1-5）设计，对非金属减振垫不方便用式（6-1-6）设计，减振垫生产厂家经过试验给出产品选用表格，用户只需根据机电设备情况按表选用即可，项目一给出了相关应用案例。

本项目介绍的金属弹簧减振器、非金属减振垫、振动阻尼器的设计选用方法很实用，这些产品已经由专业化厂家生产，厂家能给出振动控制方案，并帮助用户选择这些产品并施工。

项目二 机电设备噪声及其控制

项目描述

本项目介绍噪声的基本概念、物理特性和测试方法、物理量和主观听觉的关系、分贝和等效连续 A 声级的概念、噪声测量仪器、噪声标准和噪声监测、噪声控制途径和常见控制措施；介绍了机械噪声和空气动力性噪声的产生原因、测试及其控制方案、噪声控制规范及噪声控制案例。

学习目标

1. 掌握噪声的概念及其特性。
2. 了解噪声的物理量和主观听觉的关系，分贝和等效连续 A 声级的概念。
3. 了解噪声测量仪器、噪声控制国家标准规范。
4. 掌握常见机械噪声产生的原因、特性及其控制措施。
5. 掌握常见空气动力性噪声产生的原因、特性及其控制措施。

任务1　机电设备噪声控制基础

> **知识点：**
> - 噪声的概念及其特性。
> - 噪声的物理量和主观听觉的关系，分贝和等效连续A声级的概念。
> - 噪声测量仪器、噪声控制国家标准规范。
>
> **能力目标：**
> - 掌握声学、噪声的概念、噪声特性、等响度曲线。
> - 掌握常见噪声控制设备及其选择方法。
> - 掌握机械噪声和空气动力性噪声的特点及其控制途径。

一、任务引入

机电设备在工作过程中发出噪声，形成噪声污染。噪声污染与水污染、大气污染被看成是世界范围内三个主要环境污染。化学污染进入环境中可以迁移、转化，有些物质存留时间较长。而噪声污染是一种物理污染，在环境中不会长时间存留，只要声源停止振动，噪声也将消失。噪声的特点如下：

1）噪声污染具有即时性。这种污染采集不到污染物，当声源停止振动时，噪声便立即消失，其能量转化为空气的热能，不会在环境中积累并形成持久的危害。

2）噪声污染的危害是非致命的，但对人心理、生理上的影响不可忽略，必须加强治理。

3）噪声污染具有时空局部性和多发性，在人们日常生活、工作、学习等环境中，噪声源分布广泛，因此不宜集中处理。

随着城市化、工业化和交通运输业的进一步发展，人口密度不断增加，噪声污染日益引起人们的重视，因此，控制噪声污染已成为机电设备生产、安装、维护必须考虑的一个重要组成部分，有必要对噪声的基本概念、参数特性及测量方法进行学习。

二、任务实施

（一）噪声的物理量度

机电设备发出的噪声多种多样，有响亮、轻微、低沉、尖锐之分，其度量主要从强度和频谱两个方面进行分析。其中，噪声的强度反映噪声的大小，常用的物理参量包括声压、声强、声功率。声压和声强反映声场中声的强弱，声功率反映声源辐射噪声能力的大小。噪声的频率特性通常采用频谱分析的方法来描述，用这种方法可以对不同频率范围内噪声的分布情况进行分析，反映出噪声与频率的关系，即噪声音调高低的程度。

1. 声压、声强、声功率

（1）声压　声压是指声波传播时，在垂直于其传播方向的单位面积上引起的大气压的变化，用符号 p 表示，单位为 Pa 或 N/m^2。当没有声波存在时，空气处于静止状态，这时大气的压强即为大气压。当有声波存在时，局部空气被压缩或发生膨胀，形成疏密相间的空气层，被压缩的地方压强增加，膨胀的地方压强减少，这样就在大气压上叠加了一个压力变化。声压的大小与物体的振动状况有关，物体振动的幅度越大，声压振幅就越大，所对应的压力变化越大，因而声压也就越大，听起来就越响。因此，声压的大小反映了声波的强弱。对于 1000Hz 的纯音，人耳刚能觉察到声音存在时的声压称为听阈压，听阈压为 2×10^{-5} Pa（基准声压）。同样对于 1000Hz 的纯音，人耳感觉到疼痛时的声压称为痛阈压，痛阈压为 20Pa。

（2）声强　在单位时间内通过垂直声波传播方向单位面积的声能量称为声强，用符号 I 表示，单位为 W/m^2。

声强和声压一样，都是用来衡量声音强弱的物理量，声波的传播除引起大气压力的变化外，还伴随着声音能量的传播，声压使用的是压力，而声强使用的是能量。正常人耳对 1000Hz 纯音的听阈为 10^{-12} W/m^2（基准声强），痛阈为 $1W/m^2$。

当声波在自由声场中以平面波或球面波传播时，声强与声压的关系为

$$I = \frac{p^2}{\rho c} \tag{6-2-1}$$

式中　I——声强（W/m^2）；

　　　p——声压（N/m^2）；

　　　ρ——空气密度（kg/m^3）；

　　　c——声速（m/s）。

（3）声功率　声源在单位时间内向外辐射的总声能量称为声功率，用符号 W 表示，单位为 W，声功率是表示声源特性的重要物理量，它反映了声源本身的特性，而与声波传播的距离以及声源所处的环境无关。一旦声源确定，在单位时间内向外辐射的噪声能量就不会改变，对一个固定的声源，声功率是一个恒量。声功率同样存在听阈和痛阈，正常人耳对纯音的听阈和痛阈分别为 10^{-12} W 和 1W。

在自由声场中，声波向四面八方均匀辐射，此时声强与声功率之间的关系为

$$I = \frac{W}{S} = \frac{W}{4\pi r^2} \tag{6-2-2}$$

式中　I——距离声源 r m 处的声强（W/m^2）；

　　　W——声源辐射的声功率（W）；

　　　S——声波传播的面积（m^2）；

　　　r——离开声源的距离（m）。

2. 声压级、声强级、声功率级

由于声压的听阈与痛阈的绝对值之比为 $1:10^6$，声强或声功率的听阈与痛阈之比为 $1:10^{12}$，使用声压或声强的绝对值表示声音的大小极不方便，而且人对声音强弱的感觉不是与声压、声强的绝对值成正比，而是与其对数成正比。因此，引入"级"的概念来表示声音的强弱，既可以避免计算中数位冗长的麻烦，使表达更加简洁，又符合人耳听觉分辨能力的灵敏度要求。

（1）声压级　声压级是指声音的声压 p 与基准声压 p_0 的比值取对数（以 10 为底）再乘以 20，记做 L_p（dB），声压级的数学表达式为

$$L_p = 20\lg \frac{p}{p_0} \tag{6-2-3}$$

式中　L_p——声压级（dB）;

p——声压（Pa）;

p_0——基准声压，$p_0 = 2 \times 10^{-5} \text{Pa}$。

将听阈、痛阈分别代入式（6-2-3）中，即可得出用声压级表示的听阈和痛阈分别为 0dB 和 120dB。

（2）声强级　一个声音的声强级是指该声音的声强 I 与基准声强 I_0 的比值取对数（以 10 为底）再乘以 10，记作 L_I（dB）。其数学表达式为

$$L_I = 10 \lg \frac{I}{I_0} \tag{6-2-4}$$

式中　L_I——声强级（dB）;

I——声强（W/m^2）;

I_0——基准声强，$I_0 = 10^{-12} \text{W/m}^2$。

用声强级表示的听阈和痛阈分别为 0dB 和 120dB，在通常情况下，声压级与声强级相差较小，两者近似相等。

（3）声功率级　一个声源的声功率级是指该声源的声功率与基准声功率的比值取对数（以 10 为底）再乘以 10，记做 L_W（dB）。其表达式为

$$L_W = 10 \lg \frac{W}{W_0} \tag{6-2-5}$$

式中　L_W——声功率级（dB）;

W——声功率（W）;

W_0——基准声功率，$W_0 = 10^{-12} \text{W}$。

用声功率级表示的听阈和痛阈分别为 0dB 和 120dB。

声压级、声强级、声功率级的单位都是 dB。dB 是一个相对单位，没有量纲，其物理意义表示一量超过另一个量（基准量）的程度。还有一个单位为贝尔（Bel），但由于贝尔太大，为了使用方便，便采用分贝（dB），1Bel = 10dB。值得注意的是，一定要了解其标准的基准值。在声压级、声强级、声功率级中分别采用人耳对 1000Hz 纯音的听阈声压、听阈声强和听阈声功率为基准值。

（二）噪声的频谱量度

噪声除强度不同外，与人们讲话、唱歌以及音乐一样，也有音调的高低之分，如电锯发出的声音尖锐刺耳，空气压缩机噪声则显得比较低沉。声强、声压、声功率是衡量噪声强度的物理量，而音调是人对声音的主观感觉。实践证明，音调的高低与声音的频率是一致的，即声源振动的快慢（频率）决定了辐射出来的声音的音调的高低，频率越大，音调越高。例如，电锯的频率主要在 1000Hz 以上，空气压缩机的频率主要在 500Hz 以下，所以在同一声压级下，前者听起来比后者音调高，感觉更加响一些。可见，仅用强度衡量噪声是不够的，还应对噪声的频谱进行研究。

平时所听到的声音，一般是由许多频率的声音组成的复合音，可听声频率范围在 20 ~ 20000Hz，对每个频率都进行逐个分析是非常麻烦、费时的，也不必要。在工程中，为了使用方便，广泛采用频程这一概念。

把宽广的声频范围划分为若干较小的段落，称为频带或频程。在噪声控制中最常用的是

倍频程。倍频程是指上限频率与下限频率之比为 2:1 的频程。倍频程得到广泛应用在于它符合人耳的听觉特性。对噪声频率进行比较详细地分析时，常用划分较细的 1/3 倍频程。

可听声频范围按频率倍比关系划分为十个频程，每个频程用中心频率表示，则十个倍频程分别为 31.5Hz、63Hz、125Hz、250Hz、500Hz、1000Hz、2000Hz、4000Hz、8000Hz 和 16000Hz。由于人耳对于 31.5Hz 和 16000Hz 这两个频带的声音很不敏感，因此，实际工程中常使用 63～8000Hz 这八个倍频程。

把以频率（频程）为横坐标，以声音的强弱（声压级、声强级、声功率级）为纵坐标绘出声音强弱的频率分布图，称为频谱图。以频谱图为依据，分析噪声的各个频率成分和相应的强度，即为频谱分析。噪声的频率随来源不同，存在较大差异，对噪声进行频谱分析，能为噪声控制提供依据，故频谱分析对噪声控制工作意义重大。

（三）噪声的主观量度

声压、声强、声功率以及声压级、声强级、声功率级是用来衡量声音强度的物理量。通常在噪声的频率一定时，声压、声压级越大，声音听起来就越响。但是人耳对声音的感觉不仅与声音强度有关，还与声音的频率特性有关。在可听声频率范围内，人耳对高频声感觉灵敏，对低频声感觉迟钝。可见，声压、声压级等物理量只能反映声音在物理上的强弱，不能表现人对声音的主观感觉。但噪声最终是作用在人耳上的，这就存在着对噪声的主观量度问题，即需要按照人对噪声的心理和生理特点，引出相应的主观量度。因为研究噪声最终是为人类服务的，从这个角度上说，确定噪声的物理量与人的主观听觉之间的关系比噪声的客观评价更为重要。

1. 响度、响度级与等响曲线

响度级的确定是同基准音比较得出的，国际标准化组织规定：以 1000Hz 纯音为基准，当噪声听起来与该纯音一样响，其噪声的响度级（方值）就等于该纯音的声压级（分贝值）。响度级用符号 L_N 表示，单位为方（Phon）。确定响度级的具体方法是：采取对比试验，通过调节 1000Hz 纯音的声压级，使它和所测试的声音听起来有同样的响度，由此来确定这个声压的响度级。例如 31.5Hz、95dB 的声音，听起来与 1000Hz、70dB 的声音同响，则该声音的响度级为 70 方。由于在响度级确定时，考虑了人耳特性，并将声音的强度与频率用同一单位——响度级统一了起来，既反映了声音客观物理量上的强弱，又反映了声音主观感觉上的强弱。

利用与基准音相比较的方法，通过试验，可以得到整个可听范围内纯音的响度级。如果把响度级（主值）相同的点都连接起来，便得到一组曲线簇。图 6-2-1 所示为国际化标准组织推荐的等响曲线，在每一条曲线上，尽管各个噪声的声压级和频率各不相同，但是它们听起来同样响，即具有相同的响度级。

从图 6-2-1 所示的等响曲线中可以看出：

1）对 1000Hz 纯音来说，其响度级（方值）与声压级（分贝值）相等。

2）人耳对于高频声，特别是在 1000～4000Hz 之间的声音最敏感，对于低频声，特别是 100Hz 以下的声音很迟钝，对 8000Hz 以上的特高频声也不敏感，因此在等响曲线中出现了中间低、两边高的曲线图像。比如，响度级同样是 60 方，对于 3000Hz 的声音是 62dB，而对 100Hz 的声音为 67dB，8000Hz 的声音为 66dB。说明人耳对于响度相同的声音，在敏感频率范围内，所需声压小，而在低频和特高频范围内，则要加大声压才能达到同响度。

3）在声压级较低时，频率越小，声压级与响度级相差越大。如声压级都是 40dB 时，1000Hz 的声音是 40 方，80Hz 的声音是 20 方，而 50Hz 的声音不到 0 方（低于听阈），即人耳是听不到的。

4）在声压级较高时，如 $L_p >$ 100dB，等响曲线变化平缓。说明声音强度达到一定程度后，人耳对高、低频声音的分辨能力下降，声压级相同的各频率声音几乎一样响，与频率关系不大，这时的响度级主要取决于声压级。

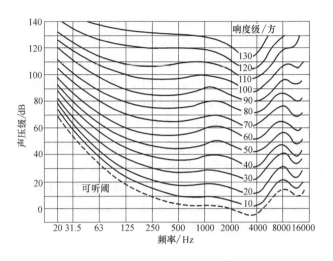

图 6-2-1　等响曲线

5）等响曲线图中最下面那条虚线是人耳实际听阈曲线（4.2 方）。应该说明的是，声压级的基准声压之所以取 2×10^{-5} N/m^2，是因为原来认为这个基准声压是人耳在 1000Hz 时的听阈压，因此把它规定为 0 方。后来经准确测量并经统计平均，求出人耳的听阈值不是 0 方，而是 4.2 方。所以也常将等响曲线中的这条虚线称为最小可听阈。

响度级反映了不同频率的声音具有等响感觉的特性，是建立在两个声音的主观比较上的，它只表示待研究的声音与哪个基准音响度相同，并没有表示出一个声音比另一个声音响多少的问题。由此可见，响度级与声压级、声强级一样，也是一个相对量。为了便于比较，有时需要用绝对量来表示声音响与不响，因此引出响度的概念，并确定响度的标度及其单位。

用响度的变化来评价降噪措施的主观效果比较直观，易被一般人理解和接受，并且和人的实际感觉相近。

2. 噪声的表示方法

（1）计权声级　在使用声级计测量噪声时，声级计接收的信号是噪声的物理量声压，如果对接收信号不进行处理就输出，得到的将是常说的线性声级。由于线性声级没有考虑人耳的生理特点，这种客观的物理度量与人所听到的声音的感觉有一定差异，人们希望测量仪器输出的信号最好能像响度级一样符合人耳的生理特性。为此在声级计内加入一套滤波网络，并参照等响曲线对某些人耳不敏感的频率成分进行适当的衰减，对那些人耳敏感的频率成分予以加强，使输出的信号与人耳听觉的主观感受尽可能一致。这种修正的方法称为频率计权，经过计权网络测得的声级称为计权声级。现已有 A、B、C、D、E、SI 等多种计权网络，其中 A 计权和 C 计权最为常用。

A 计权网络是以 40 方等响曲线为基准设计的，记做 L_A，单位为 dB（A）。其特点是对低频噪声（<500Hz），衰减较大，对高频噪声则可不衰减或稍有放大。这样计权的结果，使得仪器的响应对低频声灵敏度低，对高频声灵敏度高。实践证明，A 声级基本上与人耳对声音的感觉相一致；此外，A 声级同人耳听力损伤程度也能对应得很好。因此，国内外在噪声测量与评价中普遍采用 A 声级。但是两个声源 A 声级大小一样时，其频谱特性可能相差

很大，A 声级不能全面地反映噪声源的频谱特性，不能完全代替其他的噪声评价标准。

C 计权网络是以 100 方等响曲线为基准进行设计的，记做 L_C，单位为 dB（C）。其特点是只对人耳在可听声频范围内的高频段和低频段予以衰减，在大部分频域保持平直响应，让声音在不衰减的情况下通过。因此，C 声级是对声音的客观量度，并以 C 声级代表声压级。

（2）等效连续 A 声级　由于 A 声级以等响曲线为基准，将人耳对噪声的主观感觉与客观量度较好地结合起来，在评价一个连续的稳态噪声时与人的感觉相吻合，因此得到了广泛的应用。但对于一个非稳态噪声，如交通噪声，其特点是噪声随车流量而呈现起伏或不连续变化，此时用计权声级只能测出某一时刻的噪声值，即瞬时值。人们希望简单的用一个类似 A 声级的数值来表示某一时段内交通噪声的大小，提出了用等效连续 A 声级来评价不稳定噪声对人的影响，即用一个在相同时间内声能与之相等的连续稳定 A 声级表示该时段内不稳定噪声的声级。等效连续 A 声级用符号 L_{eq} 表示，单位为 ［dB（A）］，它反映了在噪声起伏变化的情况下，噪声接受者实际接受噪声能量的大小，即

$$L_{eq} = 10\lg \frac{1}{T}\int_0^T 10^{\frac{L_A}{10}}\mathrm{d}t \qquad (6\text{-}2\text{-}6)$$

式中，L_A 为某一时刻 t 的噪声级；T 为测定的总时间。

（四）噪声测量仪器

随着现代电子技术的发展，噪声测量仪器日益多样化、小型化、自动化。可根据使用需要，选择与测量目的相适应的仪器。常用的噪声测量仪器有声级计、频谱分析仪、录音机、自动记录仪和实时分析仪等。

1. 声级计及其分类

声级计是最基本、最常用的噪声测量仪器，可测量环境噪声、机器噪声、车辆噪声的声压级和计权声级。如果把声级计的电容传声器换成加速度计，还可用来测量振动。声级计按其用途可以分为一般声级计、车辆噪声计、脉冲声级计、积分声级计和噪声计量计等。声级计按其精度分为四种类型，见表 6-2-1。ND2 声级计如图 6-2-2 所示，其使用说明如下：

表 6-2-1　声级计精度分类

类型	0 型	1 型	2 型	3 型
误差	±0.4dB	±0.7dB	±1dB	±2dB
用途	在实验室作为标准仪器使用	在实验室作为精密、测量使用	现场测量的通用仪器	噪声监测和普及型声级计

测量噪声时把声级计按要求放置，电容传声器对准噪声源，旋转计权网络旋钮 4 选择计权声级，通常评价噪声源对人的影响时采用 A 声级即可；当客观评价噪声源的噪声频谱特性及研究噪声源控制主要频率时选择 C 声级。

衰减器是所测噪声的量程，即最大噪声值；指示表头根据衰减器的设置，测量时读取实测噪声值，其单位与计权网络旋钮的选择一致，A 计权为 dB（A），C 计权为 dB（C）。外接滤波器输入 3 和放大器输出 7 与外接噪声分析设备相接，可用于对噪声进行频谱分析等。

2. 频谱分析仪

为了解噪声的频率特性，有时需要对噪声进行频谱分析。一般精密声级计都配用倍频程滤波器或 1/3 倍频程滤波器。滤波器可让一部分频率成分通过，另一部分频率成分衰减掉。

在噪声控制与评价等方面，多采用倍频程滤波器。因为在噪声测量中，一般不需要给出噪声频谱的详细结构，只需要给出噪声频谱的大概分布即可。

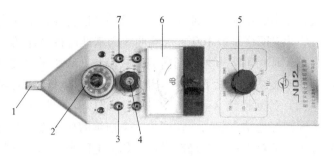

图 6-2-2　ND2 声级计组成

1—电容传声器　2—衰减器　3—外接滤波器输入　4—计权网络旋钮
5—滤波器旋钮　6—指示表头　7—放大器输出

3. 录音机

如果在噪声现场不能进行当场分析，或需要对噪声反复进行分析，可使用录音机将噪声信号录制下来，并带回实验室分析。选用录音机时，必须是在所需的频率范围内，且具有较好的频率响应、较宽的动态范围和较大的信噪比。

（五）噪声控制标准

国家关于噪声控制的标准主要是 GB12348—2008《工业企业厂界环境噪声排放标准》，本标准适用于工厂及有可能造成噪声污染的企事业单位的边界，见表 6-2-2。

表 6-2-2　GB 12348—2008 中规定的工业企业厂界噪声控制标准

类别	昼间/dB（A）	夜间/dB（A）
Ⅰ	55	45
Ⅱ	60	50
Ⅲ	65	55
Ⅳ	70	55

1. 各类标准适用范围的划定

Ⅰ类标准适用于以居住、文教机关为主的区域；Ⅱ类标准适用于居住、商业、工业混杂区及商业中心区；Ⅲ类标准适用于工业区；Ⅳ类标准适用于交通干线道路两侧区域。

2. 各类标准适用范围

由地方人民政府划定，夜间频发噪声（如排气噪声）的最大声级不得超过限值 10dB（A），夜间偶发噪声（如短促鸣笛声）的最大声级不得超过限值 15dB（A）。本标准中昼间、夜间的时间由当地人民政府按当地习惯和季节变化划定。

（六）噪声控制途径

1. 控制噪声源降低噪声

从噪声源上降低噪声是最根本的噪声控制途径，通常称为主动降噪。选用低噪声设备和改进生产工艺，从源头上降低噪声，或者改变噪声源的运动方式（如用阻尼、隔振等措施降低固体发声体的振动），或对噪声设备采用消声器降低噪声。

2. 阻断噪声传播路径

在传音途径上采取措施，阻止噪声传播到居民区或人在的工作区。如采用吸音、隔音、音屏障、隔振等措施切断噪声传播，高速公路靠近村庄处采用隔声屏，合理规划城市和建筑布局避免传播噪声等。

3. 从人耳的感觉上采取措施减弱噪声

在声源和传播途径上无法采取措施，或采取的声学措施仍不能达到预期效果时，就需要对受音者或受音器官采取防护措施，即从人的感觉上降低噪声。如根据图 6-2-1 所示等响曲线的特点，改变机电设备的结构，使设备工作频率在 3500Hz 左右；或使长期职业性噪声暴露的工人可以戴耳塞、耳罩或头盔等护耳器。

噪声控制在技术上虽然已经成熟，但由于现代工业、交通运输业规模很大，要采取噪声控制的企业和场所众多，因此在防治噪声问题上，必须从技术、经济和效果等方面进行综合权衡。当然，具体问题应当具体分析。例如，在控制室外、设计室、车间或职工长期工作的地方，噪声的强度要低；库房或少有人去的车间或空旷地方，噪声可稍高一些。总之，对待不同时间、不同地点、不同性质与不同持续时间的噪声，应有一定的区别。

三、任务要点总结

本任务主要介绍了噪声的基本概念、声音的物理特性和量度方法、噪声的物理量和主观听觉的关系、噪声测量仪器、噪声标准和噪声监测方法。要求了解声音的本质及其基本特性，熟悉噪声的物理量和主观听觉的关系；掌握分贝和等效连续 A 声级的概念；熟悉噪声的测量仪器；掌握国家关于噪声控制的标准 GB12348—2008，《工业企业厂界环境噪声排放标准》。

四、思考与实训题

1. 什么是等响曲线？
2. 噪声的度量方法有哪几种？为什么常用 A 声级度量噪声？
3. 噪声控制标准有哪些？各类标准适用范围是如何划定的？
4. 噪声控制途径有哪些？举出日常生活中噪声控制途径的案例。

任务 2　常用机电设备的噪声源分析与控制

知识点：
- 机电设备机械冲击噪声与空气动力性噪声的产生根源及其性质。
- 机械冲击噪声与空气动力性噪声的测量、分析与控制方法。

能力目标：
- 能够正确分析产生机械冲击噪声的根源，并制订降低噪声的方案。
- 能够正确分析产生空气动力性噪声的产生根源，并制订降低噪声的方案。

一、任务引入

机电设备工作过程中的各种运动都会产生不同的噪声，按机电设备噪声产生的机理，可分为机械性噪声和空气动力性噪声两类。机械性噪声是由机械固体零部件的振动、冲击、摩擦、变形等产生的噪声。空气动力性噪声是由气体流动或物体在气体中运动引起空气振动所产生的噪声，如风扇、通风机、鼓风机、空气压缩机、内燃机的燃烧和进/排气、喷气发动机、锅炉排气放空以及气动传动的放空等产生的噪声。

二、任务实施

（一）机械性噪声的控制

机电设备机械性噪声是机械运动副工作过程中冲击振动产生的，消除此类噪声的根本途径是消除或减弱机械冲击振动，即从振动噪声源上降低振动噪声，这是首先要考虑的途径。从阻断噪声传播路径和从人耳的感觉上采取措施减弱噪声，是不得已才采取的途径。

典型案例：图 6-2-3a、b 所示为压力机及其传动原理图，图 6-2-4 所示为用该压力机冲压离心式风机叶片所用模具、冲头及其金属弹簧减振器，加减振器前冲压过程中产生很强的冲击振动和噪声，用图 6-2-2 所示 ND2 声级计的 A 计权测试噪声为 116dB（A），现分析研究冲击振动噪声源。

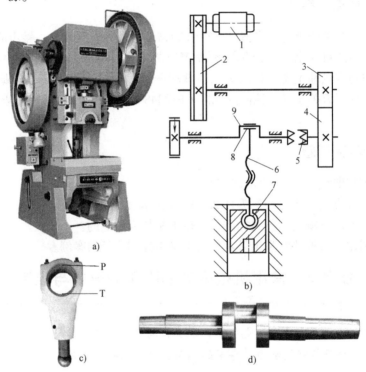

图 6-2-3　压力机及其传动原理

a）压力机床外形　b）压力机机械传动原理　c）连杆组件实物　d）曲轴实物

1—电动机　2—V 带及其带轮　3、4—齿轮传动　5—离合器　6—连杆组件　7—连杆及

滑块连接机构　8—连杆孔　9—曲轴　P—连杆孔上母线　T—连杆孔下母线

1. **冲击振动噪声源分析**

1）图 6-2-3b 所示为压力机传动原理，电动机 1 经过 V 带轮 2、齿轮 3 和 4、离合器 5 使曲轴 9 旋转，带动连杆组件 6 作上下往复运动。自电动机 1 至离合器 5 这些环节都是连续均匀正转，没有严重的机械冲击，所以这些机械传动环节不是产生冲击振动噪声的主要根源。

2）连杆孔 8 和曲轴 9 之间有一定的间隙（见图 6-2-5a），曲轴 9 每完成一次回转就完成一个叶片的冲压，当曲轴带动连杆转至上死点时（见图 6-2-5b），凸模已经离开工件，工件不再给滑块向上的推力，连杆和滑块的重力作用使曲轴轴颈上母线 Q 和连杆孔上母线 P 接触，而曲轴轴颈的下母线 S 和连杆孔的下母线 T 脱开；曲轴继续旋转，当曲轴带动连杆旋转到接近下死点时（见图 6-2-5c），变为冲压工件给连杆和滑块向上的推力，使曲轴轴颈上母线 Q 和连杆孔上母线 P 脱开，而曲轴轴颈的下母线 S 和连杆孔的下母线 T 接触，产生冲击振动噪声，冲压过程中曲轴轴颈上母线 Q 与连杆内孔上母线 P 是"脱开→接触"循环往复，而曲轴轴颈下母线 Q 与连杆内孔下母线 T 是"接触→脱开"循环往复；这就是冲击振动噪声源之一。

图 6-2-4　用金属弹簧减振器控制压力机的振动噪声
1—离心风机叶轮上的叶片　2—冲床工作台　3—凹模
4—凸模　5—压力机滑块　6—金属弹簧减振器

3）同理，连杆及滑块连接机构 7 也存在相似的冲击情况，是冲击振动噪声源之二。

4）冲模凸凹模具接触就冲压叶片，离开就不冲压叶片，是产生冲击振动噪声源之三。

冲击振动噪声源之一、之二几乎是同时产生的，需要采取措施消除或削弱冲击振动噪声源，即把图 6-2-5b、c 所示的母线接触变换消除，改为一直是上母线或下母线接触即可消除或削弱冲击振动噪声。

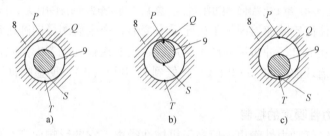

图 6-2-5　压力机冲击振动噪声源分析
a）曲轴及连杆孔同心有配合间隙　b）冲头在上死点时曲轴及连杆孔接触情况
c）冲头在下死点时曲轴及连杆孔接触情况

2. 冲击振动噪声控制措施分析

1）减小曲轴轴颈和连杆孔的间隙。减小曲轴轴颈和连杆孔的间隙即可消弱冲击，但间隙太小影响正常工作，也有磨损，不宜采用。

2）减小连杆下端轴与滑块的配合间隙。减小连杆下端轴与滑块的配合间隙也可消弱冲击，但间隙太小影响正常工作，也有磨损，也不宜采用。

3）对图 6-2-4 所示压力机滑块施加向上的力，使连杆孔与曲轴轴颈一直是下母线接触，减弱冲击。措施实施后，曲轴带动连杆向上运动的过程中外界也要对连杆施以向上的力。图 6-2-4 所示即为采用金属弹簧减振器的方案。注意，在上死点，减振器弹簧直接作用在凸模 4 上的力要大于滑块、连杆、凸模等整个上下运动部件的重力，这时曲轴轴颈和连杆孔一直是图 6-2-5c 所示的接触情况，这样就把滑块和连杆下端的冲击问题也解决了。

实践证明，采用这一措施后，压力机的冲击噪声由原来的 116dB（A）降为 98dB（A），下降了 18 dB（A），冲击振动噪声明显降低了，这就是从声源上采取措施消除或削弱冲击振动噪声的控制原理。

4）采用斜刃冲头减小对金属板的冲切力，减弱冲击振动噪声。图 6-2-6b 所示的水平刃冲头边沿 1、2、3、4 同时冲切金属板，冲击力最大，产生冲击振动噪声最剧烈；图 6-2-6c 所示的斜刃冲头边沿 4 首先冲切金属板，之后 1、2、3 边沿线连续冲切金属板，冲击力有比较大的削弱，产生冲击振动噪声也有比较大的削弱；图 6-2-6d 所示的斜刃冲头最短边沿 2 首先冲切金属板，之后 1、3、4 边沿线连续冲切金属板，冲击力比图 6-2-6c 又有一定削弱，产生冲击振动噪声也比图 6-2-6c 又有一定削弱；图 6-2-6e 所示的斜刃冲头边沿 1 和 2 的交点首先冲切金属板，之后 1、2、3、4 四条边沿线连续冲切金属板，冲击力比图 6-2-6d 又有一定削弱，产生冲击振动噪声最弱。所以，图 6-2-6e 所示斜刃冲头降低冲击振动噪声效果最好，压力机的冲击噪声由采用金属弹簧减振器后的 98dB（A）下降到 92 dB（A），冲击振动噪声又明显地降低了，这也是从声源上采取措施消除或削弱冲击振动噪声的控制原理。

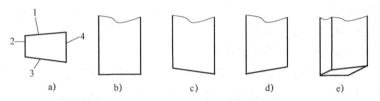

图 6-2-6　四种斜刃冲头对冲击振动噪声的影响分析

a）冲头横截面形状　b）水平刃冲头　c）第 4 边先冲的斜刃冲头

d）第 1 边先冲的斜刃冲头　e）第 1、2 边交角先冲的斜刃冲头

案例：斜齿圆柱齿轮减速器因加工齿轮受力变形，产生齿圈径向圆跳动误差，两个啮合的齿轮齿圈大头相互啮合，冲击运动产生噪声，解决的途径首先考虑消除冲击运动，即消除冲击噪声，噪声由治理前的 82.5dB（A）降低到 79.8dB（A），明显降低了噪声，具体见参考文献 [6]。

（二）空气动力性噪声的控制

机电设备中的空气动力性噪声一般高于机械性噪声，它的影响面广，危害也较大。各类机电设备在声源降低噪声上存在很多制约因素，但最主要还是尽量在噪声源上采取措施降低噪声，其次才考虑在噪声传播途径上或人的耳朵上采取措施。

空气动力性噪声的治理通常思路为：对噪声源进行频谱分析，找出升压值最高的噪声的频率，按噪声控制理论优先考虑降低这一频率的噪声值，只有这样才能有效地治理噪声。

案例：某铁矿炼铁厂烘干铁粉的装置示意如图 6-2-7 所示，铁粉经传动带 3 输送到烘干机房内的烘干回转炉内，电动机减速器驱动窑炉回转，烘干后经烘干机房另一侧的传动带输送装置输出至下一道工序。烘干机房内的回转炉需要离心式鼓风机 2 送

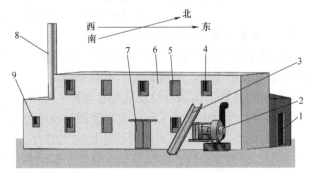

图 6-2-7　炼铁厂铁粉烘干机房图示

1—面积为 4m×5m 的值班室户外门口，值班室与主厂房另有一门口相通　2—离心式鼓风机　3—进料传动带　4—排气窗　5—透明窗　6—面积为 23m×9m 的铁粉烘干机房内有烘干窑炉、电动机减速器等　7—烘干机房大门　8—排气引风机烟囱　9—面积为 3m×4m 的引风机房子排气窗

风，烘干回转炉内的热气体需要 9 号排气窗室内的离心引风机房内的引风机抽出经烟囱 8 排入大气，离心风机参数见表 6-2-3，烘干机房周围产生很高的空气动力性噪声。

表 6-2-3 离心风机参数

设 备	型 号	风压/Pa	风量/(m³/h)	功率/kW	转速/(r/min)	工作温度/℃
引风机	JWM261No11.2	3000	20000	4~37	1740	400
鼓风机	JWM261No10	5300	17200	4~45	1470	70

1. 声源分析

（1）离心风机噪声源分析 由表 6-2-3 可以看出，进气鼓风机和排气引风机的风压、风量都很大，进、出气风机使高速气体与机壳、风管等产生急剧的碰撞，气体急剧的收缩和释放产生了空气动力性噪声，进气鼓风机入风口产生空气动力性噪声；排气引风机出风口产生空气动力性噪声。

（2）主厂房内电动机减速器噪声源分析 烘干机房内主要设备是回转窑炉和电动机减速器，回转窑炉转速为 18r/min，产生的噪声比较弱，电动机减速器噪声是主要噪声。

（3）烘干机房外辐射噪声源分析 烘干机房内回转窑炉、电动机减速器噪声经图 6-2-7 所示烘干机房前后的排气窗 4、透明窗 5、大门 7 辐射到房子外部，是另一噪声源。

2. 噪声源测试点确定

在回转窑炉及其电动机减速器、鼓风机、引风机都工作，排气窗常开、透明窗和大门都关闭的情况下，用精密声级计测试大门 7 处的噪声。

1）在距离鼓风机进气口 1m 处的 A 点测试总噪声值和频谱，以便对鼓风机噪声进行有针对性控制。

2）在距离引风机房门口 1m 处的测试总噪声值和频谱，以便对引风机噪声进行有针对性控制，测试时原铁门和透明窗关闭。

3）在烘干机房内距离电机减速器 1m 处测试总噪声值和频谱，以便对电动机减速器噪声进行有针对性的控制。

4）在距离烘干机房门口 1m 处的测试总噪声值和频谱，以便对烘干机房噪声进行有针对性的控制。

5）在烘干机房值班室户外距离门口 1m 处测试总噪声 A 声级。

6）在烘干机房值班室内部测试总噪声 A 声级。

7）在烘干机房东南方向距离鼓风机 350m 处的居民区昼夜测试总噪声 A 声级。

3. 噪声治理前上述 7 处噪声测试点噪声源测结果

1）在距离鼓风机进气口 1m 处的 A 点测试总噪声值和各倍频噪声见表 6-2-4，噪声频谱

表 6-2-4 各频率下噪声测试数据

噪声源	总 A 声级	倍频程中心频率/Hz								
		31.5	63	125	250	500	1000	2000	4000	8000
鼓风机 A 点	92	91.5	91	87	88	90	80	81	71	60
引风机房门口	88	85	85	92	82	85	80	75	70	60
烘干机房大门口	95	85.5	85	83	94	95	88	82	70	62

如图 6-2-8 所示，鼓风机峰值均在 31.5～500Hz 之间，此类风机不仅声级高，而且呈现低、中频特性，传播距离较远。

2）在距离引风机房门 1m 处测试总噪声值和各倍频噪声见表 6-2-4，鼓风机峰值均也在 31.5～500Hz 之间，此类风机不仅声级高，而且呈现低、中频特性，传播距离较远。

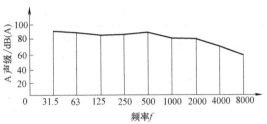

图 6-2-8　鼓风机噪声频谱

3）在烘干机房距离大门 1m 处测试总噪声值和频谱见表 6-2-4，峰值均也在 31.5～500Hz 之间，不仅声级高，而且呈现低、中频特性，传播距离较远。与鼓风机、引风机噪声性质相同，可以断定，大门处噪声很大程度上受鼓风机和引风机的影响。

4）在烘干机房内（见图 6-2-13）距离电动机减速器 1m 处测试总噪声值和各倍频噪声见表 6-2-5，噪声频谱特性不再像鼓风机和引风机噪声那样具有低频高噪声的特性，而呈宽频带特性。

表 6-2-5　烘干机房内距离电动机减速器 1m 处噪声测试值

A 声级	倍频程中心频率/Hz								
	31.5	63	125	250	500	1000	2000	4000	8000
94.5	83	91	83	94	94	88	82	70	60

5）在烘干机房值班室户外距离门口 1m 处测试总噪声 A 声级为 83dB（A）。

6）在烘干机房值班室内部测试总噪声 A 声级为 81dB（A）。

7）在烘干机房东南方向距离鼓风机 350m 处的居民区白天总噪声为 75dB（A）、夜间总噪声为 70dB（A）。

4. 噪声源特性和治理原则依据

（1）离心式风机噪声源特性　无论是烘干机房外的鼓风机还是引风机，均属离心蜗轮机械，其噪声来自以下三个途径：

1）空气动力性噪声。风机的空气动力性噪声包括进气口空气动力性噪声和出气口空气动力性噪声，它是在气体流动过程中所产生的，主要是由于气体的非稳定流动，气体与气体、气体与固体相互撞击所产生的噪声。

风机空气动力性噪声主要由两部分组成，即旋转噪声和涡流噪声。

旋转噪声是由于工作叶轮上均匀分布的叶片周期性打击气体介质引起的。另外，当气流流过叶片时，在叶片表面上形成附面层，特别是引力边的附面层容易加厚，并产生许多涡流。在叶片的尾缘处吸力与压力边的附面层汇合，形成尾迹区，在尾迹区内，气流的压力与速度都大大低于主气流区的数值。因而，当工作轮旋转时，叶片出口区内气流具有很大的不均匀性。这种不均匀性气流周期性作用于周围介质，产生压力脉动，形成噪声。

旋转噪声的频率为

$$f = nz/60 \tag{6-2-7}$$

式中 n——风机叶轮转数（r/min）；

$\quad\quad z$——叶片数；

$\quad\quad i$——谐频序号，$i = 1，2，3\cdots$。

涡流噪声主要是由于气流流经叶片时，产生气流附面层及旋涡，当旋涡分裂脱体，而引起叶片上压力脉动所造成的，涡流噪声呈宽频带性质。

风机空气动力性噪声是由于上述两种性质不同的噪声相互叠加的结果，所以，风机空气动力噪声的频谱，往往是宽频带连续谱。

2）机械性噪声。机械性噪声主要是由于转子不平衡，轴承磨损及风机进出口压力脉动引起机壳振动而形成机械噪声，机械噪声相对空气动力性噪声要低。

3）电动机噪声。电动机噪声是风机噪声的主要组成部分，电动机噪声是由各种成分组成的，主要包括电磁噪声，机械噪声和风扇噪声三部分，电动机噪声相对空气动力性噪声要低。

离心式通风机三种噪声主要是空气动力性噪声，在噪声控制上首先对空气动力性噪声进行治理就能取得比较好的控制效果。

（2）噪声治理原则和依据。

1）治理后依据 GB 12348—2008 中的Ⅱ类标准，即白天 60dB（A），夜间 50dB（A）；依据表 6-2-3、表 6-2-4 和图 6-2-8 中的参数，现场测得居民区昼夜噪声 A 声级。

2）整个噪声治理工程不改变主要机电设备的安装和布局，不改变生产工艺。

3）不改变设备的性能参数，保证设备正常运转。

4）消声设备及材料阻燃、防水、防腐蚀，无二次污染。

5. 噪声源治理措施

（1）鼓风机噪声治理措施

1）鼓风机进口设计安装阻抗复合式消声器，以减小风机进气口空气动力性噪声。

2）在鼓风机南侧，利用现有的建筑物设计隔声屏障，作为辅助措施阻断鼓风机机壳噪声和电动机直达噪声向居民区传播。

3）消声器设计：

$$\Delta L = \frac{\varphi(\alpha)PL}{S} \tag{6-2-8}$$

式中 P——消声器通道横截面的周长（m）；

$\quad\quad L$——消声器内在长度方向上安装吸声材料的长度（m）；

$\quad\quad S$——消声器内通道的横截面积（m^2）；

$\varphi(\alpha)$——消声系数，见表 6-2-6。

表 6-2-6　消声系数

α	0.1	0.2	0.3	0.4	0.6	0.6~1
$\varphi(\alpha)$	0.11	0.25	0.40	0.55	0.7	1~1.5

现场测得居民区白天环境噪声高达 75dB（A），夜间 70 dB（A），要达到 GB 12348—2008 中的Ⅱ类标准，则白天需要至少降低 15 dB（A），夜间需要至少降低 20 dB（A）。按引风机消声器 $\Delta L \geqslant 20$dB，鼓风机消声量 $\Delta L \geqslant 15$dB 设计消声器，并在鼓风机进风口安装箱式阻抗复合消声器，如图 6-2-9 所示。

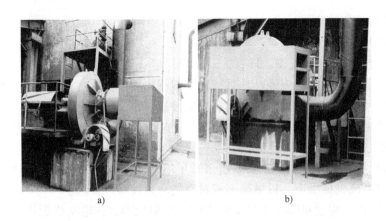

a)　　　　　　　　　　　　　　　　b)

图 6-2-9　鼓风机进口安装阻抗复合式消声器之后图

a）鼓风机进气口安装箱式阻抗复合消声器　b）阻抗复合消声器入气口

（2）引风机噪声治理措施

1）风机出口设计安装阻抗复合式消声器，以消除引风机出口空气动力性噪声通过烟囱向四周传播，如图 6-2-10 所示。

2）离心式引风机电动机房原铁门换成图 6-2-11 所示的隔声门，以减小机壳噪声、电动机噪声向外传播。

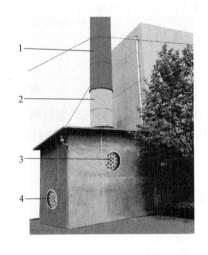

图 6-2-10　引风机房安装带消声器的
进气排气轴流风机

1—烟囱　2—引风机出口消声器　3—排气消
声器轴流风机　4—进气消声器轴流风机

图 6-2-11　引风机房原铁门换成隔声门
减少风机电动机噪声向外传播

1—引风机房隔声门　2—进气消声器轴流风机

3）离心式引风机电动机房原通风窗设计带消声器的进气轴流风机和排气轴流风机，既降低了房子内温度，又降低了噪声对外传播，如图 6-2-12 所示。

（3）烘干机房电动机减速器噪声治理措施　烘干机房内部电动机减速器噪声为宽频带噪声，机房内部不是经常有人工作，只是偶尔有人检查设备运行情况，若对电动机减速器噪声进行治理意义不大，且宽频带噪声也很难治理，如图 6-2-13 所示，在烘干机房房顶安装吸声板，可降低机房内部噪声。

图 6-2-12　烘干机房

1—带消声器排气轴流风机　2—隔声门
3—隔声窗

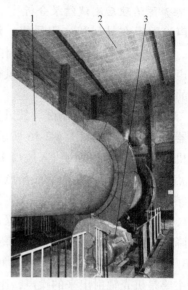

图 6-2-13　烘干机房房顶安装吸声板

1—烘干回转窑炉　2—吸声板顶面
3—电动机减速器

（4）值班室噪声治理　如图 6-2-7 所示，值班室有通向户外的门 1，还有一个与烘干机房相通的门，这两个门均改为隔声门，图 6-2-14、图 6-2-15 所示为值班室与烘干机房相通的隔声门。

图 6-2-14　值班室与烘干机房
相通的隔声门

图 6-2-15　值班室与户外相通的隔声门

1—烘干机房北面隔声窗　2—值班室隔声窗
3—值班室隔声门

（5）烘干机房外部噪声治理措施　在图 6-2-7 所示烘干机房门口所有透明窗改为隔声窗、所有排气窗改为带消声器的进气和排气轴流风机，两面的铁门改为隔声门，就可切断烘干机房内部噪声向外传播途径。

6. 噪声源治理后测试结果分析

噪声治理后在鼓风机、引风机、烘干窑炉、电动机减速器全部开车工作，所有隔声门窗都关闭，进排气轴流风机都工作的情况下进行噪声测试。

1）离心式鼓风机噪声测试。鼓风机加消声器后的噪声测试如图 6-2-16 所示，在鼓风机叶轮轴线距离原风机入风口 1m 处的 A 点、距离风机外壳 1m 的 B 点噪声测试结果见表 6-2-7 和表 6-2-8。对照表 6-2-4，鼓风机进风口噪声中低频噪声明显下降，总噪声由 92 dB（A）下降到

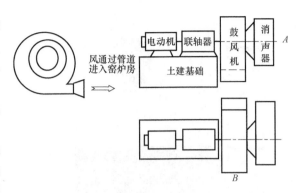

图 6-2-16　鼓风机系统主视图、俯视图和左视图

82.5 dB（A），下降了 9.5 dB（A），可见进气口阻抗复合消声器起到了很大的降噪作用，B 点噪声主要是机壳辐射出来的噪声，比 A 点有轻微降低。

表 6-2-7　噪声治理后 A 点噪声频谱

A 声级	倍频程中心频率/Hz								
	31.5	63	125	250	500	1000	2000	4000	8000
82.5	82	82	82	82	82	80	81	71	60

表 6-2-8　噪声治理后 B 点噪声频谱

A 声级	倍频程中心频率/Hz								
	31.5	63	125	250	500	1000	2000	4000	8000
82.6	82	82	82	82	81.5	81.5	81.5	81.5	81.5

2）引风机房距隔声门 1m 处噪声测试。噪声治理后，引风机房距离隔声门 1m 处噪声测试见表 6-2-9，对照表 6-2-4，引风机噪声中低频噪声明显下降，总噪声由 88dB（A）下降到 81.5 dB（A），下降了 6.5 dB（A），可见引风机出气口阻抗复合消声器起到了很大的降噪作用。

表 6-2-9　距离引风机房门口 1m 处的噪声频谱

A 声级	倍频程中心频率/Hz								
	31.5	63	125	250	500	1000	2000	4000	8000
81.5	81	81	81	81	81	80	75	70	60

3）烘干机房距离大门 1m 处噪声测试。在图 6-2-7 所示烘干机房距离大门 1m 处噪声测试见表 6-2-10，对照表 6-2-4 可以看出，在 31.5～500Hz 频域噪声均有明显降低，总噪声由 95dB（A）下降到 83.5 dB（A），下降了 11.5 dB（A），该处噪声在很大程度上受鼓风机和引风机的影响，也受烘干机房门、透气窗和透明窗的影响，对鼓风机、引风机和烘干机房噪声治理措施明显见效。

表 6-2-10　烘干机房门口 1m 处噪声频谱

A 声级	倍频程中心频率/Hz								
	31.5	63	125	250	500	1000	2000	4000	8000
83.5	81.5	81.5	81.5	82	82	80	80	70	62

4）烘干机房内距离电机减速机 1m 处噪声测试。在图 6-2-13 所示烘干机房内距离电动机减速机 1m 处测试总噪声见表 6-2-11，对照表 6-2-5 可以看出，在 31.5～2000Hz 频域噪声略有降低，总噪声由 95dB（A）下降到 93.5 dB（A），下降了 1.5 dB（A），可以断定，因电动机减速机噪声没有治理，其噪声没有降低，烘干机内部房顶安装吸声板对降低内部噪声起了一定作用。另外烘干机房门、透气窗和透光窗均换成隔声门、隔声窗、带消声器的轴流风机，烘干机房外部的噪声传入室内减弱，也对烘干机房内部噪声降低起了作用。

表 6-2-11　烘干机房内距电动机减速器 1m 处噪声测试

A 声级	倍频程中心频率/Hz								
	31.5	63	125	250	500	1000	2000	4000	8000
93.5	82.5	90.5	82.5	93.5	93	87.5	82	70	60

5）在图 6-2-7 所示烘干机房值班室户外距离门口 1m 处测试总噪声 A 声级为 76dB（A），下降了 7 dB（A）。

6）在图 6-2-7 所示烘干机房值班室内部测试总噪声 A 声级为 64dB（A），也下降了 7 dB（A）。

7）在图 6-2-7 所示烘干机房东南方向距离鼓风机 350m 处的居民区白天总噪声为 49dB（A）、夜间总噪声为 48dB（A）。达到 GB 12348—2008《工业企业厂界环境噪声排放标准》中规定的 Ⅱ 类标准，即白天不超过 60dB（A），夜间不超过 50dB（A）的要求。

三、任务要点总结

本任务以案例的形式论述了机械冲击噪声和空气动力性噪声的产生机理、测试方法、治理措施，国家标准等，现梳理如下：

（1）机械冲击噪声　图 6-2-3 所示机床的噪声是典型的机械冲击噪声，即机械运动副在工作过程中受力不均匀产生机械零件之间的冲击而产生的噪声，只要采取措施使受力趋于均匀，减小机械零件之间的冲击即可降低噪声，很多机械运动副都存在类似的现象。

（2）烘干机周围噪声　图 6-2-7 所示烘干机房周围噪声源有：

1）鼓风机进气口产生的空气动力性噪声、电动机联轴器产生的机械噪声、电磁噪声。

2）烘干机房内电动机减速器产生的机械噪声、电磁噪声、回转窑炉产生的噪声。

3）引风机出气口产生的空气动力性噪声，电动机联轴器产生的机械噪声、电磁噪声。

（3）噪声治理　图 6-2-7 所示烘干机房周围噪声源治理措施如下：

1）在鼓风机进气口安装阻抗复合消声器降低进口气流噪声、电动机联轴器产生的机械噪声、电磁噪声相对空气动力噪声是次要的，不再专门采取措施治理。

2）因烘干机房空间很大，并且不经常有人在内部工作，电动机减速机产生的机械噪声、电磁噪声、回转窑炉等产生的噪声呈宽频带，难以逐一控制，在房顶部安装吸声板，门窗改为隔声门窗，通气窗改为带消声器的进气、排气轴流风机，把烘干机房内部噪声在烘干机房内消耗部分，其余噪声采取隔声门窗和带消声器的轴流风机大大减少了向外传播。

3）在引风机出气口安装消声器降低了声源噪声，原铁门改为隔声门，原通气窗改为带消声器的进气、排气轴流风机，这样就大大减少了房子内部噪声向外传播。

4）烘干机房值班室门窗全部换成隔声门窗，内部噪声大大降低，满足值班人员需要。

（4）噪声控制效果　烘干机房周围噪声大大降低，居民区噪声达到了国家标准要求。

四、思考与实训题

1. 机械冲击噪声产生的原因是什么？如何消除？
2. 离心风机空气动力性噪声的特点是什么？如何控制空气动力性噪声？
3. 噪声控制方法有哪几种？举例说明。

项 目 小 结

本项目介绍了声音和噪声的基本概念、噪声的物理特性和量度方法，介绍了噪声测量仪器、噪声标准和噪声监测方法等基本概念，熟悉噪声的测量仪器，各类标准适用范围的划定。以案例的形式介绍了机械冲击噪声和空气动力性噪声的产生原因、测量方法、控制措施及其控制效果。

噪声控制方法归结为三种途径：从声源上消除噪声（如消除机械冲击，对空气动力性噪声源加消声器）和从传播途径上减小噪声的传播（如隔声门和隔声窗），还有一种途径是给噪声的接收器（人耳朵）上带耳塞，阻断噪声传入人耳。

模块归纳总结

振动与噪声往往是同时产生的，在工程设计阶段就考虑振动与噪声控制设计，是比较积极主动的设计方案，工程设计施工完毕投入生产后才考虑振动噪声控制往往比较被动，现从三个方面进行总结。

1. 振动与噪声控制工程实施程序

1）现场测试。对振动噪声现场进行测试，找出振动噪声最严重的振动源和噪声源，对此进行频谱分析，找出振动噪声最严重的频率。

2）提供治理方案。根据振动噪声测试分析结果，制订振动噪声控制方案，可以制订几个方案，进行论证。

3）方案论证，确定最终方案。对制订的方案会同企业、环境保护等相关部门进行分析论证，优化方案。

4）与振动噪声控制单位签订设计委托书。

5）初步设计完毕，要进行设计审查，优化设计。

6）与振动噪声控制设备供货方签订设备制作合同。

7）设备加工制作完毕，进行安装。

8）安装完毕进行测试、验收。测试验收一般由需求方、委托方、环境保护部门三方技术人员、主管领导参与，以环境保护部门为主，进行测试验收。

2. 振动与噪声控制工程理论

振动与噪声控制均有比较成熟的理论，本模块论述过程中尽量简化理论或省去了理论计算过程，如隔声门隔声窗都有隔声量计算公式，读者可参考相关书籍和手册。本模块以案例的形式介绍振动噪声控制，起到抛砖引玉的作用。

附录　全书六个模块设备归纳总结

本教材所选设备是项目组经过国内外多维度、纵横向广泛深入调研，经过科学统计分析得出的结果，机电设备安装与维修专业的行业背景是装备制造业，装备制造企业随着生产企业规模的逐步扩大，是沿着图 A-1 所示"普通机电设备→数控机电设备→精密坐标镗床→加工中心→三坐标测量机"的趋势发展的。据调研权威统计，全世界每销售 4.5 台加工中心就销售 1 台三坐标测量机。山东五征集团、五征集团山拖农机装备有限公司、山东潍坊盛瑞传动机械有限公司等特大型企业集团均是在买了第四台加工中心后，为适应企业不断开发新产品需要购买了精密三坐标测量机，符合上述调研结果。

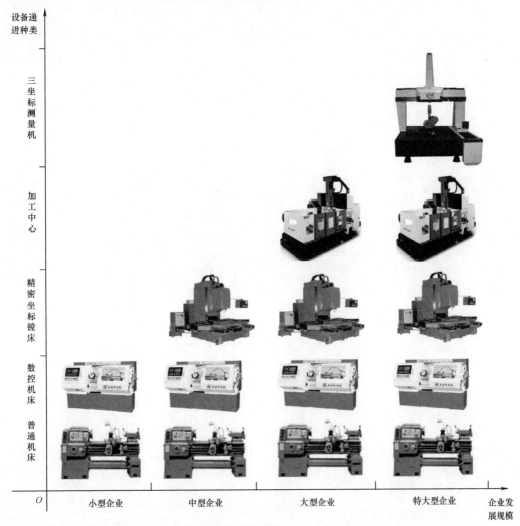

图 A-1　机械加工装备制造业企业规模与机电设备种类的发展趋势

本教材选取 CDE6140 型卧式车床、X6132 型卧式铣床、CK6140 型数控车床、XHK715 型加工中心、TGX4145B 型精密坐标镗床、Global 型精密三坐标测量机为典型代表设备。模块一从机械和电气两个方面介绍了工厂供电基本原理及其相关知识点和技能、常用工具、安装调试涉及的基本概念和工艺过程；模块二至模块五理实一体化论述了与这些设备有关的基本概念、设备分类、用途、工艺范围、安装基础、安装技术要点、测试与调试技术等。由调研可知大型企业和特大型企业用到不少专用机床，其安装与调试技术与上述对应的各类机床基本相似，就不再单独作为一类机床设备介绍了。

　　对精密坐标镗床、精密加工中心和三坐标测量机设备，安装基础和安装环境要考虑减振降噪设计，模块六论述了机电设备的振动与噪声控制。

参 考 文 献

［1］　顾晓鲁，钱鸿缙，刘惠珊，等. 地基与基础［M］. 2 版. 北京：中国建筑工业出版社，1993.

［2］　张安全. 机电设备安装修理与实训［M］. 北京：中国轻工业出版社，2008.

［3］　劳动部培训司. 维修钳工［M］. 北京：中国劳动出版社，1990.

［4］　周士坤. 电气产品简化接线图的简化接线表的设计方法与绘制规则［J］. 机械工业标准化与质量，1999，9：36-39.

［5］　赵庆志，辛瑞金，马圣亮，等. 双柱坐标镗床加工斜孔专用夹具设计［J］. 机械设计与制造，2006，2：25-26.

［6］　赵庆志，吕传义，姜学波. 圆柱斜齿轮减速机噪声源分析与治理［J］. 机械工艺师，2000. 1：23-24.

参考文献

[1] ... ...
[2] ... ...
... ...
[3] ... ...
... ...
[4] ... ...
... ...
[5] ... ...
...